国家出版基金项目
NATIONAL PUBLICATION FOUNDATION

宽禁带半导体前沿丛书

氮化镓单晶材料生长与应用

Gallium Nitride Single Crystal Growth and Applications

徐科　等编著

西安电子科技大学出版社

内 容 简 介

　　氮化镓单晶材料生长与应用正在快速发展，本书以作者所在团队多年来的研究工作为基础，并作了大量扩展和补充，呈现了该领域的最新研究成果。具体来说，本书分八章内容详细介绍了氮化镓单晶材料生长的基本原理、技术方法、发展现状及应用趋势。

　　本书系统性强，有较完整的专业知识讲解，实验数据丰富。虽然本书所涉及内容没有涵盖氮化镓单晶材料生长的全部内容，但具有典型性、扼要性、前瞻性。本书可供从事氮化镓单晶材料生长相关研究的科研和工程技术人员阅读参考，也可作为高等院校相关专业领域研究生和高年级本科生的参考教材。

图书在版编目(CIP)数据

　　氮化镓单晶材料生长与应用/徐科等编著. 一西安：西安电子科技大学出版社，2022.11

　　ISBN 978 - 7 - 5606 - 6466 - 8

　　Ⅰ. ①氮… Ⅱ. ①徐… Ⅲ. ① 氮化镓—晶体生长—研究 Ⅳ. ①O614.37 ②O782

中国版本图书馆 CIP 数据核字(2022)第 095637 号

策　　划	马乐惠
责任编辑	武翠琴　陈　婷
出版发行	西安电子科技大学出版社(西安市太白南路 2 号)
电　　话	(029)88202421　88201467　　　**邮　编**　710071
网　　址	www. xduph. com　　　**电子邮箱**　xdupfxb001@163.com
经　　销	新华书店
印刷单位	陕西精工印务有限公司
版　　次	2022 年 11 月第 1 版　2022 年 11 月第 1 次印刷
开　　本	787 毫米×960 毫米　1/16　印张 21　彩插 2
字　　数	348 千字
定　　价	128.00 元

ISBN 978 - 7 - 5606 - 6466 - 8/O

XDUP 6768001 - 1

＊＊＊ 如有印装问题可调换 ＊＊＊

"宽禁带半导体前沿丛书"出版说明

　　当今世界，半导体产业已成为主要发达国家和地区最为重视的支柱产业之一，也是世界各国竞相角逐的一个战略制高点。我国整个社会就半导体和集成电路产业的重要性已经达成共识，正以举国之力发展之。工信部出台的《国家集成电路产业发展推进纲要》等政策，鼓励半导体行业健康、快速地发展，力争实现"换道超车"。

　　在摩尔定律已接近物理极限的情况下，基于新材料、新结构、新器件的超越摩尔定律的研究成果为半导体产业提供了新的发展方向。以氮化镓、碳化硅等为代表的宽禁带半导体材料是继以硅、锗为代表的第一代和以砷化镓、磷化铟为代表的第二代半导体材料以后发展起来的第三代半导体材料，是制造固态光源、电力电子器件、微波射频器件等的首选材料，具备高频、高效、耐高压、耐高温、抗辐射能力强等优越性能，切合节能减排、智能制造、信息安全等国家重大战略需求，已成为全球半导体技术研究前沿和新的产业焦点，对产业发展影响巨大。

　　"宽禁带半导体前沿丛书"是针对我国半导体行业芯片研发生产仍滞后于发达国家而不断被"卡脖子"的情况规划编写的系列丛书。丛书致力于梳理宽禁带半导体基础前沿与核心科学技术问题，从材料的表征、机制、应用和器件的制备等多个方面，介绍宽禁带半导体领域的前沿理论知识、核心技术及最新研究进展。其中多个研究方向，如氮化物半导体紫外探测器、氮化物半导体太赫兹器件等均为国际研究热点；以碳化硅和Ⅲ族氮化物为代表的宽禁带半导体，是近年来国内外重点研究和发展的第三代半导体。

"宽禁带半导体前沿丛书"凝聚了国内20多位中青年微电子专家的智慧和汗水，是其探索性和应用性研究成果的结晶。丛书力求每一册尽量讲清一个专题，且做到通俗易懂、图文并茂、文献丰富。丛书的出版也会吸引更多的年轻人投入并献身于半导体研究和产业化事业，使他们能尽快进入这一领域进行创新性学习和研究，为加快我国半导体事业的发展作出自己的贡献。

"宽禁带半导体前沿丛书"的出版，既为半导体领域的学者提供了一个展示他们最新研究成果的机会，也为从事宽禁带半导体材料和器件研发的科技工作者在相关方向的研究提供了新思路、新方法，对提升"中国芯"的质量和加快半导体产业高质量发展将起到推动作用。

编委会
2020 年 12 月

前　言

　　氮化镓材料作为第三代半导体的典型代表材料之一，近年来得到快速发展，在新型显示、电力电子、微波通信等应用领域彰显出十分重要的地位。以氮化镓为代表的第三代半导体技术正在推动多个产业的变革，也正在逐步成为智能社会的重要支撑。

　　目前这一研究领域的相关著作多为国外科研人员所著，且偏重基础理论的介绍，在国内尚无可供普通研究人员快速把握氮化镓单晶材料这一领域知识的系统性著作和工具参考书。为了简明扼要地展示该领域的前沿成果和研究进展，本书着重总结了氮化镓单晶材料生长与应用的关键技术和基本规律，对具体的工艺技术则由读者结合实际操作来加深理解。

　　随着材料生长装备制造工艺技术的提高，近十年来氮化镓单晶材料生长技术得到了快速发展，目前已实现位错密度低至 10^2 cm^{-2} 的衬底制备，晶圆尺寸也已达到 6 英寸(1 英寸＝2.54 cm)，结合优化的掺杂工艺技术，可为应用市场提供导电、半绝缘、高阻等各种光电类型的单晶材料。同时，随着单晶质量的提高，氮化镓单晶材料也为下游新型器件的开发提供了可能性和创新思路。对高质量氮化镓单晶材料和器件的研究是一门在不断发展的学科，其相关的科学和技术水平也将逐渐完善和成熟，读者应从发展的角度辩证地学习和参考本书的知识。

　　全书共分八章：

　　第 1 章、第 2 章就氮化镓单晶材料制备过程中所涉及的核心物理基础进行讨论，包括单晶结构特性、物化特性、相图、生长驱动力等，这些内容是单晶材料制备的核心基础。所用数据皆来自公开文献，且未涉及氮化镓单晶材料的全部基本特性。我们不刻意追求全面性，鉴于作者多年的材料生长经验，本书只对关键性质和基本规律着重分析讨论，初学者可结合相关文献进一步拓展相关知识。

第 3 章至第 5 章分别就当前氮化镓单晶制备的主流方法，即氢化物气相外延生长法、氨热法和助熔剂法的基本生长原理、研究进展、生长技术核心问题等进行了讨论，该部分内容更适合给熟悉晶体生长工艺和有一定实践经验的读者提供参考。氢化物气相外延生长法是目前氮化镓单晶材料生长中唯一已实现市场化规模制备的生长技术，产品级位错密度已低至 10^5 cm^{-2}，研发级位错密度已低至 10^4 cm^{-2}，最大晶片尺寸可达 6 英寸，但在应力控制、生产成本等方面仍存在不少问题。氨热法作为一种新兴的制备技术路线，近年来发展迅速，特别是以波兰高压研究院、日本三菱化学为代表的研发团队，目前已实现位错密度低至 10^2 cm^{-2}、晶片尺寸可达 4 英寸的高质量单晶材料制备，但在矿化剂稳定性、杂质控制、尺寸放大等方面也面临着巨大挑战。助熔剂法，同样作为一种新兴的生长技术，因其相对氨热法制备压力较低，且易于实现大尺寸制备，近年来得到了关注和快速发展，目前也已实现位错密度低至 10^2 cm^{-2}，晶片尺寸最大可达 6 英寸，但在杂质控制、应力控制等方面也存在不少问题。这些生长技术所面临的问题亟需研究者共同解决。也希望研究者能海纳百川，把握领域最新动态并积极开展合作，以加速我国氮化镓单晶材料制备技术的发展壮大。

第 6 章为基于氮化镓单晶衬底的同质外延生长的基本方法和技术讨论。基于氮化镓单晶衬底的外延技术作为氮化物生长技术重要的组成部分和技术路线之一，也正在成为氮化物半导体技术发展的主流趋势之一。本章着重在外延生长界面控制、衬底表面处理、缺陷控制等方面展开讨论。基于高质量氮化镓单晶衬底的外延研究尚处于研究初期，还有很多问题需要解决，也需要更多有兴趣的研究人员投身其中。

第 7 章、第 8 章分别针对氮化镓单晶材料的光电器件、电力电子器件应用进展进行讨论，包括高光效 LED、Micro-LED、肖特基势垒二极管、场效应晶体管、高电子迁移率晶体管等典型应用。虽然目前取得了重要进展，包括较低的开启电阻、逼近理论的击穿电压、刷新纪录的迁移率等，但受限于工艺设备和工艺方法，目前仍有很多问题。但可以肯定的是，高质量的氮化镓单晶材料将为推动高性能的器件开发提供重要保障。

作者秉持开放、学习的态度，致力于与本领域的同行共同探讨氮化镓材料生长及器件应用的未来发展，希望可以给相关领域人员呈现出氮化镓材料生长和应用的前沿发展现状和前景。同时，希望能带给读者更多的思考并使之产生积极的创新点，这也是本书编撰的初衷之一。

本书由徐科博士主持编写，第 1 章、第 2 章由苏旭军博士负责编写，第

3 章由王建峰博士负责编写，第 4 章由任国强博士、李腾坤博士负责编写，第 5 章由刘宗亮博士、司志伟博士负责编写，第 6 章由徐俞博士负责编写，第 7 章由王淼博士负责编写，第 8 章由张育民博士负责编写。除以上编撰人员之外，还有蔡德敏、王明月、胡晓剑、石林、张纪才等参与了氮化镓材料的研究工作，在此一并表示感谢！与本书相关的研究内容和成果得到了国家自然科学基金委项目、科技部 973 项目和 863 项目、科技部重点研发计划项目、中科院重点项目、江苏省科技项目等的支持。

本书在编撰过程中，得到了诸多同行的支持和鼓励，特别是本系列丛书的编委会主任郝跃院士，更是给予了编撰方向的宝贵意见，在此，向各位表示衷心的感谢！同时，出版社的陈婷编辑也提出了很多积极的修改建议，一并表示诚挚的感谢！

鉴于作者水平有限，本书中的不足和缺点在所难免，我们衷心希望得到读者的批评指正。

徐　科
2022 年 1 月于苏州

目　录

第 1 章

氮化镓单晶材料概述

1.1 氮化镓晶体结构及其极性

1.1.1 纤锌矿结构

氮化物半导体材料主要指包括氮化镓(GaN)、氮化铝(AlN)、氮化铟(InN)以及铟镓氮(InGaN)、铝镓氮(AlGaN)等合金在内的薄膜和单晶材料。氮化物半导体材料的晶体结构主要有两种：纤锌矿结构(wurtzite structure)和闪锌矿结构(zinc-blende structure)。常温常压下唯有纤锌矿结构为稳定相。纤锌矿结构是一种六方晶系，由两套六方密堆积格子沿 c 轴方向平移 $3c/8$(其中参数 c 为六方密堆积结构沿 c 轴方向的晶格常数)套构而形成，如图 1-1 所示。氮化物半导体材料属于 AB 型共价键(混合有一定的离子键成分)晶体，其中氮原子作六方密堆积，金属原子填充在氮原子构成的四面体空隙中，配位数均为 4。从晶体堆垛角度看，六方 GaN 晶体中的原子沿着 [0001] 方向以"…AaBbAaBb…"堆垛方式排列。六方晶系采用 a_1、a_2、a_3、c 四指数晶轴系统，各边 a 轴之间的夹角为 120°，c 轴与 a 轴垂直。采用四指数 $[u v t w]$ 和 $(h k i l)$ 来表示晶向和晶面更为方便，其中 $u+v=-t, h+k=-i$。以氮化镓为例，其平衡晶格常数为 $a=0.3189$ nm 和 $c=0.5185$ nm，晶胞中包括四个原子，即 N1$\left(0, 0, \dfrac{3}{8}\right)$、N2$\left(\dfrac{1}{3}, \dfrac{2}{3}, \dfrac{7}{8}\right)$、Ga1$(0, 0, 0)$ 和 Ga2$\left(\dfrac{1}{3}, \dfrac{2}{3}, \dfrac{1}{2}\right)$。

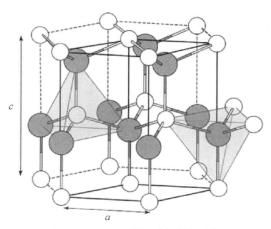

图 1-1 GaN 纤锌矿结构示意图

1.1.2　晶体极性

纤锌矿 GaN 晶体属于非中心对称晶体，晶体具有极轴，其极轴为 c 轴。由于单位晶胞内正负电荷中心不重合，故可形成偶极矩，使晶体呈现极性，这种在无外电场作用下存在的极化现象称为自发极化。同时，纤锌矿 GaN 晶格在外加应力的作用下会变形，导致正负电荷中心分离，形成偶极矩，使晶体表现出压电极化效应。六方 GaN 晶体极化的方向沿着 $-c$ 方向，在晶体内部形成沿着 $+c$ 方向的极化电场（MV/cm）。当晶体表面法线方向沿着 $+c$ 方向时称为 Ga 极性，反之称为 N 极性，如图 1-2 所示。

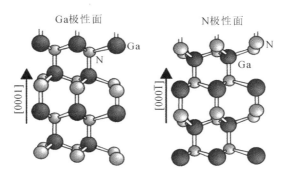

图 1-2　纤锌矿 GaN 晶体极性[1]

极化效应可用极化强度 P 来描述，极化强度的空间变化会感生出极化束缚电荷 σ_{pol}。晶体受到面内张应力或压应力时，压电极化的方向与自发极化的方向相同或相反。对于自支撑的氮化镓晶体，理论上在 Ga 极性面形成负极化电荷 $-\sigma_{pol}$，在 N 极性面形成正极化电荷 $+\sigma_{pol}$。由于极化束缚电荷大小相等、电性相反，因此，在晶体中形成内建电场，内建电场与极化电场符号相反。实际上，晶体表面原子重构、外来吸附电荷、自由载流子等都对束缚极化电荷具有屏蔽作用，所以实验中通常采用异质结构来研究其极化效应。

六方 GaN 晶体具有非对称极性，导致不同极性材料的生长热力学和动力学过程以及物理化学性质存在明显差异，比如表面形貌、肖特基势垒高度、异质结界面能带带阶、能带倾斜以及与酸碱的反应等。

1.1.3　能带结构

纤锌矿 GaN 属于六方晶系，在波矢空间作出的其第一布里渊区是一正六棱柱体，如图 1-3(a)所示。k_x、k_y 和 k_z 分别为笛卡尔直角坐标系中第一布里渊区的三个坐标轴,分别对应实空间六角坐标中四指数表示的$[10\bar{1}0]$、$[\bar{1}2\bar{1}0]$和$[0001]$晶向。图中的符号表示某些高对称点及高对称轴,在波矢空间中这些符号的坐标和晶向轴分别见表1-1(表中a为晶格常数)和表1-2。图1-3(b)为纤锌矿GaN晶体的能带结构(图中符号与第一布里渊区符号意义相同),首先,由图可知纤锌矿GaN的导带能量最小值与价带顶能量最大值均位于布里渊区中心的Γ点,属于直接带隙,常温下的禁带宽度为3.39 eV。其次,在GaN导带中有两个能量极小值分别位于A能谷及$M-\Gamma$能谷处。A能谷在k_z方向,它比价带顶高;而$M-\Gamma$能谷在k_x方向,它也比价带顶高。第三,GaN的价带分裂为三个带:重空穴带(HH)、轻空穴带(LH)和自旋-轨道耦合分裂带(CH)[2-4],如图1-4所示。最后,GaN的价带还会受晶体场作用而分裂[5]。

表1-1　第一布里渊区高对称点

对称点符号	坐 标	说 明
Γ	$\dfrac{\sqrt{2}\pi}{a}(0,0,0)$	布里渊区的中心
A	$\dfrac{\sqrt{2}\pi}{a}\left(0,0,\dfrac{\sqrt{3}}{4}\right)$	$[0001]$轴与第一布里渊区边界的交点
M	$\dfrac{\sqrt{2}\pi}{a}\left(\dfrac{1}{\sqrt{6}},\dfrac{1}{\sqrt{2}},0\right)$	$[10\bar{1}0]$轴与第一布里渊区边界的交点
K	$\dfrac{\sqrt{2}\pi}{a}\left(0,\sqrt{\dfrac{2}{3}},0\right)$	$[11\bar{2}0]$轴与第一布里渊区边界的交点
L	$\dfrac{\sqrt{2}\pi}{a}\left(\dfrac{1}{\sqrt{6}},\dfrac{1}{\sqrt{2}},\dfrac{\sqrt{3}}{4}\right)$	$[10\bar{1}1]$轴与第一布里渊区边界的交点
H	$\dfrac{\sqrt{2}\pi}{a}\left(0,\sqrt{\dfrac{2}{3}},\dfrac{\sqrt{3}}{4}\right)$	$[11\bar{2}3]$轴与第一布里渊区边界的交点

表1-2　第一布里渊区高对称轴

符号	晶向轴	符号	晶向轴
Δ	$[0001]$	U	$M-L$
Σ	$[10\bar{1}0]$	P	$K-H$
T	$[11\bar{2}0]$	T'	$M-K$
S	$A-H$	S'	$L-H$
R	$A-L$		

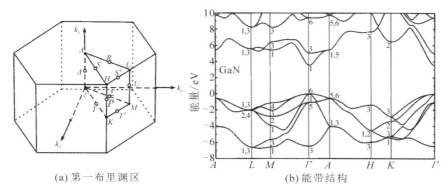

(a) 第一布里渊区　　　　　　　　　　(b) 能带结构

图 1 - 3　纤锌矿 GaN 的第一布里渊区和能带结构[6]

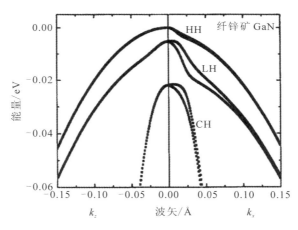

图 1 - 4　GaN 价带结构[7]

1.2　氮化镓晶体缺陷

1.2.1　点缺陷

点缺陷可以影响甚至完全决定半导体材料的物理和化学性质，也会影响材料的光学和电学性能，导致材料发光效率降低和器件漏电等。常见的点缺陷包括以下几种。

（1）本征点缺点：空位、间隙和反位。

（2）杂质缺陷：非故意掺杂、故意掺杂。

（3）复合缺陷：由本征点缺陷和杂质缺陷等形成的复杂缺陷。

关于 GaN 中点缺陷的研究由来已久，已有很多详细的综述性的文献[8-9]。这里主要介绍近年来关于 GaN 中点缺陷研究的新进展。

1. 本征点缺陷

本征点缺陷是一种热力学平衡缺陷，不同点缺陷的形成能与费米能级以及生长条件密切相关，同时，即使同一类型的点缺陷，由于价态的不同，其能级位置也不同，如图 1-5 所示。F. Tuomisto 等人[10]应用正电子湮灭（PAM）技术研究了不同生长极性的 HVPE-GaN 中的点缺陷，结果表明 N 极性生长 GaN 中 Ga 空位的浓度较 Ga 极性生长至少高 2 个数量级，Ga 极性生长材料中 V_{Ga} 浓度小于或等于 1×10^{15} cm^{-3}，然而 N 极性生长材料中 V_{Ga} 浓度高达 $1 \times 11^{17} \sim 1 \times 10^{18}$ cm^{-3} 量级。S. F. Chichibu 等人[11-12]应用时间分辨荧光光谱（TR-PL）和正电子湮灭技术研究了同质外延 GaN 材料的非辐射复合行为，结果表明在 p 型 GaN 中 Ga 空位（V_{Ga}）和多个 N 空位（V_N）组成了复合缺陷 $V_{Ga}(V_N)_n$（$n=2$ 或 3），在 n 型 GaN 中 $V_{Ga}V_N$ 是主要的本征非辐射复合中心（NRCs），在离子注入 Mg 掺 GaN 膜中存在较大的空位配合物，如 $(V_{Ga})_3(V_N)_3$，这些空位的复合缺陷是主要的非辐射复合中心。

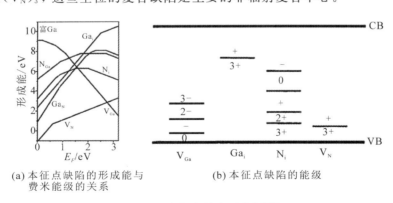

(a) 本征点缺陷的形成能与　　　　(b) 本征点缺陷的能级
　　费米能级的关系

图 1-5　本征点缺陷形成能[13]

2. 非故意掺杂

氧和硅杂质是常见的两个非故意掺杂元素，作为浅施主杂质导致 n 型导电。M. A. Reshchikov 等人[14]研究了 MBE 和 MOCVD 生长的非掺及 Si、C、Fe 掺等人 GaN 中黄光(YL)带(2.2 eV)的热淬灭行为,结果表明在不同的 GaN 样品中的 YL 带是由相同的缺陷(即 YL1 中心)造成的。YL1 中心可能是 C_N 或 C_NO_N 缺陷。

3. 故意掺杂——导电类型

1) n 型掺 Si 和 Ge 杂质

高的 n 型掺杂有利于分散电流和制备良好的欧姆接触,从而有利于制备大功率电子和光电子器件。通常利用 Si 掺杂实现 n 型 GaN,但 Si 掺杂存在上限,当掺杂浓度超过 10^{19} cm^{-3} 时,材料的表面质量和晶体质量迅速退化,应力积累导致开裂。Ge 掺杂具备实现进一步高掺杂至 10^{20} cm^{-3} 的潜力。目前研究[15]表明,室温下通过 Ge 掺杂可以实现空穴浓度高达 6.7×10^{20} cm^{-3} 的 p 型 GaN,如图 1-6 所示[16]。

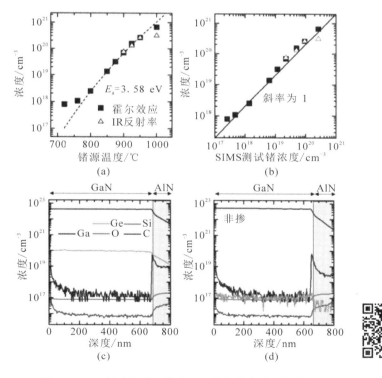
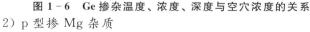

图 1-6　Ge 掺杂温度、浓度、深度与空穴浓度的关系

2) p 型掺 Mg 杂质

通过原位生长掺入或高能离子注入方式都可以在 GaN 中掺入 Mg。Mg 掺杂是实现 p 型 GaN 的唯一有效的途径，但是 Mg 掺杂仍然面临掺杂效率低、存在掺杂上限和激活效率低等难题。Mg 杂质在 GaN 晶格中主要有替位和间隙两种位置，即 Mg_{Ga} 和 Mg_i，Mg 杂质周围局域晶格的弛豫状态和对称性都会造成完全不同的电子结构与发光特性。Mg 掺杂的电子结构及其对 GaN 材料的发光性质的影响仍然存在争议。替位式掺杂不仅会导致晶格对称性破缺和与 H 形成复合体，Mg 掺杂也会导致其他本征点缺陷，另外还存在非故意掺杂 O_N 和 Si_{Ga} 替位杂质浅施主能级缺陷，多种缺陷之间的相互作用导致产生更加复杂的发光机制。

过去十年，关于替位式 Mg_{Ga} 受主的物理本征提出了几个关键的理论模型。S. Lany 等人[17]提出了 Mg_{Ga} 受主的双重本质模型，推测 Mg_{Ga} 受主存在两种状态，即具有局域空穴的深能级基态和亚稳态的浅能级瞬态，如图 1-7（a）所示。对于深能级基态，空穴局域在（0001）面内相邻 N 原子的 P 轨道，根据 Jahn-Teler 型对称性破缺理论，该空穴所在的 N 原子到 Mg 位点的距离为 2.23Å（$1Å=1×10^{-10}$ m），比其他 3 个键长（约为 2.02Å）大得多。对于亚稳态的浅能级瞬态，所有的 N-Mg 键长相同，约为 2.05Å。局域态和非局域态的热力学跃迁（0/-）能级相似，分别为 0.18 eV 和 0.15 eV；但通过这些状态的光学跃迁有本质的不同，分别为 2.93 eV 和 3.35 eV。J. L. Lyons 等人[18]研究发现 Mg_{Ga} 会产生一个位于价带顶以上 260 meV 的浅受主能级，导致产生宽的蓝光发光峰，而 Mg_{Ga}-H 复合体与 UVL 发光峰有关，如图 1-7（b）所示。Mg 在 GaN 中存在浅受主和深受主两种状态，Mg_{Ga} 存在不同的 0/- 两种价态。对于 Mg_{Ga}^0，空穴是强局域化的，也即空穴束缚在与 Mg_{Ga} 共轴的近邻 N 位置，局域晶格发生对称性破缺，Mg_{Ga}-N 键较 Ga-N 键长 15%，如图 1-7（b）所示。Mg_{Ga}^- 不会导致局域晶格对称性破缺，仅是局部弛豫。导带底或浅施主能级到 Mg_{Ga}^0 跃迁导致蓝光峰。间隙 H_i^+ 与 Mg_{Ga}^- 相互作用形成稳定的 Mg_{Ga}-H 复合体，与复合体相关的光学跃迁发光是产生 UVL 的原因。另外，Mg_{Ga}-H 复合体在费米能级靠近价带顶时存在稳定的 +1 价的状态，+/0 的转变对 GaN 电学特性的影响较大。如果经电子辐照或高温退火处理后，材料中还存在 Mg_{Ga}-H 复合体，则不仅仅会导致空穴的钝化甚至会捕获自由空穴，从而使空穴浓度减少，这可能是空穴浓度存在一个上限的重要原因。Y. Y. Sun 等人[19]证明 Mg_{Ga}^0 中性受主表现出三种不同的缺陷状态，其中有两种是局部缺陷束缚的小极化子，第三种是各向异性的离域状态，即在 $[11\bar{2}0]$ 方向类似于有效质量而在其他方向是局域的。所有三种状态的 0/- 跃迁能级都非常相似，为 0.21～0.23 eV，其中一种局域态是空穴基态。G. Miceli 等人[20]进一步研究表明最低能量缺陷态是沿[1100]方向的小极化子，该方向 Mg－N 键长增加到 2.20 Å，而其他三个 Mg－N 键长为 2.01 Å，导致空穴的自限制。第二状态沿[0001]方向，较第一能态高 12 meV，Mg－N 键向这个方向延伸至 2.27 Å。最后，各向异性离域态较第一能态高 31 meV，Mg－N 键长沿[11$\bar{2}$0]方向为 2.06 Å，比其他两个方向(2.03 Å)略大，如图 1－7(c)所示。M. A. Reshchikov 等人[21]研究表明与 Mg_{Ga}^0 结合的空穴是弱局域化的，导致产生了 UVL 发光峰，实验发现 BL 峰值出现在重掺杂的样品中。

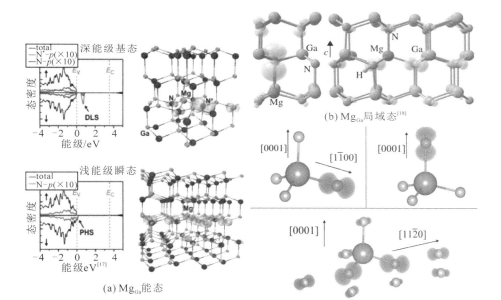

(a) Mg_{Ga}能态

(b) Mg_{Ga}局域态[18]

(c) Mg_{Ga}^0 的三种缺陷态[22]

图 1－7　Mg 杂质缺陷结构及缺陷态

通过高能 Mg 离子注入实现 p 型掺杂时，Mg 注入晶格损伤修复一直是研究的热点和难点。A. Kumar 等人[23]研究发现 Mg 注入会导致聚集、层错等缺陷。Mg 掺杂 GaN 面临的另外一个难题就是掺杂上限，研究发现当 Mg 掺杂浓度达到一定值($10^{19} \sim 10^{20}$ cm^{-3})时，材料空穴浓度不会随着 Mg 杂质的进一步增加而增加。U. Wahl 等人[24]研究发现，这可能与 Mg 存在替位 Mg_{Ga} 和间隙 Mg_i 两种位置有关，如图 1－8(a)所示。其中，处于间隙位置与替位式的 Mg 浓度比例与离子注入温度、GaN 掺杂类型和注入工艺密切相关。G. Miceli 等人[20]进一步研究发现，在 p 型条件下 Mg 间隙形成能明显低于替位形成能，当 Mg 取代 Ga 时表现为受主，当 Mg 在间隙位置时表现为施主，如图 1-8(b)所示，这种位置决定的自补偿机制可能限制了 Mg 的掺杂上限。

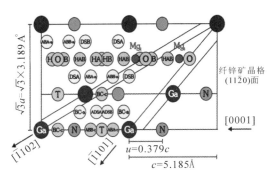

(a) Mg杂质间隙位置1[18]

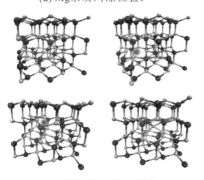

(b) 在间隙位置的比例[20]

图 1-8　Mg 间隙杂质在 GaN 中的位置

3）半绝缘 Fe 掺杂

M. Zhang 等人[25]应用低温 PL 和时间分辨 PL 研究了 Fe 掺杂 HVPE-GaN 中的发光特性，结果表明了 Fe_{Ga}-V_N 复合缺陷的存在，如图 1-9 所示。Y. S. Puzyrev 等人[26]应用第一性原理计算了与 Fe 杂质相关的缺陷，结果表明 Fe-O_N、Fe-C_N、Fe_{Ga}-V_N 的电子能级 E_c 分别约为 1.5 eV、0.25 eV 和 0.5 eV，但是前两种缺陷浓度受 Fe 掺杂浓度的限制分别约为 $1\times10^{16}\sim1\times10^{17}$ cm^{-3} 和 $1\times10^{17}\sim1\times10^{19}$ cm^{-3}。其中，Fe_{Ga}-V_N 的形成能最低，理论的浓度上限为 1×10^{18} cm^{-3}。

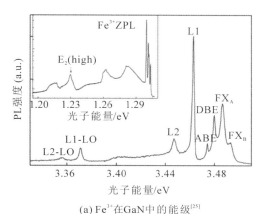

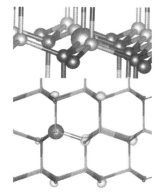

(a) Fe^{3+} 在GaN中的能级[25]　　　　(b) Fe_{Ga}-V_N复合缺陷的晶格结构示意图[27]

图 1 - 9　Fe 在 GaN 中的能级及复合缺陷的晶格结构

4）C 掺杂

通过 C 掺杂获得半绝缘 GaN 是当前研制 GaN 基电子器件的主流方法。但作为Ⅳ族元素，C 杂质在 GaN 中具有两性特征，既可替代 N 原子，也可替代 Ga 原子，或者与其他杂质和缺陷形成复合体。GaN 中 C 的掺杂机理非常复杂，确定 C 杂质在 GaN 中的晶格位置对于解决上述问题至关重要。最近，S. Wu 等人[28]研究发现 C 原子取代了氮化镓中的 N 位且带 -1 电荷价态，也即 C_N^-。对于 C_N^- 缺陷，局域晶格弛豫后 C - Ga 键沿 c 轴为 1.9025 Å（小于 N - Ga 键 1.9198 Å），其余 3 个 C - Ga 键均为 1.8955 Å（小于 N - Ga 键 1.9201Å），表现出 C_{3v} 的局部点对称性，如图 1 - 10(a) 所示。Y. Xu 等人[29]研究发现不同的掺杂方法可以显著影响碳(C)的晶格位置，由于 TMGa 源气体导致的本征掺杂取代 Ga 位置，退火处理可以实现 C 原子从 Ga 位置向 N 位置的转换，而以丙烷为前驱体的 C 掺杂，C 原子几乎在 N 的所有位点上都有分布。K. Irmscher 等人[30]应用中红外和紫外吸收谱研究了 HVPE - GAN 中 C 的晶格位置及缺陷态，研究发现 Tri - C 的缺陷类型存在。T. Narita 等人[31-32]应用变温霍尔效应研究了 MOCVD 生长 p - GaN 中 C 杂质的行为，发现 C_N 杂质在 p - GaN 层中以电离的施主形态存在，从而导致载流子的补偿。深能级瞬态谱(DLTS)研究发现存在 2 个缺陷态，分别为位于价带顶 0.88 eV 和 0.29 eV 的陷阱能级 Hd 和 Ha，Hd 缺陷能级起源于 C_N 缺陷 0/-1 价态的变化，而 Ha 缺陷能级起源于 C_N 缺陷 +1/0 价态的变化。总之，C_N 具有两种不同荷电状态，分别补偿 n

型和 p 型氮化镓层上的一个电子和一个空穴，如图 1 - 10(b) 所示。

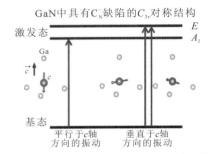

(a) C_N^{-1} 声子能级和偶极子跃迁示意图[28]

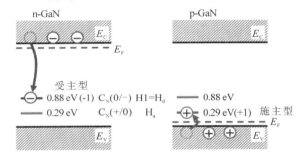

(b) n 型和 p 型 GaN 中 C_N 的电荷态

图 1 - 10　C_N 位置及光学性质

1.2.2　位错

根据伯格矢量 **b** 的不同，GaN 中存在 a、c 和 a+c 型三种常见的穿透位错类型，分别对应着刃型、螺型和混合型三种类型。位错核心的原子结构决定了核心处的电子结构，进一步影响材料局域发光性质和电学性质。近年来，原子尺度表征技术的发展，尤其是球差矫正的透射电子显微技术，使得在亚埃尺度上研究位错核心的原子结构成为可能。

1. 位错原子结构

对于氮化镓中的 a 型位错，最近的理论和实验工作都表明，最稳定的核结构是包含 (0001) 面上相邻的 5 原子环和 7 原子环的核结构，生长条件和掺杂都不影响位错的核心结构，如图 1 - 11 所示。S. K. Rhode 等人[33]应用原子分辨的 STEM 研究发现纯刃型具有 5/7 环的原子结构，S. L. Rhode 等人[34]进一步研究发现 Si 掺杂并不影响位错的核心结构，但 Si 偏向于在刃位错偏析或偏聚。5/7 环结构不同于早期理论[35]和实验上[36]的完整 8 原子核结构。

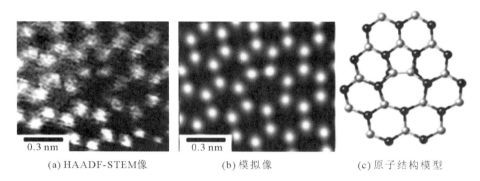

(a) HAADF-STEM像　　　　(b) 模拟像　　　　(c) 原子结构模型

图 1 - 11　刃型穿透位错原子结构[31]

对于螺型位错，理论计算表明存在空心和实心两种结构。J. Elsner 等人[35]应用第一性原理计算表明 GaN 中螺位错的空心（open - core）结构较实心结构稳定，位错线的能量为 4.55 eV/Å，如图 1 - 12(a)所示。由于位错核心三配位的 Ga（N）原子采用类似 sp2（p3）的杂化方式，这种位错核心是不带电的（electrically inactive）。随后，J. E. Northrup[37]同样应用第一性原理计算预测，在富 Ga 的条件下，Ga 填充的实心结构模型（Ga：N 为 6：0）比空心结构模型更稳定，而在富 N 条件下，移除半数 N 原子的结构模型（Ga：N 为 6：3）更稳定，如图 1 - 12(b)和(c)所示。这两种模型产生的电子态分散在带隙中，因此，这种位错被认为是一个非常强的非辐射复合中心和电流泄漏通道。因此，不管样品的生长条件如何，螺型位错都应该是电活性的。Y. Xin 等人[38]用实验证实了纯螺型位错确实存在实心结构，但没有研究核心的化学计量比。S. Usami 等人[39]用实验证实了 1c 纯螺型位错与垂直 p - n 二极管的反向泄漏有关。以上四种理论模型（空心、实心、Ga 填充和 N 半填充）的共同特点是认为位错线应该位于投影六边形到基底平面的中心，统称为"A"结构模型。M. Matsubara 等人[40]利用第一性原理计算提出了另一种螺型位错结构，认为位错线位于连接两个相邻六边形的键的中间，统称为"B"结构模型，如图 1 - 12(d)和(e)所示。同时，比较了富 Ga 和富 N 条件下，以上四种结构类型的形成能。结果显示在富 N 条件下，起源于"B"结构模型的螺型位错具有开型芯结构，并且该结构的带隙中没有引入深态，也即该结构螺型位错无电活性。

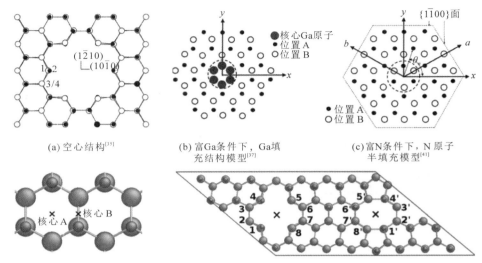

(a) 空心结构[35]

(b) 富Ga条件下，Ga填充结构模型[37]

(c) 富N条件下，N原子半填充模型[41]

(d) 位错线位于A和B两种位置示意图

(e) 基于B位置的两种空心结构[40]

图 1 − 12　螺型穿透位错结构原子模型

对于混合型位错，M. K. Horton 等人[42]应用经典的原子论模型和原子分辨的扫描透射电子显微镜研究显示，存在多个不同的核心结构，密度泛函理论计算表明，所有结构都将在带隙中引入局域态，从而影响器件漏电和效率等性能。S. K. Rhode 等人[33]应用原子分辨的 STEM 研究发现在非故意掺杂 GaN 中混合位错 a＋c 不仅存在 5/6 原子环结构，而且还会发生分解，Mg 掺杂会阻止其发生分解而保持 5/6 原子环结构。I. Arslan 等人[43]也观察到 a＋c 型混合位错可分解为两个 Frank 分位错 a＋c/2 和位于 $\{11\bar{2}0\}$ 的层错，如图 1 − 13(a)和(b)所示。S. L. Rhode 等人[34]进一步研究发现 Si 掺杂并不影响位错的核心结构。H. Xiong等人[44]从理论上证实了双 5/6 原子环核结构是稳定的，而 5/7 原子环核结构是趋向分解的，局部原子应力的各向异性引起 5/7 原子环结构的分解，如图1 − 13(c)～(e)所示。

总之，目前为止，关于氮化镓中位错的电学特性是位错本征属性还是位错周围点缺陷偏聚导致的尚不清楚。不同的生长方法、生长条件、掺杂类型等都会导致位错核心缺陷态。

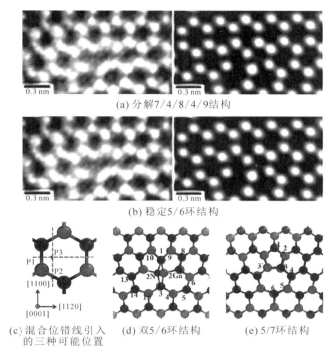

(a) 分解7/4/8/4/9结构

(b) 稳定5/6环结构

(c) 混合位错线引入
的三种可能位置

(d) 双5/6环结构

(e) 5/7环结构

图 1-13　混合 a+c 穿透位错的 HAADF 像、模拟像及原子结构模型

2. 位错与漏电

1）位错与漏电现象

位错作为一种线缺陷，会导致器件漏电、可靠性等问题。位错的电学性质不仅仅取决于其位错核心的结构，而且与核心处杂质的偏聚有关。S. Usami 等人[45]应用原子探针研究发现在 Mg 掺杂 GaN 中，Mg 杂质会在位错区域富集和沿着位错扩散。S. L. Rhode 等人[34]理论计算表明 Si 故意掺杂 GaN 中 Si 杂质也偏向于在刃位错偏聚，而 Mg 掺杂也会在 a+c 位错核心偏聚[33]。同样非故意掺杂的 O 也会在位错核心偏聚[46]。B. Kim 等人[47]应用导电性原子力显微镜（C-AFM）研究了 MOCVD 生长 n-GaN 中的漏电通道，发现存在两种泄漏电路径：开型芯位错（纳米管）和纯螺型位错。S. Usami 等人[39]综合应用光发射显微镜、TEM、CL 等手段研究了垂直结构 p-n 二极管的漏电特性，结果显示 1c 螺位错与垂直 p-n 二极管的反向泄漏点一一对应，如图 1-14(a)所示。K. Galiano 等人[48]运用扫描探针深能瞬态光谱（SP-DLTS）和电子通道成像（ECCI）

技术研究了 NH$_3$ - MBE 生长的 n - GaN 中陷阱态（位于导带底以下 0.57 eV）的空间分布，结果表明高浓度电子能级 E_c 约为 0.57 eV 陷阱态的区域与 GaN 中纯刃型位错在空间上相关，而与混合型和螺型位错无关，如图 1 - 14(b) 所示。

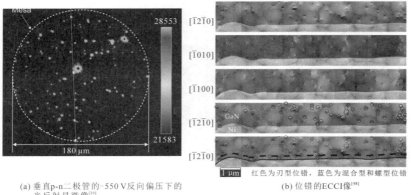

(a) 垂直p-n二极管的−550 V反向偏压下的
光反射显微像[39]

(b) 位错的ECCI像[48]

图 1 - 14　位错与漏电

2）位错的漏电机制

缺陷态的能级的位置及其相对费米能级和准费米能级的位置决定了陷阱态的捕获或释放电子的行为，同时缺陷态密度与材料的掺杂浓度决定了缺陷态的填充状态。位错及其与杂质的相互作用导致与位错相关的缺陷态可能是深施主也可能是深受主。一般认为半导体中位错的电子性质可以用禁带中电子能带（部分填充）来描述，假设一个部分填充的位错缺陷带位于禁带中间，当位错缺陷带的占用极限 E_{dis}（类似于位错带的费米能级）与费米能级 E_f 重合时，位错的状态是电中性的。对于 n 型半导体，空的位错能级被电子填充，直到占用极限 E_{dis} 达到 E_f，额外的电荷沿位错分布，产生静电势 V_{dis}，其最大值为 V_B，导致位错附近的能带局部弯曲。对于 p 型半导体，正的多余电荷积累在位错核上，导致带结构向相反方向弯曲，如图 1 - 15 所示。

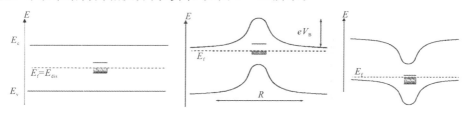

图 1 - 15　位错相关缺陷能级带与费米能级关系[49]

D. Cherns 等人[50]应用电子全息技术研究了 MOCVD 方法制备 n 型 GaN（掺杂浓度[Si]约为 6×10^{17} cm^{-3}）中单个刃位错附近的静电势 V_{dis}，研究发现 n-GaN 中刃位错核心带负电，然而对于 p 型 GaN[51]（掺杂浓度[Mg]约为 1×10^{20} cm^{-3}），刃位错确实带正电，他们进一步提出费米能级钉扎在位错能级，位错能级位于导带以下 2.5 eV 处。J. Cai 等人[52]进一步研究了 n-GaN 中的不同位错类型，发现螺、刃和混合位错都带负电，电荷密度分别为 1、0.3 和 0.6 e/c。E. Mller 等人[47]进一步研究发现在位错核周围半径为 5 nm 的圆柱形区域中，负电荷密度在 $5 \times 10^{19} \sim 1 \times 10^{20}$ cm^{-3} 之间，认为电荷在位错核周围的空间扩展与位错核附近的点缺陷有关，而不是位错本征核状态导致的。C. A. Robertson 等人[53]应用有限元模拟了位错缺陷态，研究表明 GaN 中穿透位错会在禁带中引入一个深受主陷阱态[54-55]。

除了位错本征的深能级本质外，B. Rackauskas 等人[56]提出了沿位错分布的杂质带的深施主能级模型，杂质带可能来自生长过程中空位缺陷的聚集，如图 1-16(a)所示。在应用电流和电容瞬态方法研究 GaN-on-GaN 垂直 p-n 二极管的泄漏机理过程中，研究发现电流瞬态中观察到一个应用常规捕获模型无法解释的峰，故提出杂质带的漏电机制。Z. Bian 等人[57]研究了准垂直型 GaN 肖特基势垒二极管（SBDs）的漏电机理，在 VRH（Variable Range Hopping）机制（图 1-16(b) 所示）的基础上[58]提出了沿着位错线的 VRH 漏电机制，如图 1-16(c)所示。位错还会导致 LED 量子阱中形成 V-pit 缺陷，从而成为器件击穿的薄弱环节[59]。

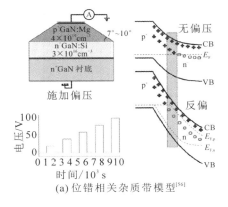

(a) 位错相关杂质带模型[56]

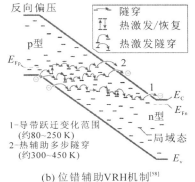

(b) 位错辅助VRH机制[58]

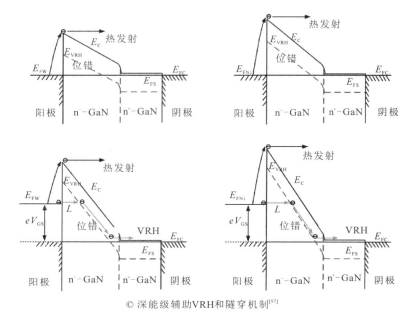

© 深能级辅助VRH和隧穿机制[57]

图 1 - 16 位错的漏电机制

3. 位错与非辐射复合中心

一般而言,穿透位错被认为是非辐射复合中心,位错周围的发光强度降低主要与载流子或激子扩散长度有关,在阴极荧光(CL)和电子束诱导电流(EBIC)像中呈现暗的衬度,如图 1 - 17 所示。

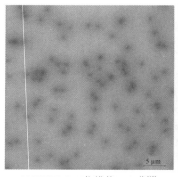

(a) HVPE-GaN位错的EBIC像[60]　　　(b) 位错的CL像[61]

图 1 - 17 位错的 EBIC 和 CL 像

因此，CL 和 EBIC 发光图中位错周围暗衬度（黑点）的扩展常常用来确定激子的扩散长度。N. Pauc 等人[62]应用阴极荧光分析了单个位错核附近 CL 强度分布，推导出激子和少数载流子的扩散长度。近年来，V. M. Kaganer 等人[63]考虑了位错在表面露头处的应变弛豫对激子寿命的影响，认为应变弛豫导致了压电极化电荷的不均匀分布，进而在位错露头周围产生了体电场，激子在这个电场中电离，从而降低了激子的寿命，理论计算表明即使在没有激子扩散的情况下，未掺杂氮化镓中的位错也会在直径达 100 nm 的 CL 像中产生黑点。进一步地，从理论和实验两方面研究了 GaN{0001}表面露头处刃型位错区域激子的漂移、扩散和复合，结果显示位错引起 CL 强度减小的主要原因是刃位错周围的压电场导致了激子分解而不是激子扩散，进一步提出了应用位错周围 CL 发光峰能量分布是获取 GaN 中激子或载流子扩散长度的敏感手段，而不是强度分布[33]。E. B. Yakimov 等人[60]应用电子束诱导电流研究了不同掺杂浓度和不同位错密度 n–GaN 中位错的复合特性，结果表明，在 EBIC 像中形成衬度的氮化镓中的位错是带电的，并被一个空间电荷区所包围，这可以从位错复合强度随掺杂剂浓度的变化所观察到的现象中得到证明。

4. 位错与残余应力

GaN 单晶的曲率本质上是材料晶格参数的弯曲，生长导致的晶格参数的不一致或者缺陷的存在都会导致晶格弯曲。目前研究发现晶体的曲率都与穿透位错弯曲有关，但是位错弯曲导致曲率的机制存在两种解释。K. Yamane 等人[64]定量研究了 HVPE–GaN 单晶的晶格常数随着膜厚的变化，结果显示上表面的曲率半径和晶格常数与下表面的数值基本一致，进一步发现了穿透位错的弯曲会导致一个(0001)面内的分量，提出了位错弯曲是造成点阵弯曲现象的主要原因，如图 1–18(a)所示。H. M. Foronda 等人[65]研究了(0001)氮化镓衬底的弯曲，发现衬底从下到上存在一个从压应力到张应力的梯度，晶体曲率与衬底中应力梯度一致，应力梯度和曲率都来源于刃型位错的倾斜，也即位错线偏离[0001]方向。一般认为，位错半原子面的不同倾斜方向会导致张应力和压应力两种情况，如图 1–18(b)所示[66]。

D. M. Follstaedt 等人[67]提出了表面调制的攀移机制，认为位错通过捕获表面空位而攀移，如图 1–19 所示。J. Weinrich 等人运用 STEM 研究了刃位错和混合位错弯曲时额外原子面的位置与倾斜方向，结果表明 Si 掺杂导致

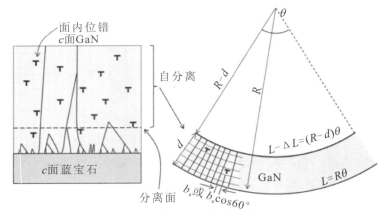

(a) 位错弯曲引起晶体曲率[65]

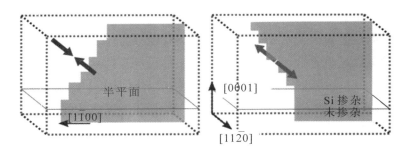

(b) 位错弯曲方向引入应力(压应力和张应力导致位错半原子面缩短或伸长)[66]

图 1-18 位错与曲率

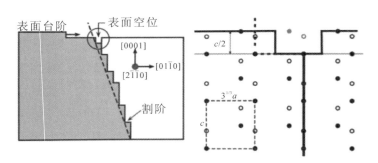

图 1-19 位错攀移模型[67]

位错半原子面的缩短而且 Si 掺 GaN 中呈现张应力。另外，对于非掺 HVPE - GaN，其位错倾斜的方向为 $[11\bar{2}0]$，而 Si - GaN 中还存在另外一种倾斜方向，也即沿 $[01\bar{1}0]$ 方向倾斜。R. Soman 等人[68] 研究发现在氮化镓薄膜中，Mg 掺杂与 Si 掺杂类似，会导致位错的弯曲和拉应力的产生。与 Ga 原子相比，Si 原子半径较小而 Mg 原子半径较大，但两种掺杂都会导致张应力和位错的倾斜，由此可以排除原子的尺寸效应。因此，可以推测位错的攀移是引起薄膜张应力的主要原因，而 Si 和 Mg 掺杂促进了位错的攀移，引入了张应力。然而，位错攀移也可通过核心原子向外扩散，掺杂原子促进位错攀移的机制有待进一步研究。

1.2.3　层错

位错是 (0001) 面生长 GaN 中最主要的缺陷类型，而层错则是半极性和非极性面 GaN 中非常重要的缺陷类型。根据层错所在的晶面不同，层错可以分为基面层错（BSFs）和柱面层错（PSFs）。实验中，柱面层错常常伴随基面层错出现，如图 1 - 20 所示。

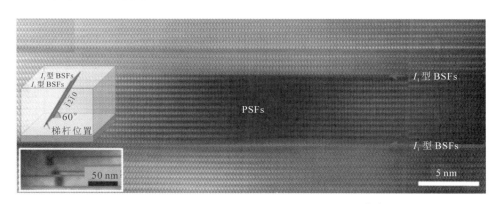

图 1 - 20　GaN 中层错的高分辨电子显微晶格像[69]

对于基面层错（BSFs），根据 Ga - N 双原子层沿 [0001] 方向堆垛次序的不同，存在以下三种常见的层错类型，即 I_1 型、I_2 型和 E 型堆垛层错，堆垛次序如下[70]：

$$I_1 \text{ 型：} \cdots ABABA \vdots CACACA \cdots$$

$$I_2 \text{ 型：} \cdots ABABAB \vdots CACACA \cdots$$

$$E \text{ 型：} \cdots ABABA \vdots C \vdots BABABA \cdots$$

对于柱面层错(PSFs)，Y. L. Hu 等人[71]应用原子分辨的 STEM 实验证实了其原子结构与弛豫的 Drum 结构模型相似，如图 1-21 所示。

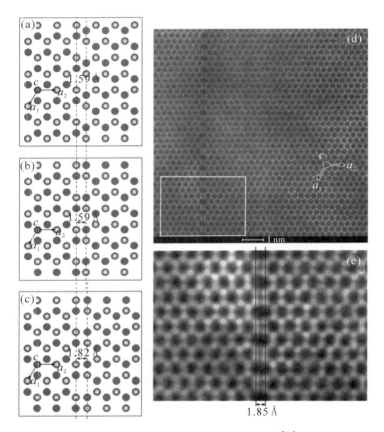

图 1-21　GaN 中 PSFs 的 HAADF 像[71]

大量研究表明，半极性和非极性面 GaN 中层错的产生主要与 N 极性面(0001)小面与衬底界面的相互作用有关，J. Song 等人[72]通过生长动力学调控消除 N 极性小面，从而达到了无层错半极性($20\bar{2}1$)衬底的制备。

1.2.4　倒反畴界

氮化镓的生长极性是一个动力学控制的过程，反相畴的形成与衬底极性、衬底表面处理、生长条件和掺杂等有关[73-74]。倒反畴界面的常见模型如图 1-22 所示。

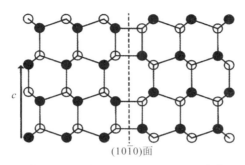

$(10\bar{1}0)$面

图 1 - 22　倒反畴界面结构示意图[75]

1.3　氮化镓材料特性

与 Si、GaA、SiC 等半导体材料相比，GaN 材料优异的物理性质使得其在蓝光发光二极管（LED）和半导体激光器（LDs）等领域得到广泛的应用，而且在射频微波、电力电子器件方面有着广阔的应用前景。

1.3.1　光学特性

1. 光致发光（PL）与阴极荧光（CL）

光致发光谱是研究晶体光学性质非常有用的手段。低温下样品中的非辐射复合将大大减小，发光谱线的展宽比较小，有利于对发光峰的精细结构进行分析。通过改变温度和激发功率等可以对发光机制作出分析。图 1 - 23 所示为一个低温下 GaN 单晶的发光谱，根据发光峰能量的分布可以大致分为近带边发光峰及蓝光、绿光、黄光、红光等一系列与缺陷相关的发光峰；根据发光过程可以分为带间直接复合、能带与杂质能级之间的辐射复合、施主受主对辐射复合、自由束缚激子复合、束缚激子复合和深能级杂质缺陷发光等。

时间分辨光致光谱（TRPL）可用来研究光谱随时间的变化，荧光强度 I 是时间 t 和光子波长 λ 的函数，即

$$I = I(\lambda, t) \tag{1-1}$$

实验中分别在某一个中心波长或者延迟时间附近积分，就可以得到含时间信息的荧光衰退光谱或不同延迟时间的光荧光谱。分析荧光衰退光谱，可以获

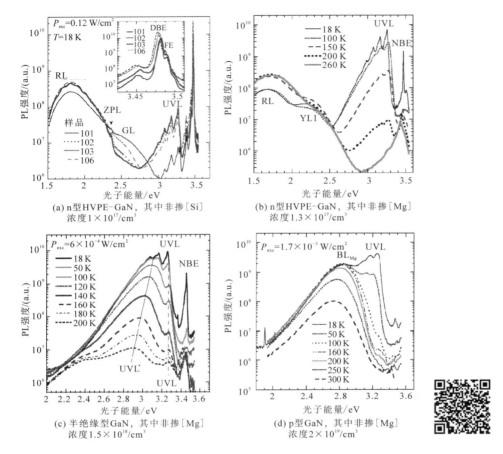

(a) n型HVPE-GaN，其中非掺［Si］
浓度1×10¹⁷/cm³

(b) n型HVPE-GaN，其中非掺［Mg］
浓度1.3×10¹⁷/cm³

(c) 半绝缘型GaN，其中非掺［Mg］
浓度1.5×10¹⁸/cm³

(d) p型GaN，其中非掺［Mg］
浓度2×10¹⁹/cm³

图 1-23　Mg 掺杂 HVPE-GaN 发光峰

得荧光复合动力学信息，其中载流子复合寿命 τ 是很重要的参数；分析不同延迟时间的光荧光谱，可以获得光激发载流子能量弛豫的动力学信息，并对发光机制作出分析。

　　阴极荧光（CL）是材料在高能电子束激发下产生的发光。和光致发光一样，半导体材料的阴极荧光也是非平衡载流子的发光复合。阴极荧光的最大优点就是对同一样品表面微区进行二次电子显微形貌像和 CL 光谱的测量，实现对微区结构和光学性质的分析。在阴极荧光测量中，不仅可以获得样品微区的阴极荧光光谱，还可以获得微区的单色显微图像和全色显微图像。

2. HVPE - GaN

材料中的点缺陷在带隙中引入深能级，不仅会导致蓝光、黄光和红光带等，还会导致材料产生击穿和漏电等性质。这些深能级缺陷态与生长方法、生长条件和掺杂等有密切关系。关于点缺陷的研究由来已久，但与深能级有关的点缺陷还存在很多争议。结合第一性原理计算与光学测量的研究手段是有效的研究方法。M. A. Reshchikov 等人[76]应用低温 PL 和时间分辨 PL 研究了非掺 HVPE - GaN 的 18 K 低温 PL 发光特性，如图 1 - 23(a)所示。近带边结构由自由束缚激子(FE, 3.480 eV)和中性施主束缚激子(DBE, 3.475 eV)组成。紫外发光带(UVL)发光峰包括零阶声子伴线(3.26 eV)、两个 LO 声子伴线。一个宽的红光带(RL)的峰值位于 1.81 eV；一个弱的绿光带(GL)位于 2.4～2.9 eV，峰值位于 2.5 eV。通过测量不同温度和不同激发功率下发光峰位和强度的变化，推测 RL 发光带与一个位于价带顶(E_v)以上 1.13 eV 的深受主能级相关。

M. A. Reshchikov 等人[21]研究发现 Mg 掺杂浓度对 GaN 发光性质的影响。Mg 轻掺杂的 HVPE - GaN 仍然为 n 型导电，这是因为晶体中存在高浓度的非故意掺杂 O_N 和 Si_{Ga} 浅施主杂质。低温下 PL 发光谱由近带边(NBE, 3.471 eV)、紫外发光峰(UVL, 3.26 eV)、黄光带(YL, 2.20 eV)和红光波段(RL, 1.67 eV)组成，如图 1 - 23(b)～(d)所示。NBE 发光峰对应于无应力 GaN 中性浅施主束缚激子，一个较弱的峰值(3.466 eV)被认为是 Mg_{Ga} 受主束缚激子发光峰。紫外发光峰(UVL, 3.26eV)被认为是与浅 Mg_{Ga} 受主相关的发光峰。J. L. Lyons 等人[18]研究发现 Mg_{Ga} 与蓝光峰有关，而蓝光峰只有在掺杂浓度大于 1×10^{19} 时才会观测到，Mg - H 复合体是导致 UVL 的原因。

M. Bockowski 等人[77]研究了不同 Si 掺杂浓度 HVPE - GaN 的低温光学特性，低温 PL 测量结果表明随着 Si 掺杂浓度的增加，黄光(YL)和紫外发光带(UVL)的强度都会增加，YL 发光峰与 V_{Ga} 缺陷有关，Si 掺杂促进了空位缺陷的产生。M. Iwinska 等人[78]研究了不同 Ge 掺杂浓度对 PL 谱的影响，结果显示低掺杂浓度下 PL 谱主要由近带边发光峰(NBE)、施主受主对(DAP)和 YL 峰组成，Ge 掺浓度进一步增加到 1×10^{19} 时 DAP 峰消失，如图 1 - 24 所示。

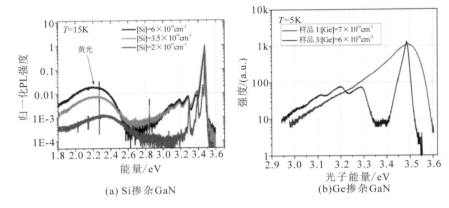

（a）Si掺杂GaN   （b）Ge掺杂GaN

图 1 - 24 N 型 HVPE - GaN

1.3.2 电学特性

功率半导体器件在功率变换系统中起着关键的作用，其器件效率、击穿电压、器件尺寸与材料本征的电气特性密切相关。表 1 - 3 中比较了 Si、GaAs、SiC（4H - SiC）、GaN 四种半导体材料的基本特性。根据应用频率的不同，可以用低频 Baliga 优值（μ_n、ε_r、E_c^3）和高频 Baliga 优值（μ_n、E_c^2）来表征材料的综合性能。

表 1 - 3 半导体材料电学特性参数

参 数	Si	GaAs	4H - SiC	GaN
禁带宽度 E_g/eV	1.12	1.42	3.26	3.39
临界击穿电场 E_c/(MV/cm)	0.23	0.4	2.5	3.3
电子迁移率 μ_n/[cm²/(V · s)]	1400	8500	950	1300
电子饱和速度 v_{sat}/(10⁷ cm/s)	1.0	2.0	2.0	2.5
相对介电常数 ε_r	11.8	13.1	9.7	8.9
热导率 k/[W/(cm · K)]	1.5	0.5	3.8	1.3

1. 禁带宽度 E_g

六方 GaN 是宽禁带、直接带隙材料，常温下禁带宽度达 3.39 eV，与晶格原子间强的化学键强度（2.20 eV）有关。材料中本征载流子浓度与禁带和温度的关系如下：

$$n_i = \sqrt{N_c N_v}\, e^{-\frac{E_g}{2kT}}$$

$$\approx N_i(300\text{K}) \times \left(\frac{T}{300}\right)^{\frac{3}{2}} \cdot \exp\left(\frac{E_g(300\text{K})}{0.0518} - \frac{E_g}{2kT}\right) \tag{1-2}$$

式中：N_c 和 N_v 分别为材料导带与价带底和价带顶的等效态密度。本征载流子浓度随着温度升高而指数式增长，因而用本征材料制备的器件很难获得稳定的工作特性，所以通过人为掺杂的方式提供载流子，当杂质全部电离后载流子基本保持不变。从式(1-2)可知，材料的禁带宽度 E_g 越大，本征载流子浓度 n_i 达到一定程度所需的温度就越高，因此宽禁带材料适合于制备耐高温的器件。

2. 临界击穿电场 E_c

更强的化学键导致 GaN 器件发生雪崩击穿时临界击穿电场会更高。临界击穿电场 E_c 与器件的击穿电压 V_{BD} 之间近似为正比关系，即

$$V_{BD} \approx \frac{1}{2} w_{drift} \cdot E_c \tag{1-3}$$

式中：w_{drift} 为器件漂移区的宽度。对于同样漂移区厚度的器件，GaN 器件的临界击穿电压是 Si 器件的 14 倍多；反之，对于同样击穿电压的器件，GaN 器件的漂移区厚度可以是 Si 器件的 1/10。

载流子在高电场作用下加速而动能升高，获得足够高能量的自由载流子对点阵原子的碰撞使得其电离，产生新的电子-空穴对。电离系数是表征一个载流子在单位长度的空间电荷区中产生一对新的电子-空穴对的数目。J. Dong 等人[79]应用同质外延制备的雪崩二极管表征不同温度下电子和空穴的碰撞电离系数，实验结果表明，GaN 中电子和空穴的电离系数与电场强度 E 的关系分别为 $2.1 \times 10^9 \exp(-3.7 \times 10^7/E)$ cm/s 和 $4.4 \times 10^6 \exp(-1.8 \times 10^7/E)$ cm/s，如图 1-25 所示。

3. 导通电阻

低的导通电阻意味着低的器件损耗。对于多数载流子（以 n 型器件为例）器件，其理论导通电阻 R_{on} 可以表示为

$$R_{on} = \frac{w_{drift}}{q \mu_n N_D} \tag{1-4}$$

式中：q 为电荷量，μ_n 为电子迁移率，N_D 为 n 型掺杂浓度。导通电阻与击穿电压、临界击穿电场的关系如下：

$$R_{on} = \frac{4 V_{BD}^2}{\varepsilon_0 \varepsilon_r E_c^3} \tag{1-5}$$

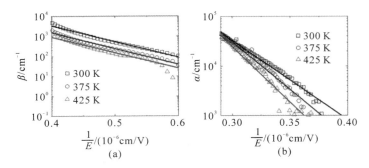

图 1 - 25　GaN 雪崩击穿系数的实验测量值[79]

式中：ε_0 和 ε_r 分别为真空介电常数和相对介电常数。材料的导通电阻与击穿电压限制了功率器件的实际使用极限，如图 1 - 26 所示。

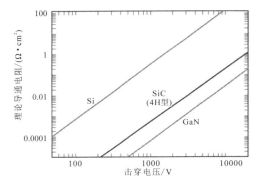

图 1 - 26　Si、SiC 和 GaN 基功率器件的理论导通电阻和击穿电压的关系

4. 高场输运特性

高场下载流子的输运特性是决定器件频率特性的主要因素，对于高频率和高功率器件，漂移速度（drift velocity）是一个关键参数。理论上通常采用 Monte Carlo 仿真模拟获得电子的速场关系。高场下电子速场关系的特点为，飘移速度首先随着外加电场强度的增加而上升，随后在一个较强的电场强度时达到峰值；电场强度进一步增加，则出现一个速度逐渐下降的宽的负微分电阻区，直到在足够强的电场强度下速度达到饱和。这种现象与电子谷间转移、谷间形变势散射以及极性光学声子散射有关。如图 1 - 27(a) 所示，常温下 GaN 晶体中稳态的峰值漂移速度高达 2.8×10^7 cm/s，饱和漂移速度高达 1.3×10^7 cm/s，低场迁移率在 $1600 \sim 1950$ cm^2/(V·s) 范围[80]。理论推测 GaN 晶体中稳态的峰值漂移速度在

77~1000 K 的温度范围内为 $3.3 \times 10^7 \sim 2.1 \times 10^7$ cm/s[81]。

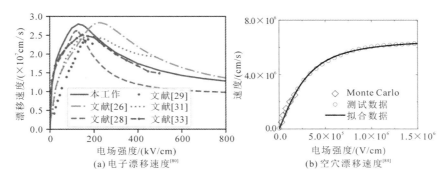

(a) 电子漂移速度[80]　　　　　(b) 空穴漂移速度[84]

图 1 - 27　载流子漂移速度

霍尔效应测试结果显示，室温下背景掺杂浓度在 $10^{16} \sim 10^{17}$ cm^{-3} 的 GaN 中二维电子气（2DEG 密度为 3.3×10^{12} cm^{-2}）的低场迁移率测量值为 1300 cm^2/(V · s)[82]。在高电压脉冲信号下测量 $I-V$ 特性，获得常温下 n 型 GaN 体单晶的峰值漂移速度为 2.5×10^7 cm/s[83]。对于空穴的漂移速度，实验上可以通过测量漂移电流获得。如图 1 - 27(b)所示，利用光辅助测量漂移电流及 Caughey-Thomas 模型拟合得到本征 GaN 中空穴的饱和飘移速度约为 6.63×10^7 cm/s，低场迁移率为 17 cm^2/(V · s)[84]。

5. 高温特性

氮化镓材料的高温特性主要指高温下载流子浓度和电子迁移率的变化规律，这些参数对器件通态特性和阻断特性有直接的影响。

由半导体物理可知，载流子浓度 n 随温度 T 的变化规律为

$$n \propto T^{\frac{3}{2}} \exp\left(\frac{-\Delta E_D}{kT}\right) \tag{1-6}$$

式中：ΔE_D 为施主杂质的电离能。假设在 300 K 时材料中施主杂质全部电离，则本征载流子是导致材料中载流子增加的主要因素，本征载流子浓度每增加一个数量级，则需要温度升高约 1400 K。

理论上电子迁移率与其受到的散射过程有关，它们之间的关系可表示为[85]

$$\mu_n = \frac{1}{\mu_i} + \frac{1}{\mu_{dis}} + \frac{1}{\mu_{ac}} + \frac{1}{\mu_{op}} \tag{1-7}$$

式中：μ_i、μ_{dis}、μ_{ac}、μ_{op} 分别为只考虑杂质离子散射、位错散射、声学声子散射和光学声子散射时的电子迁移率。温度对以上四个过程都有不同程度的影响，

电子迁移率 μ_n 随温度 T 的变化规律可以简单概括为

$$\mu_n(T) \propto T^{-m} \tag{1-8}$$

式中：m 为表征迁移率随温度变化的指数因子。如图 1-28 所示，通过实验可以得到，对于位错密度为 2.3×10^5 cm^{-2}、背景载流子浓度为 1.3×10^{16} cm^{-3} 的高质量 GaN 单晶材料，其迁移率达 1160 cm^2/(V·s)[61]，图中，μ_{exp} 为实验测得的迁移率。

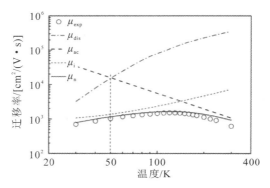

图 1-28　氮化镓单晶迁移率随温度的变化[61]

1.3.3　热学特性

随着 GaN 基高功率密度 5G 微波射频、电力电子和发光器件的应用，GaN 的散热问题及热管理成为研究热点，研究表明，热导率是关键参数，实测材料的热导率远远低于理论预测，热导率与材料中位错密度、点缺陷、掺杂和温度等密切相关。K. Park 等人[86]应用时域热反射方法研究了位错密度 σ_D 对热导率 k_{GaN} 的影响规律。随着位错密度的增加，热导率按照双曲正切函数衰减，通过模拟实验数据获得新的经验公式：

$$k_{GaN} = 210\tanh^{0.12}\left(\frac{1.5 \times 10^8}{\sigma_D}\right) \tag{1-9}$$

在此基础上，进一步通过修正的 Klemens's 模型来解释热导率随位错密度增加而下降，突出了位错诱导的散射强度对热导率的作用，如图 1-29(a) 所示。

R. Rounds 等人[87]应用 SIMS 和 3ω 方法对比了 30～295 K 温度范围氨热、Na-flux 和 HVPE 生长的 GaN 单晶的热导率变化，结果表明非故意掺杂杂质对声子的散射是导致热导率下降的主要因素，如图 1-29(b) 所示。M. Slomski 等人[88]进一步研究了不同温度下 Si 掺杂浓度对热导率的影响规律，结果表明，随着 Si 掺杂浓度的增加，热导率降低的影响机制有两个：一个是声子-杂质散射，另一个是声子-自由电子散射，在高掺杂水平和高温下声子-自由电子散射占主导地位，如图 1 - 29(c)、(d)所示。T. E. Beechem 等人[89]应用时域热反射方法研究了 Mg 掺杂浓度对热导率的影响规律，结果表明 Mg 掺杂浓度增加而热导率降低，尺寸效应是主要的影响因素，如图 1 - 29(e)所示。进一步研究发现薄膜厚度 t 越小，对 GaN 热导率的影响越明显，对于 1 μm 厚度的 GaN 薄膜，其热导率是体单晶材料热导率的一半。E. Ziade 等人[90]应用时域热反射和蒙特卡洛模拟分析了热导率对薄膜厚度的依赖关系，结果表明这种依赖关系与声子的输运有关，如图 1 - 29(f)所示。

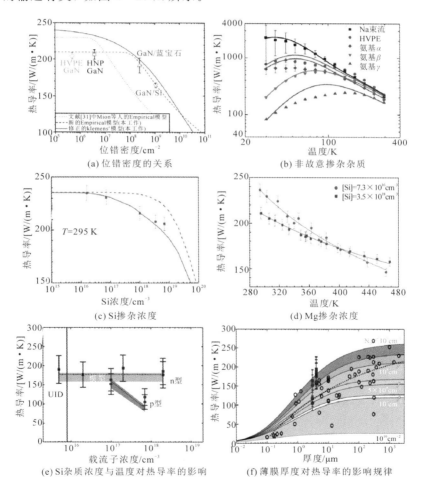

图 1 - 29　GaN 热导率影响因素

参考文献

[1] AMBACHER O, SMART J, SHEALYET JR, et al. Two-dimensional electron gases induced by spontaneous and piezoelectric polarization charges in N- and Ga-face AlGaN/ GaN heterostructures[J]. Journal of Applied Physics, 1999, 85(6): 3222 - 3233.

[2] REN G B, LIU Y M, BLOOD P. Valence-band structure of wurtzite GaN including the spin-orbit interaction[J]. Applied Physics Letters, 1999, 74(8): 1117 - 1119.

[3] FRANZ M, APPELFELLER S, ELSELE H, et al. Valence band structure and effective masses of GaN(10(1)over-bar0)[J]. Physical Review B, 2019, 99: 195306.

[4] YAMAGUCHI A A, MOCHIZUKI Y, SUNAKAWA H, et al. Determination of valence band splitting parameters in GaN[J]. Journal of Applied Physics, 1998, 83(8): 4542 - 4544.

[5] WEI S H, ZUNGER A. Valence band splittings and band offsets of AlN, GaN, and InN[J]. Applied Physics Letters, 1996, 69(18): 2719 - 2721.

[6] YEO Y C, CHONG T C, LI M F. Electronic band structures and effective-mass parameters of wurtzite GaN and InN[J]. Journal of Applied Physics, 1998, 83(3): 1429 - 1436.

[7] VURGAFTMAN I, MEYER J R. Band parameters for nitrogen-containing semiconductors[J]. Journal of Applied Physics, 2003, 94(6): 3675 - 3696.

[8] RESHCHIKOV M A, MORKOC H. Luminescence properties of defects in GaN[J]. Journal of Applied Physics, 2005, 97(6): 061301.

[9] RESHCHIKOV M A. Defects in Semiconductors-Point Defects in GaN[B]. L. Romano, V. Privitera, and C. Jagadish, Editors, 2015, 315 - 367.

[10] TUOMISTO F, SAARINEN K, LUCZNIK B, et al. Effect of growth polarity on vacancy defect and impurity incorporation in dislocation-free GaN[J]. Applied Physics Letters, 2005, 86(3): 031915.

[11] CHICHIBU S F, SHIMA K, KOJIMA K, et al. Large electron capture-cross-section of the major nonradiative recombination centers in Mg-doped GaN epilayers grown on a GaN substrate[J]. Applied Physics Letters, 2018, 112(21): 211901.

[12] CHICHIBU S F, UEDONO A, KOJIMA K, et al. The origins and properties of intrinsic nonradiative recombination centers in wide bandgap GaN and AlGaN[J]. Journal of Applied Physics, 2018, 123(16): 161413.

[13] POLYAKOV A Y, LEE I H. Deep traps in GaN-based structures as affecting the performance of GaN devices[J]. Materials Science & Engineering R-Reports, 2015, 94: 1 - 56.

[14] RESHCHIKOV M A, UEDONO A, KOJIMA K, et al. Thermal quenching of the yellow luminescence in GaN[J]. Journal of Applied Physics, 2018, 123(16): 161520.

［15］　NENSTIEL C, BUEGLER M, CALLSEN G, et al. Germanium - the superior dopant in n-type GaN［J］. Physica Status Solidi-Rapid Research Letters, 2015, 9(12): 716 - 721.

［16］　AJAY A, SCHOERMANN J, JIMENEZ-RODRIGUEA M, et al. Ge doping of GaN beyond the Mott transition［J］. Journal of Physics D-Applied Physics, 2016, 49 (44): 445301

［17］　LANY S, ZUNGER A. Dual nature of acceptors in GaN and ZnO: The curious case of the shallow Mg-Ga deep state［J］. Applied Physics Letters, 2010, 96(14): 142114.

［18］　LYONS J L, JANOTTI A, VAN D E WALLE C G. Shallow versus deep nature of Mg acceptors in Nitride semiconductors［J］. Physical Review Letters, 2012, 108(15): 156403.

［19］　SUN Y Y, ABTEW T A, ZHANG P H, et al. Anisotropic polaron localization and spontaneous symmetry breaking: comparison of cation-site acceptors in GaN and ZnO ［J］. Physical Review B, 2014, 90(16): 165301.

［20］　MICELI G, PASQUARELLO A. Self-compensation due to point defects in Mg-doped GaN［J］. Physical Review B, 2016, 93(16): 165207.

［21］　RESHCHIKOV M A, GHIMIRE P, DEMCHENKO D O. Magnesium acceptor in gallium nitride. I. Photoluminescence from Mg-doped GaN［J］. Physical Review B, 2018, 97: 205204.

［22］　DEMCHENKO D O, DIALLO I C, RESHCHIKOV M A. Magnesium acceptor in gallium nitride. II. Koopmans-tuned Heyd-Scuseria-Ernzerhof hybrid functional calculations of its dual nature and optical properties［J］. Physical Review B, 2018, 97 (20): 205205.

［23］　KUMAR A, UZUHASHI J, OHKUBO T, et al. Atomic-scale quantitative analysis of implanted Mg in annealed GaN layers on free-standing GaN substrates［J］. Journal of Applied Physics, 2019, 126(23): 235704.

［24］　WAHL U, AMORIM L M, AUGUSTYNS V, et al. Lattice location of Mg in GaN: a fresh look at doping limitations［J］. Physical Review Letters, 2017, 118(9): 095501.

［25］　ZHANG M, ZHOU T F, ZHANG Y M, et al. The bound states of Fe impurity in wurtzite GaN［J］. Applied Physics Letters, 2012, 100(4): 041904.

［26］　PUZYREV Y S, SCHRIMPF R D, FLEETWOOD D M, et al. Role of Fe impurity complexes in the degradation of GaN/AlGaN high-electron-mobility transistors［J］. Applied Physics Letters, 2015, 106(5): 05350.

［27］　HEITZ R, MAXIM P, ECKEY L, et al. Excited states of F_e^{3+} in GaN［J］. Physical Review B, 1997, 55(7): 4382 - 4387.

［28］　WU S, YANG X L, ZHANG H S, et al. Unambiguous identification of carbon location on the N site in semi-insulating GaN［J］. Physical Review Letters, 2018, 121 (14): 145505.

［29］ XU Y，YANG X L，ZHANG P，et al. Influence of intrinsic or extrinsic doping on lattice locations of carbon in semi-insulating GaN［J］. Applied Physics Express，2019，12(6)：061002.

［30］ IRMSCHER K，GAMOV I，NOWAK E，et al. Tri-carbon defects in carbon doped GaN［J］. Applied Physics Letters，2018，113(26)：262101.

［31］ NARITA T，TOMITA K，TOKUDA Y，et al. The origin of carbon-related carrier compensation in p-type GaN layers grown by MOVPE［J］. Journal of Applied Physics，2018，124(21)：215701.

［32］ NARITA T，TOKUDA Y，KOGISO T，et al. The trap states in lightly Mg-doped GaN grown by MOVPE on a freestanding GaN substrate［J］. Journal of Applied Physics，2018，123(16)：161405.

［33］ RHODE S K，HORTON M K，KAPPERS M J，et al. Mg doping affects dislocation core structures in GaN［J］. Physical Review Letters，2013，111(2)，025502.

［34］ RHODE S L，HORTON M K，FU W Y，et al. Dislocation core structures in Si-doped GaN［J］. Applied Physics Letters，2015，107(24)：243104.

［35］ ELSNER J，JONES R，SITCH P K，et al. Theory of threading edge and screw dislocations in GaN［J］. Physical Review Letters，1997，79(19)：3672 - 3675.

［36］ XIN Y，JAMES E M，ARSLAN I，et al. Direct experimental observation of the local electronic structure at threading dislocations in metalorganic vapor phase epitaxy grown wurtzite GaN thin films［J］. Applied Physics Letters，2000，76(4)：466 - 468.

［37］ NORTHRUP J E. Screw dislocations in GaN：the Ga-filled core model［J］. Applied Physics Letters，2001，78(16)：2288 - 2290.

［38］ XIN Y，PENNYCOOK S J，BROWNING N D，et al. Direct observation of the core structures of threading dislocations in GaN［J］. Applied Physics Letters，1998，72(21)：2680 - 2682.

［39］ USAMI S，ANDO Y，TANAKA A，et al. Correlation between dislocations and leakage current of p-n diodes on a free-standing GaN substrate［J］. Applied Physics Letters，2018，112(18)：182106.

［40］ MATSUBARA M，GODET J，PIZZAGALLI L，et al. Properties of threading screw dislocation core in wurtzite GaN studied by Heyd-Scuseria-Ernzerhof hybrid functional［J］. Applied Physics Letters，2013，103(26)：262107.

［41］ NORTHRUP J E. Theory of intrinsic and H-passivated screw dislocations in GaN［J］. Physical Review B，2002，66(4)：045204.

［42］ HORTON M K，RHODE S L，MORAM M A. Structure and electronic properties of mixed (a plus c) dislocation cores in GaN［J］. Journal of Applied Physics，2014，116(6)：063710.

［43］ ARSLAN I，BLELOCH A，STACH E A，et al. Atomic and electronic structure of mixed and partial dislocations in GaN［J］. Physical Review Letter，2005，94 (2)：025504.

[44]　XIONG H，WU J，FANG Z. Atomic-scale studies of (a plus c)-type dislocation dissociation in wurtzite GaN[J]. Applied Physics Express，2018，11(2)：025502.

[45]　USAMI S，MAYAMA N，TODA K，et al. Direct evidence of Mg diffusion through threading mixed dislocations in GaN p-n diodes and its effect on reverse leakage current[J]. Applied Physics Letters，2019，114(23)：232105.

[46]　HAWKRIDGE M E，CHERNS D. Oxygen segregation to dislocations in GaN[J]. Applied Physics Letters，2005，87(22)：221903.

[47]　KIM B，MOON D，JOO K，et al. Investigation of leakage current paths in n-GaN by conductive atomic force microscopy［J］. Applied Physics Letters，2014，104 (10)：102101.

[48]　GALIANO K，DEITZ J I，CARNEVALE S D，et al. Spatial correlation of the EC-0.57 eV trap state with edge dislocations in epitaxial n-type gallium nitride［J］. Journal of Applied Physics，2018，123(22)：224504.

[49]　MUELLER E，GERTHSEN D，BRUECKNER P，et al. Probing the electrostatic potential of charged dislocations in n-GaN and n-ZnO epilayers by transmission electron holography[J]. Physical Review B，2006，73(24)：245316.

[50]　CHERNS D，JIAO C G. Electron holography studies of the charge on dislocations in GaN[J]. Physical Review Letters，2001，87：924 - 930.

[51]　CHERNS D，RAO C G，MOKHTARI H，et al. Electron holography studies of the charge on dislocations in GaN[J]. Physica Status Solidi (b)，2002，234：924-930.

[52]　CAI J，PONCE F A. Determination by electron holography of the electronic charge distribution at threading dislocations in epitaxial GaN[J]. Physica Status Solidi (a)，2002，192：407-411.

[53]　ROBERTSON C A，QWAH K S，WU Y R，et al. Modeling dislocation-related leakage currents in GaN p-n diodes［J］. Journal of Applied Physics，2019，126 (24)：245705.

[54]　KYLE E，KAUN S，BURKE P，et al. High-electron-mobility GaN grown on free-standing GaN templates by ammonia-based molecular beam epitaxy[J]. Journal of Applied Physics，2014，115(19)：193702.

[55]　FANG Z Q，LOOK D C，KIM D H，et al. Traps in AlGaN/GaN/SiC heterostructures studied by deep level transient spectroscopy[J]. Applied Physics Letters，2005，87 (18)：182115

[56]　RACKAUSKAS B，DALCANALE S，UREB M J，et al. Leakage mechanisms in GaN-on-GaN vertical pn diodes[J]. Applied Physics Letters，2018，112(23)：233501.

[57]　BIAN Z，ZHANG T，ZHANG J C，et al. Leakage mechanism of quasi-vertical GaN

Schottky barrier diodes with ultra-low turn-on voltage[J]. Applied Physics Express, 2019, 12(8): 084004.

[58] SHAN Q, MEYAARD D S, DAI Q, et al. Transport-mechanism analysis of the reverse leakage current in GaInN light-emitting diodes[J]. Applied Physics Letters, 2011, 99(25): 253506.

[59] BESENDOERFER S, MEISSNER E, TAJALLI A, et al. Vertical breakdown of GaN on Si due to V-pits[J]. Journal of Applied Physics, 2020, 127(1): 015701.

[60] YAKIMOV E B, POLYAKOV A Y, LEE I H, et al. Recombination properties of dislocations in GaN[J]. Journal of Applied Physics, 2018, 123(16): 161543.

[61] GU H, REN G Q, ZHOU T S, et al. The electrical properties of bulk GaN crystals grown by HVPE[J]. Journal of Crystal Growth, 2016, 436: 76 – 81.

[62] PAUC N, PHILLIPS M R, AIMEZ V, et al. Carrier recombination near threading dislocations in GaN epilayers by low voltage cathodoluminescence[J]. Applied Physics Letters, 2006, 89(16): 161905.

[63] KAGANER V M, LAEHNEMANN J, PFUELLER C, et al. Determination of the carrier diffusion length in GaN from cathodoluminescence maps around threading dislocations: fallacies and opportunities[J]. Physical Review Applied, 2019, 12(5): 054038.

[64] YAMANE K, MATSUBARA T, YAMAMOTO T, et al. Origin of lattice bowing of freestanding GaN substrates grown by hydride vapor phase epitaxy[J]. Journal of Applied Physics, 2016, 119(4): 045707.

[65] FORONDA H M, ROMANOV A E, YOUNG E C, et al. Curvature and bow of bulk GaN substrates[J]. Journal of Applied Physics, 2016, 120(3): 035104.

[66] WEINRICH J, MOGILATENKO A, BRUNNER F, et al. Extra half-plane shortening of dislocations as an origin of tensile strain in Si-doped (Al)GaN[J]. Journal of Applied Physics, 2019, 126(8): 085701.

[67] FOLLSTAEDT D M, LEE S R, ALLERMAN A A, et al. Strain relaxation in AlGaN multilayer structures by inclined dislocations[J]. Journal of Applied Physics, 2009, 105(8): 083507.

[68] SOMAN R, MOHAN N, CHANDRASEKAR H, et al. Dislocation bending and stress evolution in Mg-doped GaN films on Si substrates[J]. Journal of Applied Physics, 2018, 124(24): 245104.

[69] KONG B H, SUN Q, HAN J, et al. Classification of stacking faults and dislocations observed in nonpolar a-plane GaN epilayers using transmission electron microscopy [J]. Applied Surface Science, 2012, 258: 2522 – 2528.

[70] ZAKHAROV D N, LILIENTAL-WEBER Z, WAGNER B, et al. Structural TEM study of nonpolar a-plane gallium nitride grown on (11 – 20) 4H-SiC by organometallic vapor phase epitaxy[J]. Physical Review B, 2005, 71(23): 235334.

[71] HU Y L, KRAEMER S, FINI P T, et al. Atomic structure of prismatic stacking faults in nonpolar a-plane GaN epitaxial layers[J]. Applied Physics Letters, 2012, 101(11): 112102.

[72] SONG J, CHOI J, ZHANG C, et al. Elimination of stacking faults in semipolar GaN and light-emitting diodes grown on sapphire[J]. Acs Applied Materials & Interfaces, 2019, 11(36): 33140 – 33146.

[73] STUTZMANN M, AMBACHER O, EICKHOFF M, et al. Playing with polarity[J]. Physica Status Solidi (b), 2001, 228(2): 505 – 512.

[74] ZUNIGA-PEREZ J, CONSONNI V, LYMPERAKIS L, et al. Polarity in GaN and ZnO: Theory, measurement, growth, and devices[J]. Applied Physics Reviews, 2016, 3(4): 041303.

[75] NORTHRUP J E, NEUGEBAUER J, ROMANO L T. Inversion domain and stacking mismatch boundaries in GaN[J]. Physical Review Letters, 1996, 77(1): 103 – 106.

[76] RESHCHIKOV M A, USIKOV A, HELAVA H, et al. Fine structure of the red luminescence band in undoped GaN[J]. Applied Physics Letters, 2014, 104(3): 032103.

[77] BOCKOWSKI M, IWINSKA M, AMILUSIK M, et al. Doping in bulk HVPE-GaN grown on native seeds - highly conductive and semi-insulating crystals[J]. Journal of Crystal Growth, 2018, 499: 1 – 7.

[78] IWINSKA M, TAKEKAWA N, IVANOV V Y, et al. Crystal growth of HVPE-GaN doped with germanium[J]. Journal of Crystal Growth, 2017, 480: 102 – 107.

[79] JI D, ERCAN B, CHOWDHURY S. Experimental determination of impact ionization coefficients of electrons and holes in gallium nitride using homojunction structures[J]. Applied Physics Letters, 2019, 115(7): 073503.

[80] FANG J, FISCHETTI M V, SCHRIMPE R D, et al. Electron transport properties of AlxGa1-xN/GaN transistors based on first-principles calculations and boltzmann-equation Monte Carlo simulations[J]. Physical Review Applied, 2019, 11(4): 044045.

[81] BHAPKAR U V, SHUR M S. Monte Carlo calculation of velocity-field characteristics of wurtzite GaN[J]. Journal of Applied Physics, 1997, 82(4): 1649 – 1655.

[82] WEBB J B, TANG H, BARDWELL J A, et al. Growth of high mobility GaN and AlGaN/GaN high electron mobility translator structures on 4H-SiC by ammonia molecular-beam epitaxy[J]. Applied Physics Letters, 2001, 78(24): 3845 – 3847.

[83] BARKER J M, FERRY D K, KOLESKE D D, et al. Bulk GaN and AlGaN/GaN heterostructure drift velocity measurements and comparison to theoretical models[J]. Journal of Applied Physics, 2005, 97(6): 063705.

[84] JI D, ERCAN B, CHOWDHURY S. Experimental determination of velocity-field characteristic of holes in GaN [J]. IEEE Electron Device Letters, 2020, 41

(1)：23 - 25.

[85] ABDEL-MOTALEB I M，KOROTKOV R H. Modeling of electron mobility in GaN materials[J]. Journal of Applied Physics，2005，97(9)：093715.

[86] PARK K，BAYRAM C. Impact of dislocations on the thermal conductivity of gallium nitride studied by time-domain thermoreflectance[J]. Journal of Applied Physics，2019，126(18)：185103.

[87] ROUNDS R，SARKAR B，SOCHACKI T，et al. Thermal conductivity of GaN single crystals：Influence of impurities incorporated in different growth processes[J]. Journal of Applied Physics，2018，124(10)：105106.

[88] SLOMSKI M，STACHOWIAK P，SUSKI T，et al. Thermal conductivity of bulk GaN grown by HVPE：Effect of Si doping[J]. Physica Status Solidi B-Basic Solid State Physics，2017，254(16)：1600713.

[89] BEECHE T E，MCDONALD A E，FULLER E J，et al. Size dictated thermal conductivity of GaN[J]. Journal of Applied Physics，2016，120(9)：095104.

[90] ZIADE E，YANG J，BRUMMER G，et al. Thickness dependent thermal conductivity of gallium nitride[J]. Applied Physics Letters，2017，110(3)：031903.

第 2 章
氮化镓单晶材料生长的基本特性

2.1 生长动力学特性

阐明不同生长条件下的晶体生长机制，以及晶体生长速率与生长驱动力之间的规律是晶体生长动力学的主要研究内容。晶体生长速率受生长驱动力的支配，当改变生长介质的热量或质量输运时，晶体生长速率也随之而改变。晶体生长界面结构决定了晶体的生长机制，不同的生长机制表现出不同的生长动力学规律。晶体生长形态取决于晶体的各晶面间的相对生长速率，因而影响生长速率的输运和其他动力学过程，最终都会影响晶体生长形态。

2.1.1 热力学驱动力

晶体生长的驱动力是指当系统处于非平衡状态时，恢复平衡的热力学驱动力。

1. HVPE 气相外延方法生长 GaN

在生长区域，反应气体之间发生如下化学反应，在衬底表面形成 GaN 外延生长，即

$$GaCl(g) + NH_3(g) \longrightarrow GaN(s) + HCl(g) + H_2(g) \tag{2-1}$$

$$GaCl(g) + 2HCl(g) \longrightarrow CaCl_3(g) + H_2(g) \tag{2-2}$$

上述化学反应的平衡常数为

$$K_1 = \frac{P_{HCl}}{P_{GaCl}} \frac{P_{H_2}}{P_{NH_3}} \tag{2-3}$$

$$K_2 = \frac{P_{GaCl_3}}{P_{GaCl}} \frac{P_{H_2}}{P_{HCl}^2} \tag{2-4}$$

将惰性气体(IG)作为载气，反应系统总的压力为

$$P = P_{GaCl} + P_{GaCl_3} + P_{NH_3} + P_{HCl} + P_{H_2} + P_{IG} \tag{2-5}$$

进一步考虑 NH_3 的热分解：

$$NH_3(g) \rightarrow (1-\alpha)NH_3 + \frac{\alpha}{2}N_2 + \frac{3\alpha}{2}H_2(g) \tag{2-6}$$

式中：氨气的分解比例 α 在 1000℃时大约为 0.03。

由质量守恒定律，可知

$$P_{GaCl}^0 - (P_{GaCl} + P_{GaCl_3}) = P_{NH_3}^0 - P_{NH_3} \tag{2-7}$$

式中：P_{GaCl}^0 和 $P_{NH_3}^0$ 分别为源气输入分压。考虑到 HVPE 晶体生长过程中

$\text{V}/\text{III} > 1$，也即 $P_{NH_3}^0 > P_{GaCl}^0$，所以 HVPE 生长驱动力 Δf 为

$$\Delta f = \Delta P = P_{GaCl}^0 - (P_{GaCl} + P_{GaCl_3}) \qquad (2-8)$$

2. 氨热方法生长 GaN

不同于气相外延，氨热方法类似于（温差）水热方法，晶体生长反应釜分为溶解区和生长区。在溶解区，氮化镓原料溶解形成饱和溶液，饱和溶液通过自然对流输运到生长区，由于生长区和溶解区存在温度差 ΔT，因此饱和溶液在生长区发生过饱和，在籽晶上析出结晶生长，如图 2-1 所示。氨热生长的驱动力 Δf 为

$$\Delta f = \Delta \mu = R \Delta T \{\ln[c_1(T_1)] - \ln[c_2(T_2)]\} = RT \ln(\Delta c) \qquad (2-9)$$

式中：μ 为化学势；R 为理想气体常数，$R = 8.314 \ \text{J}/(\text{mol} \cdot \text{K})$；$c_1$ 和 c_2 分别为 GaN 原料在生长区（温度 T_1）和溶解区（温度 T_2）的溶解度。

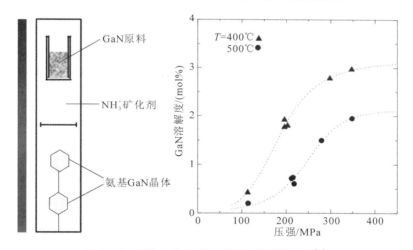

图 2-1　氨热生长原理示意图及溶解度曲线[1]

3. Na-flux 方法生长 GaN

Na-flux 方法属于高温溶液法，因为 Ga 源过饱和，所以 N 源是限制晶体生长速率的主要因素。Ga-Na-X 溶液体系黏度大，基本可以忽略对流（除强制对流外，如搅拌、摇动等），主要通过扩散进行传质。N_2 在气液界面分解并溶解，在浓度梯度的驱动下，向 GaN 籽晶表面扩散，当表面 N 源达到过饱和时，则结晶生长，如图 2-2 所示。假设系统处于恒温（不存在温度差），则 Na-flux 生长的驱动力 Δf 为

$$\Delta f = \Delta \mu = Rt\{\ln[c_N] - \ln[c_N^0]\} = RT \ln(\Delta c) \qquad (2-10)$$

式中：μ 为化学势，c_N 和 c_N^0 分别为 N 源籽晶表面溶解度和平衡浓度。

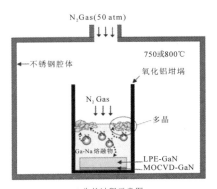

(a) 生长过程示意图

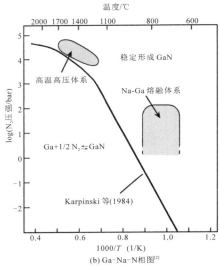

(b) Ga-Na-N相图[2]

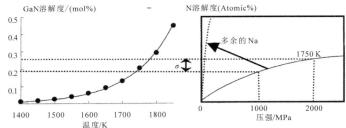

(c) N在Ga-Na体系中的溶解度曲线[1]

图 2 - 2 Na - flux 生长 GaN 示意图

2.1.2　传质输运

　　扩散和对流是晶体生长质量输运的两种主要模式，扩散涉及分子的运动，而对流则通过流体的宏观运动过程带动溶质的输运。扩散的驱动力来源于浓度梯度。对流分为自然对流和强制对流。自然对流是完全由重力场引起的对流，分为热对流和溶质对流，热对流的驱动力是温度梯度，而溶质对流的驱动力为溶质浓度梯度；强制对流则是由于晶体驱动或包围晶体的流体的旋转等造成的。

　　对于 HVPE 气相外延方法，其通过输入气体强制对流方式实现质量输运。对于 Na-flux 方法，N 源主要通过体扩散实现。对于氨热方法，其主要通过自然对流实现传质。以碱性矿化剂为例，GaN 在超临界氨体系中是负的溶解度系数，也即温度越高溶解度越小，所以上温区 T_1 为溶解区，下温度 T_2 为生长区，$T_1 < T_2$；在溶解区饱和溶液的溶解度较大，以溶质对流方式主导向下对流输运，当饱和溶液输运到生长区时，由于温度提高，使得溶液过饱和，并析出结晶，这时在热对流驱动下向上对流。理想情况下，在溶质对流和热对流的共同作用下，在反应釜内部形成稳定的循环对流花样，如图 2-3 所示。

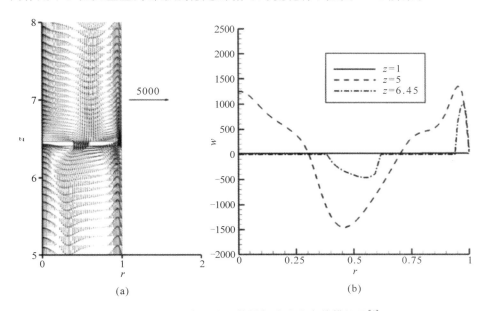

(a)　　　　　　　　　　　　　(b)

图 2-3　氨热方法流场花样与流速分布的模拟图[4]

2.1.3 晶体生长机制

晶体生长机制取决于生长过程中的界面结构。对于 HVPE 气相外延和氨热生长，生长界面为(完整和非完整)光滑界面。外延生长过程中存在三种主要的生长模式：

(1) 层状生长模式(Frank - van der Merwe mode，FVDM)：当吸附原子与衬底之间的相互作用强于原子之间的相互作用时，发生层状生长。

(2) 岛状生长模式(Volmer - Weber mode，V - W 模式)：当吸附原子或分子之间的相互作用强于吸附原子与衬底之间的相互作用时，吸附原子在衬底表面以原子团形式成核，发生三维岛状生长。

(3) 混合生长模式(Stranski - Krastanov mode，S - K 模式)，介于层状和岛状两者之间的过程，先是层状生长，超过一临界值后转化为岛状生长。

一般而言，晶体表面存在一定的原子台阶和缺陷台阶(螺位错、混合位错等)，理想的生长模式为台阶流生长模式，实验上常常通过控制衬底的斜切角来控制台阶的宽度。

生长模式间的转换不仅仅与所采用的衬底(异质或同质衬底、斜切角)相关，而且与生长条件(温度 T、Ⅴ/Ⅲ、生长速率)密切相关，如图 2 - 4 所示。

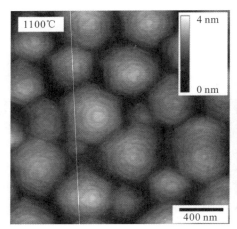

(a) 3D岛生长　　　　　　　(b) 双原子层台阶流生长(伴随着台阶面上二维形核岛的形成)

图 2 - 4　AIN 外延膜的 AFM 形貌图[5]

2.1.4　晶体生长形态

晶体生长形态取决于晶体的各晶面间的相对生长速率。各个晶面的生长速率不仅与晶体本征属性（悬挂键、极性、重构）有关，而且与生长的物理化学条件密切相关，尽管形貌不同，但是常见的显露面为(0001)、{10$\bar{1}$0}、{10$\bar{1}$1}和(0001)晶面，如图 2 - 5 所示。无论是 Ga 极性还是 N 极性面，通过 NH$_3$ 处理缓冲层表面，可实现 GaN 纳米柱从棱锥形向棱柱型的转换。Na - flux 和氨热方法更接近热力学平衡生长条件，其本征形貌接近理想的棱锥形。

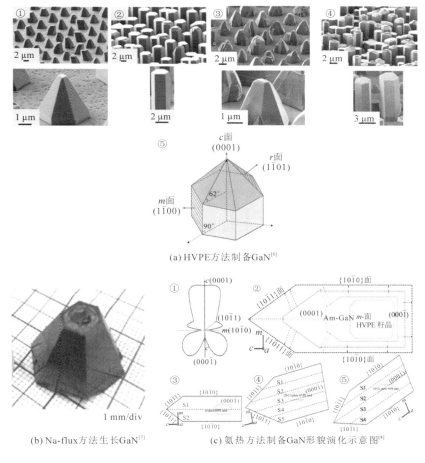

图 2 - 5　**GaN 晶体形貌**

2.2 位错的产生与湮灭

根据外延晶面与晶体 c 轴夹角的不同，GaN 有极性面、非极性面和半极性面等多种实际的单晶衬底材料，如图 2－6 所示。由于自然界没有天然的 GaN 单晶材料，因此常常采用异质外延的方法通过人工制备获得大尺寸的外延膜或单晶体。采用的衬底有蓝宝石、碳化硅、硅、铝酸锂等晶体材料。异质外延面临着晶格失配、热失配和化学失配等一系列难题，在外延膜中引入应力和位错等缺陷。位错的产生与湮灭与外延膜中应力的弛豫与演化过程密切相关。

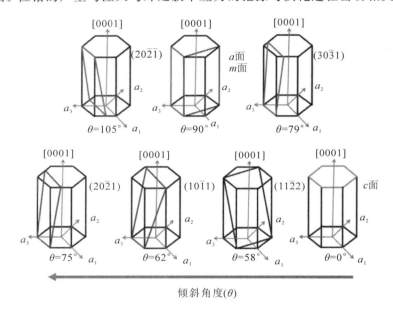

图 2－6 GaN 不同极性面示意图

滑移和攀移是位错的两种运动方式。位错的滑移运动方向（也即伯格矢量 $\boldsymbol{b}$）与滑移面组成滑移系统。常见的滑移面有基面{0001}、柱面{10$\bar{1}$0}和锥面 {10$\bar{1}$1}，位错伯格矢量有 $\frac{1}{3}\langle 11\bar{2}0\rangle$、$\langle 0001\rangle$、$\frac{1}{3}\langle 11\bar{2}3\rangle$、$\frac{1}{3}\langle 10\bar{1}0\rangle$、$\frac{1}{2}\langle 0001\rangle$ 和 $\frac{1}{6}\langle 20\bar{2}3\rangle$，滑移方向有 $\langle 11\bar{2}0\rangle$、$\langle 0001\rangle$ 和 $\langle 11\bar{2}3\rangle$，如图 2－7 所示。密排六方晶体中位错伯格矢记号和米勒-布拉维指数如表 2－1 所示。根据位错伯格矢量

b 与晶格参数的关系，位错分为全位错和不全位错，其中不全位错常常伴随层错出现。

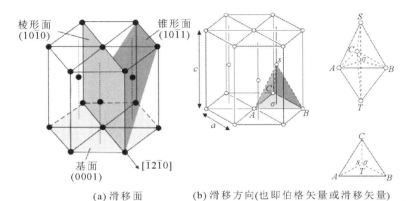

(a) 滑移面　　　　　　(b) 滑移方向(也即伯格矢量或滑移矢量)

图 2-7　六方晶格结构的滑移系统

表 2-1　密排六方晶体中位错伯格矢记号和米勒-布拉维指数

位错伯格矢量	伯格矢记号	米勒-布拉维指数
全位错	$\pm\vec{AB}$、$\pm\vec{BC}$、$\pm\vec{AC}$	$\pm\frac{1}{3}\langle11\bar{2}0\rangle$
	$\pm\vec{ST}$	$\pm\langle0001\rangle$
	$\pm\vec{SA}/\vec{TB}$	$\pm\frac{1}{3}\langle11\bar{2}3\rangle$
肖克莱不全位错	$\pm\vec{A\sigma}$、$\pm\vec{B\sigma}$、$\pm\vec{C\sigma}$	$\pm\frac{1}{3}\langle10\bar{1}0\rangle$
弗兰克不全位错	$\pm\vec{\sigma S}$、$\pm\vec{\sigma T}$	$\pm\frac{1}{2}\langle0001\rangle$
	$\pm\vec{AS}$、$\pm\vec{BS}$、$\pm\vec{CS}$ $\pm\vec{AT}$、$\pm\vec{BT}$、$\pm\vec{CT}$	$\pm\frac{1}{6}\langle20\bar{2}3\rangle$

2.2.1　失配位错产生机理

为了释放失配应力，异质外延(0001)面 GaN 中会产生位错线方向为$\langle11\bar{2}0\rangle$、伯格矢量为$\pm\frac{1}{3}\langle11\bar{2}0\rangle$的失配位错。关于失配位错的产生机制还不太清楚，可能是由于局域应力的起伏导致晶体$\{0001\}$面沿$\langle11\bar{2}0\rangle$方向滑移，导致穿透位错滑移和位错增殖等。A. E. Romanov 等人[9]研究了半极性 GaN 中应力的释放机理，结果表明对于半极性面生长氮化物外延膜，位错的基面滑移，也即$\langle 1120 \rangle(0001)$滑移系统，在外延界面产生$\frac{1}{3}\langle 1120 \rangle$的失配位错，如图2-8所示。进一步的研究表明，当半极性方向偏离c轴方向达到临界角70°时，失配应力的弛豫机制从基面滑移$\frac{1}{3}\langle 1120 \rangle(0001)$转向柱面滑移$\frac{1}{3}\langle 1120 \rangle(01\bar{1}0)$[10]。

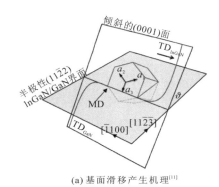

(a) 基面滑移产生机理[11]

(b) 基面和柱面滑移产生失配位错[12]

图2-8 半极性氮化物半导体外延材料中失配位错

2.2.2 穿透位错

1. (0001)面 GaN 中位错的产生

通常认为，晶格失配和热失配是导致异质外延 GaN 中位错产生的主要原因。典型的两步法生长过程如下：首先在异质衬底上低温生长 GaN 或 AlN 缓冲层(buffer layer)，然后高温退火，进一步高温生长，GaN 形核岛合并成膜。一般认为穿透位错来源于形核岛的合并，穿透位错位于 Mosaic 结构界面。另外一种观点则认为穿透位错可能起源于 GaN/Sappire 截面或者缓冲层中穿透位错的延伸，如图 2-9 所示。

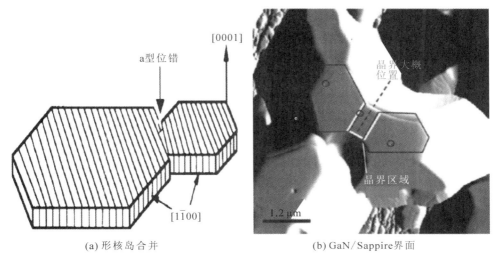

(a) 形核岛合并　　　　　　　　(b) GaN／Sappire界面

图 2-9　穿透位错起源

2. 位错的演化与湮灭

降低位错密度一直是异质外延获得高质量材料的关键，目前降低位错密度的原理主要通过以下两个方面：

（1）通过镜像力引导位错的弯曲，进而掩埋在材料中或者相互反应与湮灭达到减少位错密度的目的，目前主要有选区生长（SAG）、侧向外延（ELOG）、SiN$_x$ 原位处理、PSS 衬底等技术。

（2）通过增加晶体生长厚度，促进位错反应或者湮灭，从而减少穿透位错密度，如图 2-10 所示。

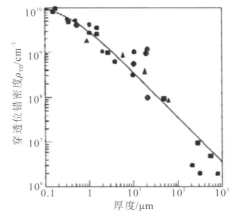

图 2-10　位错密度与样品厚度关系[13]

参考文献

［1］ DWILINSKI R，DORADZINSKI R，GARCZYNSKI J，et al. Excellent crystallinity of truly bulk ammonothermal GaN［J］. Journal of Crystal Growth，2008，310(17)：3911 – 3916.

［2］ YAMANE H，KINNO D，SHIMADA M，et al. GaN single crystal growth from a Na-Gamelt［J］. Journal of Materials Science，2000，35(4)：801 – 808.

［3］ TANDRYO R，MURAKAMI K，OKUMURA K，et al. Temperature dependence of nitrogen dissolution on Na-flux growth［J］. Journal of Crystal Growth，2020，535：125549.

［4］ CHEN Q S，PRASAD V，HU W R. Modeling of ammonothermal growth of nitrides［J］. Journal of Crystal Growth，2003，258(1 – 2)：181 – 187.

［5］ BRYAN I，BRYAN Z，MITA S，et al. Surface kinetics in AlN growth：A universal model for the control of surface morphology in III-nitrides［J］. Journal of Crystal Growth，2016，438：81 – 89.

［6］ AVIT G，ZEGHOUANE M，ANDRE Y，et al. Crystal engineering by tuning the growth kinetics of GaN 3-D microstructures in SAG-HVPE［J］. Crystengcomm，2018，20(40)：6207 – 6213.

［7］ MORI Y，IMANISHI M，MURAKAMI K，et al. Recent progress of Na-flux method for GaN crystal growth［J］. Japanese Journal of Applied Physics，2019，58：SC0803.

［8］ LI T，REN G，SU X，et al. Growth behavior of ammonothermal GaN crystals grown on non-polar and semi-polar HVPE GaN seeds［J］. Crystengcomm，2019，21(33)：4874 – 4879.

［9］ ROMANOV A E，YOUNG E C，WU F，et al. Basal plane misfit dislocations and stress relaxation in III-nitride semipolar heteroepitaxy［J］. Journal of Applied Physics，2011，109(10)：103522.

［10］ 辛燕. 高分辨扫描透射电子显微学技术：原子分辨率原子序数衬度成像［M］. 北京：科学出版社，2003.

［11］ HSU P S，YOUNG E C，ROMANOV A E，et al. Misfit dislocation formation via pre-existing threading dislocation glide in (11(2)over-bar2) semipolar heteroepitaxy［J］. Applied Physics Letters，2011，99(8)：081912.

［12］ SMIRNOV A M，YOUNG E C，BOUGROV V E，et al. Stress relaxation in semipolar and nonpolar III-nitride heterostructures by formation of misfit dislocations of various origin［J］. Journal of Applied Physics，2019，126(24)：245 – 104

［13］ BENNETT S E. Dislocations and their reduction in GaN［J］. Materials Science and Technology，2010，26(9)：1017 – 1028.

第 3 章

氮化镓单晶制备的方法——
氢化物气相外延生长法

3.1 发展历程

20世纪60年代，基于卤化物的气相外延技术在 Ge[1]、GaAs[2]、GaP[3] 材料的生长中得到了发展；以此为借鉴，采用密封的 HCl 气体作为反应前驱体，在密闭腔体内也实现了 GaAs、GaP 材料的生长[4]，这是当代氢化物气相外延（Hydride Vapor Phase Epitaxy，HVPE）生长技术的雏形。1966年，美国无线电公司（RCA）实验室的 J. J. Tietjen 以及 J. A. Amick 进一步采用 HCl 与金属 Ga 反应作为三族源，采用砷烷、磷烷作为五族源，实现了 $GaAs_xP_{1-x}$ 材料的生长[5]，标志着 HVPE 生长技术进入了快速发展期。1969年，美国 RCA 实验室的 H. P. Maruska 以及 J. J. Tietjen 采用 HCl 气体和金属 Ga 作为三族源，氨气作为五族源，实现了 GaN 单晶材料的生长[6]，这是人类历史上第一次采用气相外延的方法，成功制备了 GaN 单晶材料。自此开始，GaN 这一重要的半导体材料正式进入历史舞台。

然而，受限于气相外延装备、气体纯度、对生长机理的理解等多重限制，在随后的10多年时间里，GaN 材料的发展一直较为缓慢。一直到20世纪80年代末，日本科学家 I. Akasaki、H. Amano 以及 S. Nakamura，通过金属有机源气相外延生长技术，在蓝宝石衬底上，利用两步法生长技术，实现了高质量 GaN 材料的制备，同时进一步解决了 p 型 GaN 材料激活的难题，大幅推进了 GaN 发光二极管（LED）以及半导体激光器（LD）的应用。基于上述关键突破，上述三位日本科学家获得了2014年的诺贝尔物理学奖。

与此同时，基于 HVPE 技术进行 GaN 材料的生长，一直在不断地发展，这得益于 HVPE 方法的高生长速率，可达 $100~\mu m/h$ 以上，是 MOCVD 生长速度的1到2个数量级以上，是 GaN 厚层材料（尤其是 GaN 单晶衬底）理想的制备方法之一。

全世界有诸多的科研院所利用 HVPE 技术，开展了大量的 GaN 单晶衬底的生长研究工作。随着 GaN 单晶衬底发展的逐步成熟，越来越多的企业投入了大量的人力和物力，逐步实现了 GaN 单晶衬底的商业化开发。日本企业住友电工（Sumitomo Electric）、三菱化学（Mitsubishi Chemical）、住友化学（SCIOS，其前身为日立电线（Hitachi Cable））以及古河机械（Furukawa）是国际上氮化镓单晶衬底的主要生产企业，出售 HVPE 制备的2英寸（1英寸＝2.54 cm）GaN 衬底，厚度在 $450~\mu m$ 左右，位错密度在 $10^6~cm^{-2}$ 左右。与此同时，日本住友电工也开展了大尺寸 GaN 自支撑衬底的开发，实现了 4 英寸和 6 英寸 GaN 单晶衬底的研发。美国最早有 TDI 公司，致力于 HVPE 设备的商业化开发，实现了 GaN、AlN、AlGaN、InN 和 InGaN 等多种氮化物半导体材料的生长，2008 年被英国牛津（Oxford）收购；美国 ATMI 公司于 2003 年实现了 2 英寸 GaN 单晶衬底的制备，于 2004 年左右被 CREE 收购；美国 Kyma 是一家由风险投资公司投资成立的从事 GaN 衬底的公司，承接了较多的美国能源部（DOE）、美国国防部高级研究计划局（DARPA）的项目支持，形成了 GaN 单晶衬底、HVPE 装备的商业化能力。法国的 Lumilog 公司于 2001 年成立，是欧洲第一家提供 GaN 衬底的公司。

国内利用 HVPE 技术开展 GaN 单晶衬底制备的研究单位主要包括苏州纳维公司、中科院苏州纳米所、东莞中镓公司、北京大学、南京大学、上海镓特等。其中苏州纳维公司实现了 2 英寸 GaN 单晶衬底的批量生产，完成了 4 英寸 GaN 单晶衬底的研发，产品指标达到了国际先进水平。

为了实现 GaN 单晶衬底的制备，要解决如下关键问题：① 起始材料的选取；② 应力调控；③ 缺陷调控；④ 衬底分离技术；⑤ 掺杂技术。

从 GaN 单晶衬底的制备技术来看，住友电工的生长技术别具一格，主要采用 GaAs 衬底，以 SiO_2 作纳微米级掩膜，制备出直径为 2 英寸、缺陷密度为 2×10^6 cm^{-2} 的自支撑 GaN 衬底，并已使用该方法实现了 2 英寸自支撑 GaN 的小批量生产。近 5 年以来，住友电工通过进一步研发，完成了 4 英寸及 6 英寸 GaN 单晶衬底的研发。

其他单位均采用蓝宝石衬底，开展 GaN 单晶衬底的生长。为了更好地控制缺陷以及实现衬底分离，日立电线采用了"间隙形成剥离法（Void Assisted Separation，VAS）"技术制备 GaN 单晶衬底。该技术首先是在蓝宝石基板与 GaN 形成层之间插入纳米级网眼状氮化钛膜，在这层氮化钛膜上生成 GaN 单晶膜，从而能简单地剥离大面积的 GaN 晶体，而不使 GaN 晶片受到任何损伤。三菱化学用 HVPE 加自分离技术生长出直径为 52 mm、厚度为 5.8 mm 的纯净透明的 GaN 单晶体材料，表面无明显 V 型坑和倒金字塔等缺陷。国内苏州纳维公司采用纳米结构控制应力，实现了较低缺陷密度 GaN 单晶衬底的制备。针对衬底分离技术，除了 VAS 这类自分离技术以外，还可以采用激光剥离（laser lift off）技术，实现 GaN 单晶材料与蓝宝石衬底之间的分离。

对于 GaN 材料中的掺杂而言，一般采用 Si 元素或者 Ge 元素，实现 n 型掺杂，典型的掺杂浓度为 10^{18} cm^{-3}；采用 Fe 元素或者 C 元素实现半绝缘 GaN

材料的制备，电阻率一般大于 10^6 Ω·cm；近几年日本 SCIOS 公司发展了高纯 GaN 材料的制备，也是一种实现半绝缘 GaN 单晶衬底的制备方法。

经过 50 多年的发展，基于 HVPE 技术的 GaN 单晶衬底已经实现了大规模商用。制备出的 405 nm 左右的激光器，支撑了蓝光 DVD 产业的快速发展，在数据存储领域形成了一定的市场；制备出的 450 nm 左右的蓝光激光器、520 nm 左右的绿光激光器，在激光显示、激光照明、激光加工等领域形成了正在快速增长的市场空间。除了激光器以外，基于 GaN 单晶衬底的微波射频器件、电力电子器件正在迅速发展，有望在未来的 5G 通信、电动汽车、智能电网等领域发挥更加重要的作用。

3.2 生长原理及装备

气相外延生长薄膜的方法包括氢化物气相外延（HVPE）、金属有机气相外延（MOVPE）和分子束外延（MBE）等。这些外延均需从高温衬底表面开始生长，根据衬底材料与外延材料的异同，可将外延生长方法分为异质外延生长（heteroepitaxy）和同质外延生长（homoepitaxy）[7]。例如，外延生长 GaN 薄膜时，使用的衬底不是 GaN 材料时，称此衬底为异质外延衬底；若衬底也为 GaN 材料，则称此衬底为同质外延衬底，也称 GaN 自支撑衬底（free - standing substrate）。

目前，GaN 薄膜生长方法基本采用异质外延，常用的几种衬底材料及其物理性质见表 3 - 1。

表 3 - 1　GaN 生长中常用异质衬底的物理性质[10]

衬底材料	对称性	晶格常数/Å	与 GaN 的晶格失配/(%)	热膨胀系数/(10^{-6} K^{-1})	与 GaN 的热适配/(%)
纤锌矿 GaN	六方	3.189	0	5.6	0
蓝宝石（c 面）	六方	4.758	+16.1	7.5	−25
6H - SiC	六方	3.08	+3.5	4.2	+33
Si（111）面	立方	5.43	+20	3.6	+56
MgAl$_2$O$_4$	立方	8.08	−10	7.45	−24
ZnO	六方	3.25	+4	2.9	+93

对比表 3-1 中的材料属性可以发现，GaN 及其衬底材料之间存在着较大的晶格失配及热失配，这将导致外延薄膜质量的下降，限制 GaN 基器件性能的提高[8]。如果以 GaN 为衬底进行同质外延生长，由于衬底与外延薄膜之间不存在晶格失配及热失配，可大大降低材料的位错密度，从而消除应力，使器件性能及寿命得到提高，因此，在同质衬底上生长 GaN 薄膜成了人们关注的热点[9]。

利用直拉法、区熔法等技术从熔体中直接生长高质量的晶体是比较常见的晶体获得方法，将获得的晶锭进行切片，高精度打磨，最终制成衬底。这种方法可以有效生产 Si、Ge、GaAs 等材料，却无法应用于 GaN 自支撑衬底的生长。由于 GaN 熔点极高(约 2300℃)，因此生长需要在超过 30 kbar(1 bar＝0.1 MPa) 的高压下进行，极端的生长条件不易获得，即使获得也会导致晶体生长成本过高。

气相外延方法中，MOVPE 方法的生长速率通常为 3～5 μm/h，MBE 方法的速率则更慢，而 HVPE 方法由于卤化物在生长表面的高速迁移与合并，使其可以快速生长较高质量的 GaN 厚膜，生长速率一般可达 100 μm/h，最高可达 800 μm/h[11]。又由于 HVPE 反应器结构相对简单，被认为是生长 GaN 自支撑衬底的理想方法[12]。HVPE 生长 GaN 厚膜的整个生产制备流程如图 3-1 所示。首先在蓝宝石衬底表面利用 MOVPE 方法生长一层约 2 μm 的 GaN 缓冲层，再利用 HVPE 方法在缓冲层表面生长 GaN 薄膜；随后将生长样品放入激光剥离系统中，将 GaN 与蓝宝石衬底分离；通常在激光剥离后，GaN 表面会发生氧化反应，形成氧化层，需要采用刻蚀方法将氧化层去除，打磨后得到可以继续生长的 GaN 自支撑衬底；采用 HVPE 方法继续在 GaN 自支撑衬底上生长高质量的 GaN 厚膜；最后对得到的 GaN 厚膜进行检测验收。

图 3-1 GaN 自支撑衬底的制备流程

3.2.1 基本原理

氢化物气相外延（HVPE）生长 GaN 薄膜由 H. P. Maruska 等[13] 在 1969 年首次提出，利用此方法生长出了世界上第一片 GaN 薄膜。该技术将含有Ⅲ族金属元素的卤化物气体与Ⅴ族氢化物源气体输运至高温衬底，在衬底表面发生异相反应生成 GaN 薄膜。HVPE 生长系统主要由炉体及反应器、镓舟和输气管、气体配置系统、尾气处理系统四部分组成[14]，如图 3-2 所示。

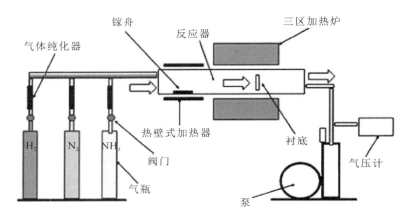

图 3-2　HVPE 生长系统示意图

反应腔通常使用不与源气体发生反应的石英制作，采用双温区结构。由于金属镓（Ga）与氨气（NH_3）无法直接反应生成 GaN，故需要在反应器中设置相对低温的镓舟区，一般保持在 $800\sim900℃$ 左右，内部盛放高纯度（优于99.99999%）的金属镓。HCl 气体与液态金属镓发生反应生成 GaCl 气体，以GaCl 作为Ⅲ族源气体，在载气的携带下，与Ⅴ族源气体 NH_3 进一步通入相对高温的生长区中，其中衬底表面温度需控制在 $1000\sim1100℃$。在衬底上混合并发生反应，从而沉积出 GaN 晶体，反应通常在常压中进行。

因为 HVPE 生长 GaN 的反应为轻微放热反应[15]，为避免 GaN 在壁面上发生寄生反应，常使用电阻加热方法，即热壁式加热法。又由于镓舟与生长区域温度不同，故 HVPE 反应器必须具有至少两个温区，以保证镓舟区域与生长区域处的反应能够顺利进行。实际反应器为了实现对温度的精确控制，特别是当薄膜有掺杂需求时，反应器通常会使用更多的加热温区，例如图 3-2 中的反应器采用了 3 个温区。

为了减少源气体从喷口喷出后提前混合并发生气相寄生反应，常在 NH_3

与卤化物气体间通入隔离气体，如氮气、氦气、氩气、氢气或其混合气体，保证 NH_3 与卤化物气体在到达衬底表面前不发生反应。隔离气体的引入会影响反应腔内的流场分布，研究表明，当使用具有较小分子量的 He 或 H_2 时，更容易获得层流[16]。

3.2.2　HVPE 生长过程的研究

HVPE 生长过程涉及热力学、动力学、流体力学、传热传质、晶体生长等诸多领域，每个领域对薄膜沉积都会产生重要的影响。其中，热力学决定了生长过程的驱动力，而动力学决定了生长中不同步骤的速率。

1. HVPE 的热力学理论

HVPE 生长 GaN 过程中，热力学决定了整个生长过程的驱动力，如最大生长速率以及多元合晶中的组分。在 HVPE 生长系统中，Ⅲ族源是通过 HCl 气体与液态镓反应得到的，反应式如下[17]：

$$Ga(l) + HCl(g) \rightarrow GaCl(g) + \frac{1}{2}H_2(g) \tag{3-1}$$

$$GaCl(g) + 2HCl(g) \rightarrow GaCl_3(g) + H_2(g) \tag{3-2}$$

式中的 "l" 及 "g" 分别表示液相及气相物质。文献[18]通过计算得出式(3-1)的转换率高达 99.5%。Ⅴ族源气体 NH_3 在高温下具有热力学不稳定性，然而在 950℃ 时，在气相中仅有 3% 的 NH_3 分解成 N_2 及 H_2 气体[18]。GaN 沉积的热力学路径如下：

$$GaCl(g) + NH_3(g) \rightarrow GaN(s) + HCl(g) + H_2(g) \tag{3-3}$$

$$3GaCl(g) + 2NH_3(g) \rightarrow 2GaN(s) + GaCl_3(g) + 3H_2(g) \tag{3-4}$$

反应式(3-3)和式(3-4)的热力学常数可由下式计算得到[19]：

$$K_p(T) = \exp\left(\frac{\Delta G(T)}{RT}\right) \tag{3-5}$$

式中，$\Delta G(T)$ 为反应物质和反应产物间的吉布斯自由能差，其计算式为

$$\Delta G(T) = \Delta H_f^0(298) + S_{298}^0 \cdot C_p(T) \cdot T \tag{3-6}$$

其中，$\Delta H_f^0(298)$ 表示温度为 298K 时的反应生成焓，S_{298}^0 为 298K 时的熵差。反应物质的比热容 $C_p(T)$ 随温度 T 的变化关系如下：

$$C_p(T) = a + bT + cT^2 + dT^3 + eT^4 \tag{3-7}$$

计算热力学常数 $K_p(T)$ 所需的参数 $\Delta H_f^0(298)$、S_{298}^0 及 a、b、c、d、e 见表 3-2[19]。

表 3 - 2 参数值 $\Delta H_f^0(298)$、S_{298}^0 及 a、b、c、d、e

	$\Delta H_f^0(298)$ /(kJ/mol)	S_{298}^0 /[J/(K·mol)]	a /[J/(K·mol)]	b /[J/(K²·mol)]	c J/(K³·mol)	d J/(K⁴·mol)	e J/(K⁵·mol)
GaCl	−70542	240.25	29.585	0.0329	-5.01×10^{-5}	3.39×10^{-8}	-8.5×10^{-12}
H_2	0	130.41	28.3	0.00301	-4.56×10^{-6}	4.72×10^{-9}	1.22×10^{-12}
HCl	−92312	186.6	30.9	−0.011	2.04×10^{-5}	-1.06×10^{-8}	1.84×10^{-12}
$GaCl_3$	−431580	325.148	56.5	0.0679	-8.03×10^{-5}	4.13×10^{-8}	7.71×10^{-12}
NH_3	−45940	192.451	26.1	0.0304	7.80×10^{-6}	-9.95×10^{-9}	2.15×10^{-12}
GaN	−109621	29.706	38.1	0.009	-7.35×10^{-9}	3.94×10^{-12}	-6.5×10^{-16}

通过式(3-5)计算得到式(3-1)～式(3-4)的热力学常数与 T 的关系式如下：

$$K_1(T)=\exp\left[-\left(-17.92+\frac{2326.53}{T}+1.08\ln T-(2.73\times10^{-3})T+\right.\right.$$
$$\left.\left.(1.46\times10^{-6})T^2-(4.70\times10^{-10})T^3+(5.84\times10^{-14})T^4\right)\right] \tag{3-8}$$

$$K_2(T)=\exp\left[-\left(15.48+\frac{-21243.17}{T}+0.9\ln T-(3.61\times10^{-3})T+\right.\right.$$
$$\left.\left.(1.51\times10^{-6})T^2-(3.34\times10^{-10})T^3+(8.26\times10^{-14})T^4\right)\right] \tag{3-9}$$

$$K_3(T)=\exp\left[-\left(41.93+\frac{-11498.27}{T}-5.01\ln T+(3.74\times10^{-3})T-\right.\right.$$
$$\left.\left.(1.17\times10^{-7})T^2+(2.99\times10^{-10})T^3-(5.65\times10^{-14})T^4\right)\right] \tag{3-10}$$

$$K_4(T)=\exp\left[-\left(49.67+\frac{-22119.86}{T}-4.61\ln T+(1.94\times10^{-3})T-\right.\right.$$
$$\left.\left.(4.09\times10^{-7})T^2+(1.33\times10^{-10})T^3-(9.78\times10^{-14})T^4\right)\right] \tag{3-11}$$

通过式(3-6)计算可知，反应式(3-1)～式(3-4)的吉布斯自由能差 $\Delta G(T)$ 均小于零，说明这些反应可以自发地进行。然而热力学计算结果只决定整个生长过程的驱动力，如最大生长速率，不同步骤进行的速率实际上是受动力学的影响。

2. HVPE 的动力学分析

HVPE 方法生长 GaN 薄膜中涉及的化学反应过程明显不同于生长其他 Ⅲ-Ⅴ 族半导体。比如，用 HVPE 方法生长 GaAs 时，采用 AsH_3 热分解生成 As_4 和 As_2 分子，这些分子具有较强的挥发性和化学活性，可以参与薄膜生长。但是，NH₃ 分解生成的 N₂ 分子非常稳定，在生长温度下无法参与 GaN 薄膜的生长。GaN HVPE 生长主要依靠 NH₃ 分子在衬底表面的惰性分解[20]，因此，生长大尺寸的均匀薄膜需要 NH₃ 有效均匀地到达生长表面。实际运行中为保证 GaN 的生长处于卤化物气体输运控制区域，常通入过量的 NH₃。

R. Cadoret 等人[21-23]在热力学分析基础上类比 GaAs 生长路径提出了详细的 GaN 表面反应生长路径。

（1）首先 NH₃ 吸附于 Ga 表面，随后 NH₃ 分子分解出活性氮原子，氮原子再吸附 GaCl 分子形成 NGaCl。对应的反应步骤如下：

$$V + NH_3(g) \longrightarrow NH_3 \tag{3-12}$$

$$NH_3(g) \longrightarrow N + \frac{3}{2}H_2(g) \tag{3-13}$$

$$N + GaCl(g) \longrightarrow NGaCl \tag{3-14}$$

式中：V 表示 NH₃ 的吸附空位。

（2）GaN 生成路径的不同主要表现在 NGaCl 脱去 Cl 原子的过程，图 3-3 所示为两种路径的生长示意图。

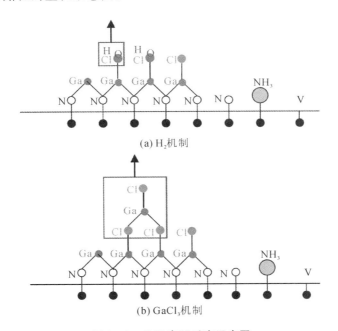

图 3-3　GaN 表面反应示意图

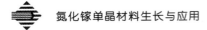

H_2 路径：

$$2NGaCl + H_2 \longrightarrow 2NGa + 2ClH \qquad (3-15)$$

$$NGa - ClH \longrightarrow NGa + HCl(g) \qquad (3-16)$$

总反应：

$$V + NH_3(g) + CaCl(g) \longrightarrow NGa(s) + HCl(g) + H_2(g) \qquad (3-17)$$

此路径中 NGaCl 脱去 Cl 原子主要依靠吸附 H_2 分子生成 HCl。

$GaCl_3$ 路径：

$$2NGaCl + GaCl(g) \longrightarrow 2NGa + GaCl_3 \qquad (3-18)$$

$$2NGa - GaCl_3 \longrightarrow 2NGa + GaCl_3(g) \qquad (3-19)$$

总反应：

$$2V + 2NH_3(g) + 3GaCl(g) \longrightarrow 2NGa(s) + GaCl_3(g) + 3H_2(g) \qquad (3-20)$$

此路径中 NGaCl 脱去 Cl 原子则是依靠与 GaCl 分子相互作用生成 $GaCl_3$。

A. Trassoudaine 等人[24]通过实验发现在主载气 N_2 中加入额外的 HCl 可以减少寄生反应(不会完全消除)，而衬底表面仍能保持一个恒定的高生长速率，据此 R. Cadoret 又提出了 $GaCl_2$ – HCl 混合路径来解释上述现象。

$GaCl_2$ – HCl 混合路径：

$$NGaCl + GaCl(g) \longrightarrow NGa + GaCl_2(g) \qquad (3-21)$$

$$NGa - HCl \longrightarrow NGa + HCl(g) \qquad (3-22)$$

$$2NGaCl + H_2(g) \longrightarrow 2NGa - 2HCl \qquad (3-23)$$

$$NGaCl + GaCl(g) \longrightarrow NGa + GaCl_2(g) \qquad (3-24)$$

气相平衡方程：

$$HCl(g) + GaCl(g) \longrightarrow GaCl_2(g) + \frac{1}{2}H_2 \qquad (3-25)$$

除了 R. Cadoret 等人提出的反应机理，S. Karpov 等人[25]提出了另外的描述表面反应的理论，即在衬底表面使用准热力学假设[17, 20]，反应物达到热力学平衡，反应后的物质符合质量守恒方程，吸附与脱附使用 Hertz – Knudsen 方程描述其反应机制。利用这种方法，可以在数值模拟过程中避免许多难以验证的反应机理。

3.2.3　HVPE 反应器的分类及研究现状

目前，HVPE 生长 GaN 自支撑衬底已成为国内外的研究热点。在 GaN HVPE 生长系统中，反应器是其中最核心的部分，对 GaN 薄膜生长起决定性作用的气体输运、气相及表面反应步骤都发生于反应器中。HVPE 反应器可以根据主气流相对于衬底的流动方向分为两大类，即水平式反应器和垂直式反应器。

1. 水平式反应器

HVPE 方法最常用到的反应器为水平式反应器。如图 3-4(a)所示，传统的水平式反应器的气流方向与衬底方向相平行，生长过程中存在严重的反应物沿程耗尽现象，将造成晶体薄膜厚度不均匀。图 3-4(b)为图(a)改进后的变种，即通过衬底倾斜放置而得到的流道渐缩型水平式反应器，其气流方向与基片呈一定角度，这在一定程度上可降低薄膜沉积的不均匀性。

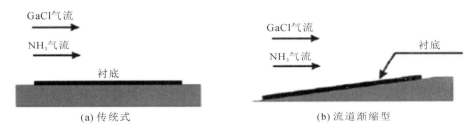

图 3-4　水平式反应器

水平式 HVPE 反应器中，不论衬底是水平放置还是倾斜放置，均可通过旋转衬底的方式来提高薄膜沉积的均匀性。另外，增大气体流速也是提高薄膜沉积均匀性的一种方法，然而这会导致沉积效率的下降（沉积效率定义为进入 GaN 晶格中的 Ga 摩尔量与进气中的 Ga 摩尔量的比值）。

2. 垂直式反应器

图 3-5 所示为垂直式 HVPE 反应器的示意图，反应室内气流的方向可与重力方向相同（如图 3-5(a)）所示或相反（如图 3-5(b)）所示。当两者方向相同时，衬底表面朝上置于反应器底部，气流由反应室上方喷入，即反应器正置。当两者方向相反时，衬底表面朝下置于反应室上方，气流由下而上到达衬底表面，即反应器倒置。

在气流方向与重力方向相同的情况中，存在以下几个问题：

（1）HVPE 生长 GaN 过程中存在较强的寄生反应，容易在反应室壁面及进气口等结构上产生大量的寄生颗粒，这些颗粒容易在重力的作用下到达衬底表面，导致薄膜质量的下降。

（2）由于浮力驱动对流和热对流方向相反，造成反应物质在衬底上方浓度分布不均匀，因此难以获得均匀的 GaN 生长。

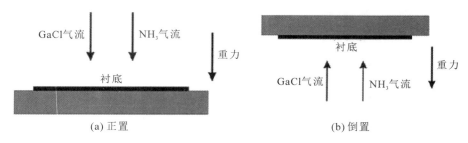

图 3-5　垂直式 HVPE 反应器

当气流方向与重力方向相反时，正置的垂直式反应器内存在的上述问题将得到克服，倒置的垂直式 HVPE 反应器中生长的 GaN 薄膜质量有一定的改善，而且能达到较高的沉积均匀性，然而薄膜沉积速率较低。

由于垂直式反应器的喷头距衬底很近，可以有效减少气体的预反应，提升源气体的使用效率，并获得比水平式反应器更高的生长速率，同时通过衬底的旋转还可进一步提升薄膜生长的均匀性，因此，垂直式反应器较传统水平式反应器更适合商业化生产。

3. GaN-HVPE 的研究现状

精心设计、运行可靠的 HVPE 反应器是实现高质量薄膜生长的关键。由于 GaN-HVPE 生长中复杂的化学反应过程，目前为止还没有完全成熟的商用 GaN-HVPE 设备，大部分研究机构/团队都使用自制或者定制的 HVPE 反应器进行 GaN 生长的研究工作，反应器的优化设计仍是 GaN HVPE 研究的热点。以下介绍了国内外学者对几种常见的 HVPE 反应器进行的研究。

C. E. C. DAM[26] 等对图 3-6 所示的水平式反应器进行了模拟研究。该反应器通过改变反应气体进口管的角度的方式，降低了水平式反应器中由沿程耗尽现象所带来的薄膜沉积不均匀性。模拟结果发现，改变 GaCl 进口喷管与水平方向的夹角，会对 GaN 生长速率及均匀性产生很大的影响，并对该结果进行了实验验证，得到了相同的结论。他们还研究了不同载气对 GaN 生长的影响，发现 H_2 比 N_2 更有利于 GaN 的生长。在这个可生长 2 英寸晶片的水平式反应器的基础上，该团队继续利用数值模拟方法及相似性原则，将反应器扩大至可生长 4 英寸晶片的水平式反应器，并得到了相似的流动及相同的生长速率[27]。

孟兆祥[28] 对水平式 HVPE 反应器中 GaCl、NH_3 管道及衬底的相互位置对反应物质分布的影响做了相关的研究，数值模拟研究发现，GaCl 在衬底上

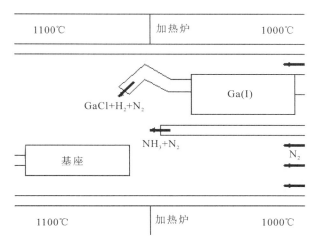

图 3-6 水平式 HVPE 反应器

方的分布严重依赖于 GaCl 进口与衬底间的垂直间距，而其水平方向的距离对 GaCl 浓度分布的影响较小；NH_3 在衬底上方的分布与 NH_3 进口位置的依赖关系较弱。

图 3-7 所示为德国 Aixtron 公司研制的喷淋式商用 HVPE 反应器，该反应器的特点是利用喷淋头上密布的微小喷口将 GaCl 气体从较近的距离内喷向基片，使 GaCl 气体均匀分配在基片上方，从而获得基片上方均匀的 GaCl 分布，同时也提高了 GaCl 气体的利用率。然而喷淋式 HVPE 反应器中的寄生反应较为严重，GaCl 及 NH_3 在衬底左侧就开始混合，反应产生的寄生颗粒容易堵塞喷淋头[29]。

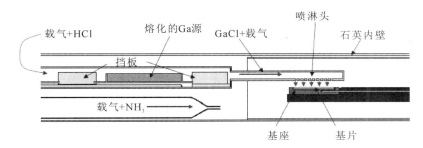

图 3-7 喷淋式 HVPE 反应器

E. Rechter 等人[30]对图 3-7 中的喷淋式 HVPE 反应器进行了优化，在 NH_3 进口管上增加了气体调节箱，使 GaCl 及 NH_3 的混合位置转移到衬底上

方,从而优化了反应室内的流场,并且降低了寄生沉积。通过选择合适的操作参数及外延衬底,他们生长出了无开裂、高质量的 GaN 晶体。

W. C. Lan 等人[31]利用数值模拟方法,研究了水平喷淋式 HVPE 反应器中喷淋头喷口方向及基片放置位置对物质输运及 GaN 生长速率的影响。他们观察到改变喷淋头喷口方向有利于 GaN 生长速率的提高,然而沉积均匀性并未得到改善;另外还发现不对称的基片放置位置是提高沉积均匀性的有效方法。

J. Wu 等人[32]将水平式反应器中 GaCl 在上,NH_3 在下的喷头布置方式优化为 NH_3 在上,GaCl 喷头在下,方案对比如图 3-8 所示。改进后,在衬底不旋转的情况下,成功生长出了光滑均匀、无开裂的 GaN 薄膜。

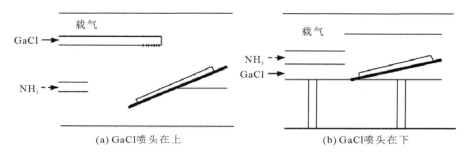

(a) GaCl喷头在上　　　　　　　(b) GaCl喷头在下

图 3-8　两种不同的喷头布置[33]

图 3-9 中的垂直式 HVPE 反应器也是一种常用的反应器结构,这种倒置的反应室可有效地阻止由热浮力造成的反应物浓度分布不均匀问题,并可通过衬底旋转的方式,进一步提高薄膜生长的均匀性。B. Monemar 等人[34]模拟了该反应室内的流场分布,分析了载气对流动的影响。

S. A. Safvi 等人[35]介绍了一种具有同心环形进口的 HVPE 反应器,如图 3-10 所示。由于进气口具有中心对称的结构,故衬底上方的周向生长速率相同,生长均匀性较好。他们通过数值模拟及实验,讨论了进气口与衬底间距变化对生长速率的影响,发现间距太大或太小都可能造成晶体质量的下降。另外,他们发现低的 NH_3 浓度对应多晶薄膜的产生,低的

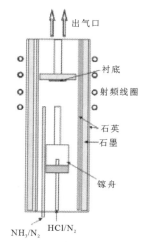

图 3-9　倒置垂直喷管式 HVPE 反应器

Ⅴ/Ⅲ比也对应 GaN 薄膜质量的下降。

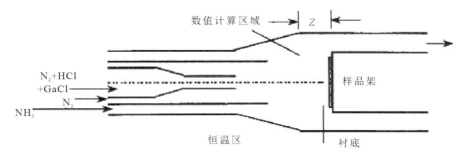

图 3 - 10　环形进口垂直式 HVPE 反应器

4. 工艺参数优化

X. F. Han 等人[14]对可生长 6 英寸 GaN 薄膜的多片式大尺寸 HVPE 反应器进行了数值模拟研究，发现在一定范围内增大载气流速可以改善沉积均匀性，并改变沉积最大速率区域的位置。

N. Liu 等人[36]通过在多片式反应器中对源气体通入流量进行周期性控制，提高了薄膜生长的均匀性，减小了缺陷密度。

H. Q. Yu 等人[8]保持 NH₃ 流量不变，通过提高 HCl 的流量（降低Ⅴ/Ⅲ比），成功提高了生长速率，且晶体质量也得到提高。这种现象可能是由于 GaCl 分压增大，导致其过饱和度升高，从而可获得更小的临界形核半径，表现为更高的形核速率与生长速率。

修向前等人[9]发现，在反应器的镓舟下游通入额外的 HCl 气体可以提高 GaN 薄膜的晶体质量与性质，这可能是由于生长表面过饱和度的改变引起的。

B. Monemar 等人[34]对一种垂直式 HVPE 反应器进行三维数值模拟，发现增加 HCl 会使 GaN 薄膜的生成反应向逆方向进行，会降低生长速率，严重时甚至会导致 GaN 薄膜的刻蚀。当载气 N₂ 的流量较小时（小于 1 L/min），流动是湍流；当增大流量时（3～10 L/min），是近似的层流流动。理想的 HVPE 生长仅在衬底表面生长 GaN 晶体，而实际反应器中只要同时存在 NH₃ 和 GaCl 气体的位置都可能发生反应，主要是在源气体出口到衬底之间的区域，托盘下游的区域虽然也有可能发生寄生反应，但对衬底表面的生长影响较小。

S. Y. Karpov 等人[20]对自制水平式反应器进行了全三维模拟，采用表面黏附系数来模拟衬底表面生长速率，模拟结果与实验值得到了较好吻合。模拟结果表明气体流动和物质输运对衬底表面Ⅴ/Ⅲ分布和生长速率具有重要影响，生长速率受限是由于 Cl 原子和 H 原子占据了 GaCl 的吸附位造成的。

3.3 应力及缺陷控制

3.3.1 应力控制

1. 应力来源

高质量氮化镓材料制备技术的发展，是推动氮化镓基材料应用的关键所在。由于氮化镓具有非常高的熔点和熔解压（熔点为 2800 K，熔解压为 4.5 GPa），故生长氮化镓单晶材料非常困难。由于在熔点之前氮化镓就会分解为金属镓和氮气，使得氮化镓很难像硅一样采用液相提拉方式长晶。高温高压生长的单晶尺寸较小，很难满足器件应用的需求，难以实现商业化。

由于缺少合适的体单晶衬底，氮化镓材料只能采用异质外延技术来制备，衬底材料的选择和生长工艺的优化，决定了氮化镓晶体质量。异质衬底与氮化镓材料的晶格常数和热膨胀系数的差异导致了氮化镓材料内部高密度的晶体缺陷和应力，如何通过选择理想的外延衬底和合适的生长工艺来缓解衬底与氮化镓的晶体失配和热失配应力，进而提高晶体质量，是氮化镓材料制备的共同问题。

2. 异质衬底材料及与氮化镓的失配度

氮化镓材料异质外延生长中，衬底材料的性质和结构等特性对外延质量有很大的的影响，甚至可能会一直波及后续的器件品质。因此衬底材料的选择至关重要，一般情况下，衬底材料的选择需要考虑以下几个因素：

（1）衬底与氮化镓的晶格匹配。晶格匹配首先是晶体结构的匹配，尽量选择同一种晶体体系的衬底；其次是晶格常数的匹配，包括生长面和面法线方向的匹配，要求晶格适配度越小越好。

（2）衬底与氮化镓的热膨胀系数匹配。热膨胀系数差异太大会导致生长后降温后的热应力过大，导致裂纹及分层等现象的产生。在后续器件应用中，还可能因为器件发热导致器件品质降低甚至器件的损坏。

（3）衬底与氮化镓的化学性能匹配。衬底要有稳定的化学性能，首先不能与氮化镓发生化学反应，在外延时氮化镓与衬底的黏附性要好，即不易脱落；其次衬底在生长温度下也有热稳定性，不会在生长过程中分解。

（4）衬底制备的难易程度、尺寸及价格。考虑到商业化发展的需要，衬底材料制备要简单，成本合适。

基于以上几点原则，广泛应用于氮化镓材料外延生长的衬底主要有蓝宝石（Al_2O_3）、碳化硅（SiC）、硅（Si）、砷化镓（GaAs）、铝酸锂（$LiAlO_2$）。表 3 - 3 列出了这几种衬底与氮化镓的晶体学参数。

表 3 - 3　各种衬底与氮化镓的晶体学参数

材料	晶体结构	晶格常数	热膨胀系数 /($10^{-6}K^{-1}$)
GaN	纤锌矿结构	$a=0.3189$	$5.59(a)$
		$c=0.5185$	$3.17(c)$
Al_2O_3	六方结构	$a=0.4758$	7.5
		$c=1.2991$	8.5
6H - SiC	纤锌矿结构	$a=0.3081$	$4.2(a)$
		$c=1.5112$	$4.68(c)$
Si	金刚石结构	$a=0.5430$	3.59
GaAs	闪锌矿结构	$a=0.5653$	6
γ - $LiAlO_2$	立方晶系	$a=0.5169$	$7.1(a)$

注：热膨胀系数是在温度为 800℃ 时测量的。

1）利用拉曼光谱测量氮化镓中的应力

半导体异质外延薄膜中，由于外延层与衬底的晶格常数不同或者与热膨胀系数不同，在外延层产生应力。应力的变化会引起声子拉曼频率位置的移动。如果知道双轴应力（压应力和张应力）对拉曼光谱峰频率移动的影响，就可以根据拉曼峰频移来估算应力的大小。通过这种方法，可以测量外延层中应力的大小和分布。

室温下氮化镓异质外延结构的主要应力来源是热失配产生的应力，在蓝宝石衬底上生长氮化镓受到压应力的作用，碳化硅和硅衬底上生长的氮化镓受到张应力。在六方氮化镓外延层中，除了 E2（低）支声子外，压应力和张应力能分别引起各个声子峰的蓝移或红移。在氮化镓的声子拉曼峰中，E2（高）支声子模拉曼散射在（0001）面背散射时半高宽较窄，强度较大。因此，一般用 E2（高）支声子模的拉曼峰频率位置来测量氮化镓材料中的应力。

已知声子的移动与所受的应力有一定的线性关系。要通过 E2（高）支声子模的拉曼峰频率来测量应力大小，必须先知道零应力时拉曼峰的位置，按照以下公式求出拉曼应力因子：

$$\Delta\omega = \kappa_0\sigma \qquad\qquad (3 - 26)$$

其中，$\Delta\omega$ 是氮化镓在垂直于生长轴（c 轴）方向双轴应力 σ 作用下声子能力的移动。在氮化镓外延层中，双轴应力引起 E2（高）支声子模拉曼峰移动的定标因子 κ_0 已经被测定为 $4.2\pm0.3\ \mathrm{cm}^{-1}/\mathrm{GPa}$[37]。

在蓝宝石衬底上异质外延氮化镓，由于蓝宝石的热膨胀系数（$7.5\times10^{-6}\ \mathrm{K}^{-1}$）大于氮化镓的热膨胀系数（$5.59\times10^{-6}\ \mathrm{K}^{-1}$），因此，在室温时，蓝宝石受到氮化镓膜的张应力，氮化镓受到蓝宝石衬底的压应力。通过微区拉曼光谱扫描，从氮化镓/蓝宝石界面开始扫描到氮化镓表面，通过拉曼 E2（高）支声子频率移动可以测量氮化镓膜在不同位置受到的压应力大小，如图 3-11 所示。

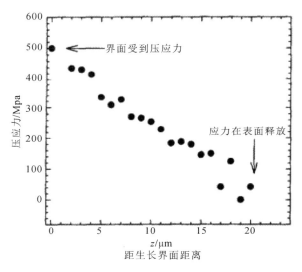

图 3-11　20 μm 厚 HVPE GaN 膜微区拉曼应力测量[38]

2）双层膜应力与曲率

G. H. Olsen 和 M. Ettenberg[39] 计算了异质结构中的应力，如图 3-12 所示，考虑长度为 L、宽度为 W、曲率为 κ、力为 F_i、力矩为 M_i 的结构中的杨氏模量 E_i 和薄膜厚度 t_i，其中下标 1 和 2 分别表示蓝宝石和 GaN，当不施加外力时，力和力矩处于平衡状态：

$$\sum_{i=1}^{2} F_i = 0 \tag{3-27}$$

$$\sum_{i=1}^{2} \left[E_i t_i^3 L\, \frac{\kappa}{12} + F_i \left(\sum_{j=1}^{i} (t_j) - \frac{t_i}{2} \right) \right] = 0 \tag{3-28}$$

力和力矩的正方向与图 3-12 所示向量的正方向相同，即拉力为正。另一个方程是求解蓝宝石和氮化镓界面处的应变 $\varepsilon_{1,2}$：

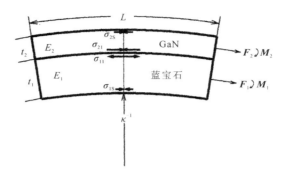

图 3 - 12　异质结构中的应力

$$\varepsilon_{1,2} = \frac{F_2}{E_2 t_2 L} - \frac{F_1}{E_1 t_1 L} + \frac{(t_1 + t_2)\kappa}{2} \tag{3-29}$$

这里的应变 $\varepsilon_{1,2} = \Delta T(\alpha_1 - \alpha_2)$，$\alpha_1$ 和 α_2 分别是蓝宝石和氮化镓的热膨胀系数，ΔT 是生长温度与室温的温度差。通过三个方程来求解三个未知数 F_1、F_2 和 κ。

求解方程，第 i 层应力为 $\dfrac{\sigma_i(z) F_i}{t_i} W$，弯曲应力为 $E_i \kappa \left(z - \dfrac{t_i}{2}\right)$，$z$ 是轴坐标。考虑圆片 $L \approx W$ 且是球形弯曲，可将单轴应力转变为双轴应力，$\sigma_i(z)|_{2D} = \sigma_i(z)|_{1D}/(1-\nu)$，其中 ν 是泊松比。

蓝宝石衬底厚度对室温时 GaN/Sapphire 结构曲率/弯曲的影响如图 3-13 和表 3-4 所示。

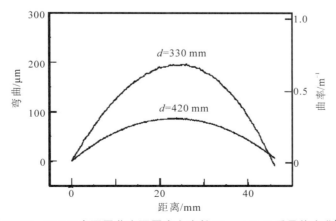

图 3 - 13　HVPE 在不同蓝宝石厚度上生长 20 μm GaN 后晶片弯曲[40]

表 3-4 在蓝宝石衬底上应用 HVPE 法生长不同厚度
氮化镓膜时，室温下曲率半径[41]

样品	A	B	C	D	E	F	G	H	I
厚度/μm	1.0	2.3	4.8	6.6	12	23	35	42	100
曲率半径/m	16.4	7.2	5.0	3.5	3.3	1.7	1.4	1.1	0.7

氮化镓膜生长厚度与蓝宝石衬底厚度对室温下晶片的翘曲有比较大的影响，在不同的氮化镓厚度和蓝宝石厚度时，通过式(3-27)～式(3-29)可拟合出晶片的翘曲与应变数值，对于 100～300 μm 氮化镓厚度，100～1000 μm 蓝宝石厚度，实验结果和模拟计算结果有比较好的匹配[42]，如图 3-14 所示。

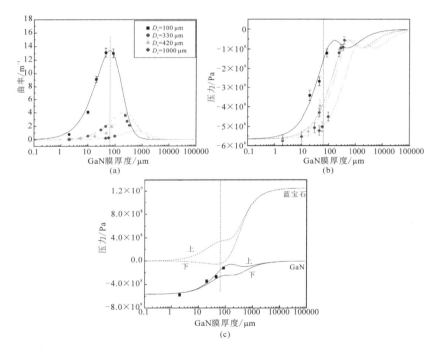

图 3-14 模拟计算结果（实线）和实验结果（虚线）

通过对式(3-27)～式(3-29)进行模拟计算，还可以得到在室温时不同厚度氮化镓膜中从界面到表面的应力分布[43]，如图 3-15 所示。

为了表征生长时氮化镓膜的应力情况，采用变温 XRD 测试方法，测试 45 μm HVPE GaN/Sapphire 曲率半径与温度变化的关系，如图 3-16 所示，随着温度升高，氮化镓膜受到的压应力逐渐减小，通过对拟合曲线的推导，可以判断在生长时 GaN 膜受到的应力为张应力[42]。

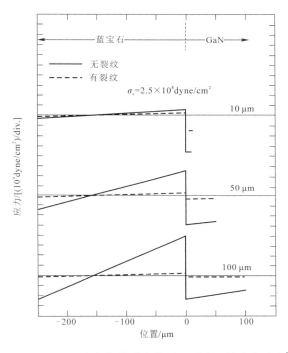

图 3-15　不同厚度氮化镓膜中从界面到表面的应力分布[43]

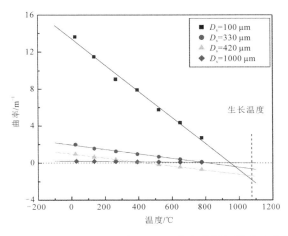

图 3-16　45 μm HVPE GaN/Sapphire 曲率半径与温度变化的关系

3）GaN/Sapphire 应力演变

在蓝宝石上异质外延氮化镓时，生长过程中氮化镓受到蓝宝石的张应力，张应力使得样品呈现凹向翘曲，当双轴张应力不断积累，超过氮化镓膜的屈服极限时，氮化镓膜出现裂纹以缓解应变。此时裂纹出现在氮化镓的 m 面，镓面观察裂纹呈现 $60°$ 分布。

外延生长结束后，样品从生长温度降低到室温，由于蓝宝石的热膨胀系数大于氮化镓的热膨胀系数，降温过程中样品逐渐由凹向翘曲变平，再变到凸向翘曲。此时氮化镓受到蓝宝石衬底的压应力，蓝宝石受氮化镓的张应力，根据应力大小可能出现以下几种情况：

（1）压应力小于氮化镓屈服极限，张应力小于蓝宝石屈服极限。这种情况降温到室温时，样品是完整的，蓝宝石和氮化镓都不需要产生裂纹来缓解应变。这是实现生长后分离的基础，只有这种情况才能进行激光剥离、化学腐蚀分离衬底、机械研磨分离衬底。

（2）压应力大于氮化镓屈服极限，张应力小于蓝宝石屈服极限。这种情况下，会在氮化镓膜内部出现横向裂纹，使得氮化镓膜从蓝宝石上分离下来。这是降温自分离的基础，分离界面一般有两种情况：① 出现在氮化镓膜内部弱连接的界面，如蓝宝石氮化镓界面、氮化镓内部有意制造的弱连接界面（如掩膜界面、插入层界面、缓冲层界面等），如图 3-17 所示；② 出现在氮化镓膜内一定厚度的界面，分离出现在应力释放和系统总能量降低最大的地方[44]，如图 3-18 所示。如果新产生垂直表面的裂纹，将得到不完整（带有裂纹）的自分离氮化镓，如图 3-19 所示；如果应力控制到合适的情况，只出现横向裂纹，将会得到完整的和衬底尺寸一样的自支撑氮化镓晶片，如图 3-20 所示。

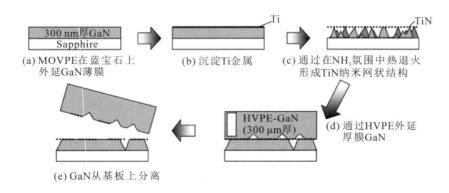

(a) MOVPE在蓝宝石上外延GaN薄膜　(b) 沉淀Ti金属　(c) 通过在NH₃氛围中热退火形成TiN纳米网状结构

(d) 通过HVPE外延厚膜GaN

(e) GaN从基板上分离

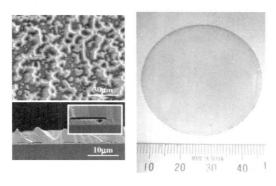

图 3 - 17 降温时压应力导致从 TiN 弱连接处产生自分离[45]

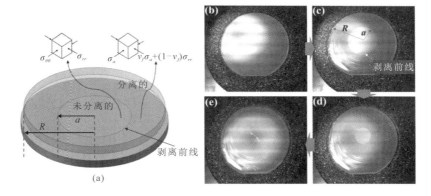

图 3 - 18 压应力诱导自分离，从氮化镓内部产生横向裂纹[44]

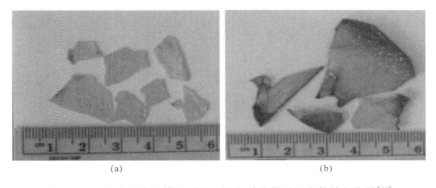

图 3 - 19 压应力产生横向裂纹，纵向裂纹得到不完整的氮化镓[46]

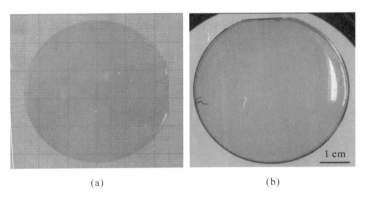

(a)　　　　　　　　　　　　(b)

图 3 - 20　降温后 140 μm(a)[47] 和 250 μm(b)[48] 无裂纹 GaN/Sapphire

（3）压应力小于氮化镓屈服极限，张应力大于蓝宝石屈服极限。此时氮化镓膜不产生横向裂纹，蓝宝石内部产生垂直表面的裂纹，蓝宝石裂纹可能会扩展到氮化镓内部，产生垂直于生长表面的裂纹，如图 3 - 21 所示。

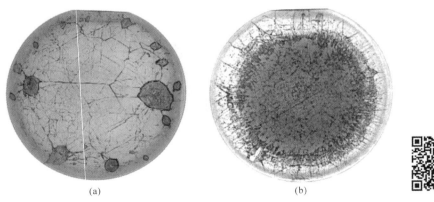

(a)　　　　　　　　　　　　(b)

图 3 - 21　降温后氮化镓出现横向裂纹，蓝宝石也出现裂纹[49]

（4）压应力大于氮化镓屈服极限，张应力大于蓝宝石屈服极限。这种情况下，氮化镓内部产生横向裂纹，蓝宝石也会出现垂直表面的裂纹。

3. 应力控制的常见方法

氮化镓应力的主要来源是与异质衬底的晶格失配及热失配。缓解应力的主要方式有以下几种：

（1）对异质衬底进行预处理。降低界面应力，可以获得较厚的氮化镓膜。比如激光处理蓝宝石衬底大大提高了氮化镓膜出现裂纹的厚度阈值[50]（见图

3-22），无裂纹氮化镓厚度从 $10\sim20~\mu m$ 提高到 $200\sim250~\mu m$；工艺条件 B、C 两种处理方式，样品室温下 BOW 相比 GaN 厚度斜率小，应力小；生长前对蓝宝石衬底进行湿法腐蚀[51]，可以缓解生长应力。

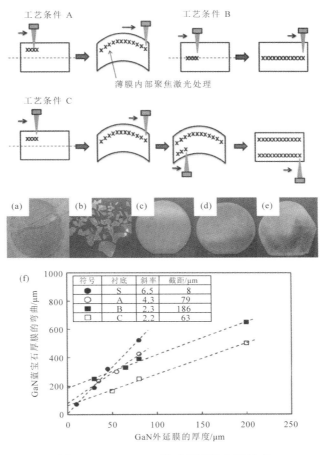

图 3-22　1045 nm 激光处理蓝宝石衬底

（2）利用缓冲层和插入层。例如：高温 AlN 缓冲层可缓解应力[52-53]（见图 3-23），SiC 衬底上生长 GaN 时可采用 AlGaN 缓冲层降低应力[54]，硅衬底上生长 GaN 时可通过插入 SiC 来抑制裂纹[55]，CrN 缓冲层可缓解应力等[56]。

（3）生长初期控制。例如：通过初期镓源预处理可得到上百微米无裂纹氮化镓厚膜[57-58]（见图 3-24），控制初期岛成核密度可将无裂纹厚度提高到 $200~\mu m$[59]。

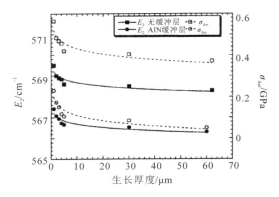

图 3 - 23　AIN 缓冲层可产生更小的压应力[52]

图 3 - 24　镓源预处理衬底生长 100 μm 无裂纹 GaN[58]

（4）MOCVD 模板处理。很多 HVPE 生长并不是直接在异质衬底上生长，而是采用 MOCVD 生长过的 0.5～4 μm 的氮化镓模板作为衬底。对模板提前处理也有利于降低应力，得到无裂纹的氮化镓晶片。例如：将模板作为纳米柱获得 400 μm 无裂纹氮化镓[60-62]（见图 3 - 25），模板磷酸腐蚀后再生长降低应力[63]（见图 3 - 26）。

（5）掩膜及 ELOG。通过掩膜及 ELOG 方式，可以有效释放应力，获得完整的晶圆，包括 SiO₂ 掩膜[64-65]（见图 3 - 27）、SiN 掩膜[66-67]（见图 3 - 28）、TiN 掩膜[45,68-69]、Pendeo GaN 模板[67]或者 air - bridged 结构[70]（见图3 - 29）。

通过控制生长参数也可调节应力。比如，载气选择合适的氮氢比例和 V／Ⅲ[47,71-73]（见图 3 - 30），选择合适的生长压力[74]、脉冲氨气流量[75]。

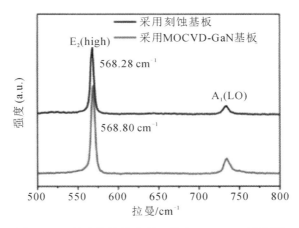

图 3 - 25　纳米柱结构实现 4 英寸 400 μm 无裂纹[62]

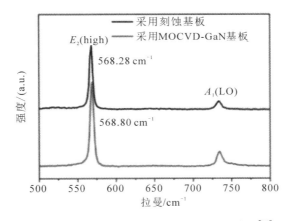

图 3 - 26　磷酸腐蚀模板后生长降低了压应力[63]

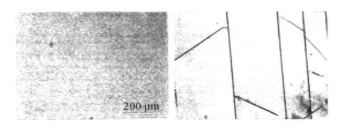

图 3 - 27　SiO₂ 掩膜缓解生长张应力[64]

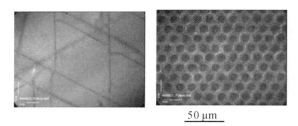

50 μm

图 3 - 28　SiN 掩膜缓解裂纹[66]

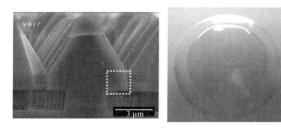

图 3 - 29　air - bridged 结构生长 300 μm 无裂纹[70]

100 μm

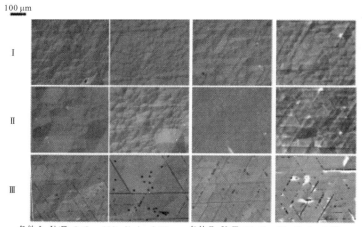

条件 I：V/Ⅲ=5，Q_{HCl}=100 ml/min，d=35 μm；条件 Ⅱ：V/Ⅲ=30，Q_{HCl}=25 ml/min，d=35 μm；
条件 Ⅲ：V/Ⅲ=5，Q_{HCl}=25 ml/min，d=15 μm

图 3 - 30　V/Ⅲ 比和 HCl 流量对裂纹的影响[73]

（6）表面粗化或者三维生长模式[76-82]。由于硅的热膨胀系数 3.59×10^{-6} K^{-1}
小于氮化镓的热膨胀系数 5.59×10^{-6} K^{-1}，因此，在降温过程中，氮化镓收缩快，
硅收缩慢，氮化镓膜会受到硅衬底的张应力，张应力将会导致氮化镓膜表面出现

垂直表面的裂纹。由图 3-31 可以看出生长结束时，氮化镓/硅的翘曲为 57 μm（凸），氮化镓面内最大应力为 0.07 MPa（压应力），随着温度降低，样品逐渐由凸向翘曲变为凹向翘曲，氮化镓膜也由受到压应力变为受到张应力，最后室温时氮化镓/硅的翘曲为 390 μm（凹），氮化镓面内最大应力为 173 MPa（张应力）。

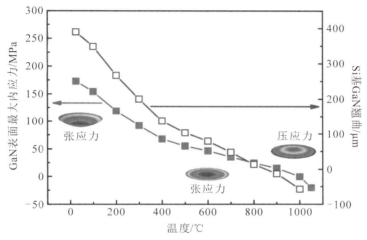

图 3-31　400 μm GaN/400 μm Si 从生长温度到室温时应力及翘曲情况[83]

韩国三星电子公司[83]开发了一种原位去除硅衬底的技术（见图 3-32），先用 MOCVD 在硅衬底上沉积 100 nm 的 AlN 缓冲层，然后生长 AlGaN 过渡层，之后生长 500 nm 厚氮化镓薄膜。在 HVPE 系统中，生长 400 μm 氮化镓后，在高温 1000℃时，通入 HCl 将硅衬底全部腐蚀掉，只剩下氮化镓，降温后得到自支撑氮化镓。通过这种高温去除硅衬底的方法，避免了硅与氮化镓热应力导致的裂纹产生。

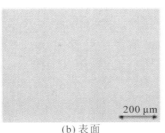
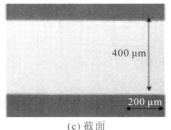

(a)照片　　　　　　(b)表面　　　　　　(c)截面

图 3-32　原位腐蚀硅衬底后得到自支撑氮化镓

3.3.2 缺陷控制

1. 氮化镓主要缺陷

由于没有合适的同质外延衬底，故氮化镓材料的制备需采用异质衬底（蓝宝石、碳化硅、砷化镓、硅等）来生长。异质衬底与氮化镓之间存在比较大的晶格失配和热失配，在失配应力作用下，氮化镓材料内部会存在相当多的晶体缺陷。

1）0 维缺陷

0 维缺陷又叫点缺陷，有本征点缺陷（晶格空位、间隙原子）、杂质原子等。本征点缺陷主要有 6 种，即氮空位 V_N、镓空位 V_{Ga}、替位氮 N_{ant}、替位镓 Ga_{ant}、间隙位氮 N_{int}、间隙位镓 Ga_{int}。

2）1 维缺陷

1 维缺陷又叫线缺陷，主要是位错。与传统的Ⅲ/Ⅴ族化合物不一样，由于氮化镓与衬底间高的晶格失配和热失配，常规生长得到的氮化镓（几微米）具有很高的位错密度（$10^9 \sim 10^{10}$ cm^{-2}）。

3）2 维缺陷

2 维缺陷又叫面缺陷，如晶粒间界、孪晶、层错等。氮化镓有两种结构，分别是纤锌矿结构和闪锌矿结构。纤锌矿结构原子堆垛方式是 ABAB，闪锌矿结构原子堆垛方式是 ABCABC。如果两种结构混合插入就会产生堆垛层错。

4）3 维缺陷

3 维缺陷又叫体缺陷，如 V 型坑[49]、空洞（内部）、夹杂物、反相畴[84]等。

2. HVPE 体缺陷——V 型坑

由于 HVPE 生长氮化镓厚度一般较厚，作为制备自支撑晶片时，典型生长厚度为 $250 \sim 500$ μm；作为生长晶棒时，典型生长厚度为 $2 \sim 7$ mm。比较厚的生长的厚度将会放大晶体表面的缺陷，比如 V 型坑，在 MOCVD 生长的薄膜 GaN 和 InGaN 膜中，典型的坑直径小于 1 μm；而在 HVPE 生长的毫米级晶体中，典型的坑直径会从几十微米到毫米级别不等，长晶厚度越厚，坑直径会越大，如图 3-33 所示。

V 型坑会带来几个不好的影响：

(1) 坑是应力中心[86]，会降低晶片制备的良率。

(2) 会形成位错和杂质的富集中心[87]。

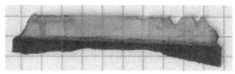

(a) 190 μm GaN 膜表面的 V 型坑[49]　　　(b) 6 mm GaN 晶棒切割 m 面，V 型坑直径为 2 mm[85]

图 3 - 33　HVPE 样品中的 V 型坑

（3）会减少晶片实际有效利用面积。

（4）器件外延时，坑会导致应力集中及梯度，从而会产生裂纹；也会引起三元组分和掺杂浓度的变化；会影响微区气流和表面原子扩散，导致微区外延表面粗化。

（5）工艺过程中，会形成晶片开裂源。

（6）光刻工艺涂胶时，坑边缘沿着旋转方向的胶厚度不均匀。

（7）会导致晶片产生自发解离或者解离条纹拐弯。

（8）可能会成为器件失效的源头[87]。

B. Monemar 等人[49]认为 HVPE 中坑的来源有两个，一个是石英上沉积的氮化镓颗粒脱落后吸附到样品表面形成坑，另一个是生长过程的微裂纹继续生长产生坑。

E. Richter 等人[85]指出 HVPE 生长的 V 型坑可能来自生长表面的缺陷，比如纳米管，也可能是局域生长气氛的围绕。通过反应器模拟改善可能能消除 V 型坑的产生。Y. Zhang 等人[88]发现在锗掺杂的氮化镓中，坑密度和锗浓度呈正相关，重掺锗样品在坑中心发现了金属锗滴。T. B. Wei 等人[89]认为坑的来源是反相畴，反相畴是氮极性，生长速率比正常的镓极性慢，由此才产生的 V 型坑。J. Wu 等人[90]研究发现 HVPE 反应器的结构设计会影响氮化镓表面形貌，从而形成 V 型坑，通过对反应器喷嘴的重新设计，获得更均匀的 GaCl 源分布，可以消除表面 V 型坑，最终得到光亮的外延表面。

E. Richter 等人[91]系统地研究了 HVPE 生长条件对 V 型坑的直径和密度的影响，为了兼顾裂纹和晶体质量，需要选择合适的温度、GaCl、NH_3 及载气氢气比例（见图 3 - 34）。

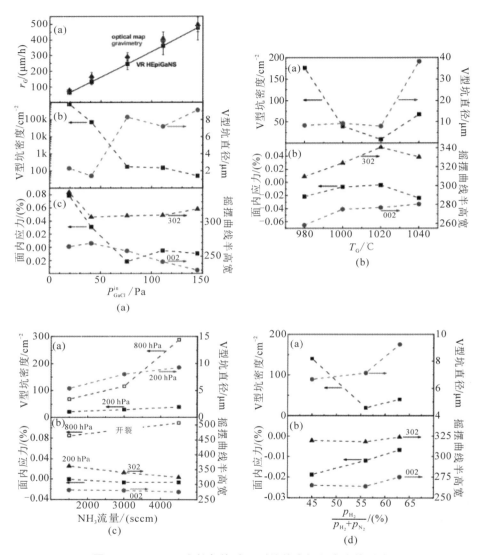

图 3 - 34 HVPE 生长条件对 V 型坑的直径和密度的影响

W. Lee 等人[92]通过对 V 型坑截面阴极荧光表征,提出了一种消除 V 型坑的方法,当孔洞底部晶面由($10\bar{1}1$)转变为($10\bar{1}2$)后,将有利于 V 型坑的合并(见图 3 - 35)。

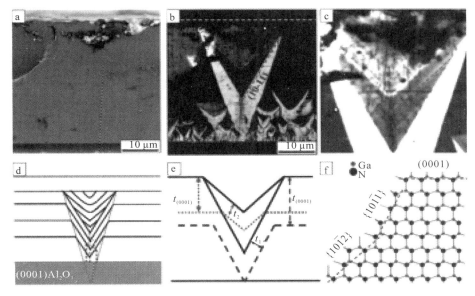

图 3 - 35　V 型坑截面 CL 表征

3. HVPE 线缺陷——位错

三族氮化物半导体材料中主要有三种位错类型，即刃型位错、螺型位错和混合型位错，其对应的伯格斯矢量分别为

$$\boldsymbol{b}_{\mathrm{e}} = \frac{1}{3}\left[11\bar{2}0\right] \quad (b_{\mathrm{e}} = a,\ b_{\mathrm{e}}^2 = a^2) \tag{3-30}$$

$$\boldsymbol{b}_{\mathrm{m}} = \frac{1}{3}\left[11\bar{2}3\right] \quad (b_{\mathrm{m}} = \sqrt{c^2 + a^2},\ b_{\mathrm{m}}^2 = 3.66a^2) \tag{3-31}$$

$$\boldsymbol{b}_{\mathrm{s}} = \left[0001\right] \quad (b_{\mathrm{s}} = c,\ b_{\mathrm{s}}^2 = 2.66a^2) \tag{3-32}$$

1）用高分辨 X 射线衍射技术表征位错密度

异质外延生长的Ⅲ族氮化物有很多晶体缺陷，可以看成由很多的小晶粒镶嵌构成，通常把这种晶体称为马赛克结构晶体（mosaic structure crystal）。图 3-36 是在蓝宝石衬底上生长氮化镓的结构示意图，氮化镓内部有很多小柱体，每个柱体之间的晶体取向存在两个维度上的差异，即沿着 c 轴的倾斜和面内扭曲，单个柱体可以视为近似完美晶体。材料中的位错主要来源于小柱体之间的交叠，导致位错密度在垂直衬底和平行衬底两个方向上有比较大的差异，可以用马赛克模型来描述其结构[93-94]。结合高分辨 X 射线衍射技术可以得到马赛

克模型的特征参数，进而利用相关公式可计算氮化镓材料中的位错密度。

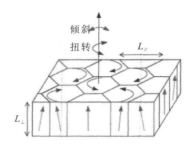

图 3 - 36　Ⅲ族氮化物的马赛克结构模型

在实际晶体材料的 X 射线衍射摇摆曲线半高宽中，除了本征展宽外，还包含很多其他因素，例如仪器展宽、位错展宽、马赛克结构的亚晶体尺寸展宽、样品翘曲展宽。本征展宽很小，高分辨 X 射线衍射仪的仪器展宽可以忽略，当样品晶粒尺寸大于 1 μm 时，晶粒尺寸展宽也可以忽略，因此主要考虑位错展宽和翘曲展宽。

在实际表征过程中，可以用(006)和(204)代替(002)和(102)，并采用更小的狭缝来消除翘曲展宽[95]。

2）用腐蚀坑表征位错类型

不同类型的位错有不同的弹性应变能，当氮化镓材料被腐蚀时，不同类型的位错形成的腐蚀坑的特性(大小和形状)也不同，腐蚀特性的差异主要是因为伯格斯矢量的差异[96]（见图 3 - 37）。常见的腐蚀方法有强酸腐蚀、熔融碱腐蚀、高温退火腐蚀。

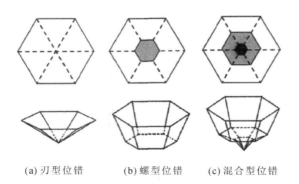

(a) 刃型位错　　　　(b) 螺型位错　　　　(c) 混合型位错

图 3 - 37　位错对应腐蚀坑的表面示意图和三维结构示意图

可以通过选择性腐蚀的方法来研究不同类型的位错及其对器件的影响（见图 3 - 38）。S. Usami 等人[97]研究 p - n 结反向偏压漏电时发现，漏电通道与位错具有一定的重合度，同时发现并不是所有位错都会产生漏电，研究表明只有纯螺型位错才会导致反向漏电。

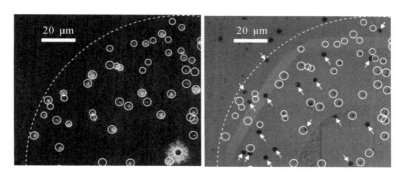

图 3 - 38　漏电位置（圆圈）与腐蚀坑的对应关系[97]

3）位错产生

以蓝宝石上生长氮化镓为例，在蓝宝石(0001)面上生长氮化镓，氮化镓的晶向相对蓝宝石旋转了 30°，从而引入切应变，产生了螺型位错（见图3 - 39）；蓝宝石与氮化镓晶格常数不匹配，引入正应变，导致了刃型位错的产生[93]（见图 3 - 40）。

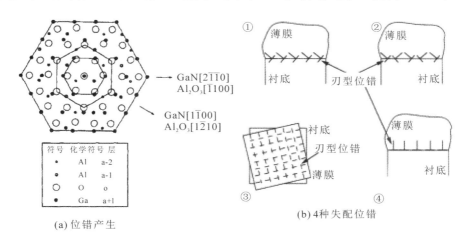

(a) 位错产生

(b) 4 种失配位错

图 3 - 39　氮化镓与蓝宝石的晶格匹配示意图

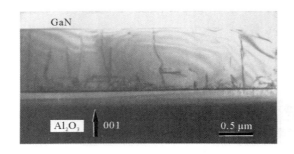

图 3 - 40　蓝宝石上生长氮化镓时在生长界面由于失配出现大量的位错[98]

4. 降低位错密度的常见方法

占主导地位的晶体缺陷是穿透位错，位错的存在严重影响材料的晶体质量、光电特性，进而降低相关器件的工作性能。

在材料特性上，位错会降低载流子迁移率和热导率；在器件中，位错会形成非辐射复合中心和光散射中心，降低光电子器件的发光效率。位错是器件漏电通道之一，会降低器件输出功率。

从原型到商业化应用，氮化物器件性能的提高都有赖于 GaN 基础材料晶体质量的提高。1986 年，两步法生长大幅降低了氮化镓薄膜中的位错密度[99]，使氮化镓器件开发成为可能。氮化镓体材料的开发及位错密度进一步降低，才实现了氮化镓基蓝光激光器的制备[100]。

MOCVD 生长氮化镓已经发展出了很多降低氮化镓薄膜位错密度的方法，从蓝宝石衬底的氮化、GaN 和 AlN 等缓冲层应用、引入 AlN/AlGaN 插入层、调控缓冲层厚度及退火条件、控制初期成核密度，到岛合并控制等方法，将 $2\sim5~\mu m$ 氮化镓薄膜的位错密度从 $10^{10}~cm^{-2}$ 降低到 $10^8~cm^{-2}$。后来又发展了侧向外延和 PSS 等技术，将位错密度进一步降低到约 $1\times10^8~cm^{-2}$。

HVPE 生长也借鉴了 MOCVD 经验来降低氮化镓厚膜位错密度，例如：R. J. Molnar 等人[101]用初期镓源对衬底进行了预处理，实现了 40 μm 氮化镓厚膜位错密度低至 $5\times10^7~cm^{-2}$；P. R. Tavernier 等人[102]用两步生长法实现了 23 μm 氮化镓厚膜位错密度为 $6\times10^7~cm^{-2}$；M. D. Kim 等人[103]用 AlN 量子点来降低 HVPE GaN 位错密度。

下面介绍应用 ELOG 技术来降低氮化镓位错密度的方法。

在衬底上沉积一层与氮化镓浸润性较差的掩膜，然后通过光刻等工艺去除部分掩膜，使得底下的衬底或者氮化镓露出来，再放到 HVPE 中生长，氮化镓在露出的窗口区域先生长，然后再侧向生长，最后形成表面光滑的氮化镓膜。这个过程叫外延横向过生长（Epitaxial Lateral Overgrowth，ELOG）。图 3 - 41 所示为 ELOG 生长示意图。

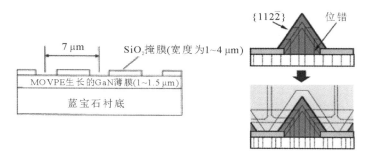

图 3 - 41　ELOG 技术

为什么 ELOG 生长能降低位错密度？首先，由于衬底表面是部分覆盖，部分裸露，覆盖部分底下的位错会被阻挡，不会贯穿到上面的薄膜；其次，在侧向生长的过程中，位错会拐弯到与(0001)面平行，大部分位错不会再延伸到表面。这样位错密度就能大大降低。图 3 - 42 所示是 ELOG 生长的 HVPE 膜 TEM 图像[104]，可见位错线发生拐弯并大量消失。

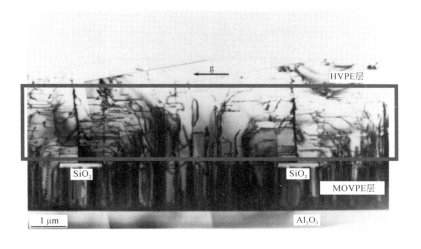

图 3 - 42　ELOG 生长中位错拐弯

1997 年，NEC 的 A. Usui[64]首先在 HVPE 中实现了 ELOG 生长（见图 3 - 43），验证了 ELOG 不仅对缓解应力、抑制裂纹有效，同时还可以降低氮化镓材料的位错密度，最终实现了 140 μm 无裂纹 GaN 样品，位错密度低至 6×10^7 cm^{-2}。

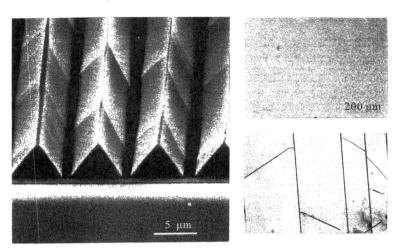

图 3 - 43　ELOG 降低氮化镓材料的位错密度

Linkoping University 在 ELOG 模板上用 HVPE 法生长出了 250 μm GaN，位错密度降低到 2×10^7 cm^{-2}[48]，如图 3 - 44(a)所示；University of Ulm 在 MOVPE 模板上沉积 SiN 实现了 ELOG 生长，最终获得了 1.5 mm 自分离 GaN，腐蚀坑密度小于 1×10^6 cm^{-2}[105]，如图 3 - 44(b)所示。

(a)

(b)

图 3 - 44　ELOG 生长的 GaN 材料

目前主流氮化镓自支撑衬底的供应商几乎都采用了 ELOG 的生长方法来降低位错密度(见图 3 - 45)。住友化学在 GaAs 衬底上通过窗口区生长后形成斜面来降低位错(DEEP)[106-107],掩膜方式的不同会导致位错密度分布的不同(见图 3 - 46)。

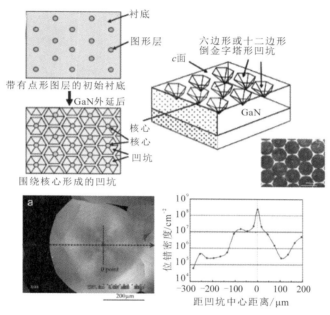

图 3 - 45 点状掩膜位错密度从 $3 \times 10^4 \, cm^{-2}$ 到 $1 \times 10^7 \, cm^{-2}$

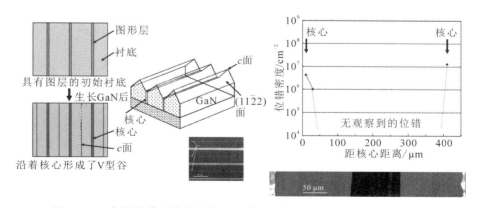

图 3 - 46 条状掩膜位错密度从 $1 \times 10^7 \, cm^{-2}$(核心区)到小于 $1 \times 10^4 \, cm^{-2}$

Hitachi Cable 通过在氮化镓薄膜上沉积 TiN 掩膜，实现了 ELOG 生长（见图 3 - 47）。TiN 形成的弱连接使得降温后，氮化镓从衬底分离实现自支撑氮化镓衬底的制备。这种方法制备的氮化镓晶片腐蚀坑密度大于 $5 \times 10^6 \ cm^{-2}$[108]。

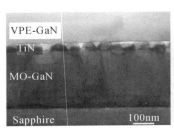

图 3 - 47　TiC 掩膜位错密度小于 3×10^6[109]

提高晶体厚度也能降低位错密度。随着生长厚度的增加，更多位错拐弯或者反应消失，位错密度和生长厚度呈现负相关关系（见图 3 - 48）。多家单位报道了位错密度和生长厚度之间的对应关系[84, 110-111]。三菱化学报道了 5.8 mm 氮化镓晶锭位错密度降低到 $1.2 \times 10^6 \ cm^{-2}$，并在切片后表征了不同厚度下的位错密度情况[110]（见图 3 - 49）。

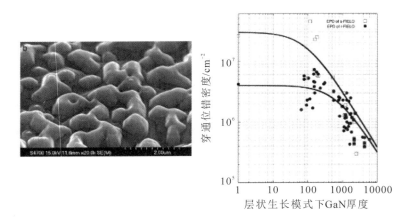

图 3 - 48　位错密度随晶体厚度变化

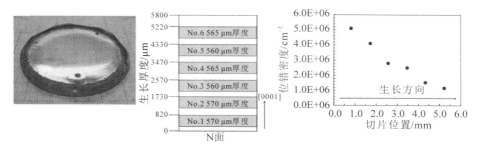

图 3-49　不同厚度下位错密度情况

3.4　掺杂技术

　　电学性能参数是 GaN 单晶衬底的核心参数，高性能的掺杂和电学特性调控是决定 GaN 单晶衬底能否实现广泛应用的关键。其中，高电导率的 n 型 GaN 材料是实现高功率、大电流光电子器件（如 LED、LD 等）的关键，高电阻率的半绝缘 GaN 材料是实现高可靠性功率微波器件（如 HEMT 等）的关键，低杂质浓度的高纯 GaN 材料是实现高耐压电力电子器件（如 SBD、p－n Diode 等）的关键。GaN 单晶衬底的掺杂与电学特性调控研究不仅对科学研究具有重要的指导作用，而且对相关产业的发展具有重要的推动作用，既有理论的意义，又有实践的价值。

3.4.1　非故意掺杂

　　非故意掺杂的 GaN 材料一般呈现出 n 型的电学特性，这主要是由两个因素导致的。第一，GaN 内部的部分本征缺陷（比如 N 空位）是施主型的带电中心，这会影响 GaN 的电学特性[112]。第二，GaN 材料生长的反应腔室一般是由石英制作的，在生长过程中不可避免地会释放出施主型的 Si、O 等杂质[113]。但是非故意掺杂的 GaN 材料载流子浓度一般在 $10^{16} \sim 10^{17}$ cm^{-3} 量级，电阻率一般在 0.1~1 $\Omega \cdot$ cm 之间，而且波动范围比较大，难以用于半导体器件的制备。

　　除了点缺陷和非故意掺入的杂质外，GaN 材料的电学性质还受到各种散射机制的影响。GaN 材料内部的主要散射机制包括电离杂质散射、声子散射以及位错散射，这些散射机制对材料的迁移率影响很大，进而影响 GaN 的电学输运性质。

电离杂质散射引起的迁移率变化可以用下式表达：

$$\mu_i = \sqrt{\frac{64\pi\varepsilon^2 (2kT)^{3/2}}{N_i e^3 \sqrt{m^*}}} \left\{ \ln \left[1 + \left(\frac{12\pi\varepsilon kT}{e^2 N_i^{1/3}} \right)^2 \right] \right\}^{-1} \quad (3-33)$$

其中，ε 为 GaN 的介电常数，k 为玻尔兹曼常数，T 为开尔文温度，N_i 为电离杂质密度，e 为电子电量，m^* 为 GaN 材料中电子的有效质量。

声子散射引起的迁移率变化可以用下式表达：

$$\mu_{ac} = \frac{e \sqrt{8\pi} \left(\frac{h}{2\pi} \right)^4 C_{11}}{3 (E_{ds})^2 (m^*)^{2.5} (kT)^{1.5}} \quad (3-34)$$

其中，C_{11} 为平均纵向弹性常数，E_{ds} 是声学形变势。

位错散射引起的迁移率变化可以用下式表达：

$$\mu_{disl} = \frac{30 \sqrt{2\pi}\varepsilon^2 d^2 (kT)^{3/2}}{e^3 N_s f^2 \lambda_d \sqrt{m^*}} \quad (3-35)$$

其中，f 为陷阱的填充比例，N_s 为位错密度，d 为 c 向晶格常数，λ_d 为德拜屏蔽长度。

总的迁移率可以用下式表达：

$$\frac{1}{\mu_T} = \frac{1}{\mu_i} + \frac{1}{\mu_{disl}} + \frac{1}{\mu_{ac}} \quad (3-36)$$

常规的 GaN 一般都生长在蓝宝石、硅等异质衬底材料上，因此其内部位错密度较高，位错散射对非故意掺杂 GaN 的电学性质影响较大。对 GaN 材料来说，其位错密度随生长厚度的增加而降低[114]，因此增加生长厚度从而降低 GaN 材料内部的位错密度是提升其电学性能参数的重要途径。对 HVPE 来说，其生长速率可达几百微米/小时，远高于 MOCVD、MBE 等生长方法，因此通过 HVPE 更容易获得低位错密度的 GaN 单晶衬底。

图 3-50 显示了当样品位错密度为 2.4×10^6 cm^{-2} 时，不同散射机制随温度的变化规律[115]。从图中可以看出，理论曲线 u_T 与实验值 μ_{exp} 符合得很好，在低温下电离杂质散射占主导地位，在高温下声子散射占主导地位。因此，当位错密度在 10^6 cm^{-2} 量级或更低时，位错散射并不是 GaN 的主要散射机制。

位错除了影响 GaN 材料的迁移率外，对杂质吸附以及与杂质相关的光学性质也有重要影响。通过 HVPE 方法可以制备较厚的非故意掺杂 GaN 晶体，由于位错密度随厚度增加而降低，因此通过测量不同位置的位错密度和非故意掺入 Si 杂质，可以得到非故意掺杂 GaN 中 Si 杂质浓度与位错密度的关系曲

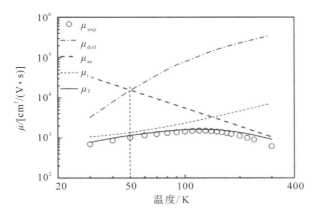

图 3 - 50　不同散射机制随温度的变化规律

线，如图 3 - 51 所示。由于在整个生长过程中工艺条件并没有发生变化，因此非故意掺入 Si 杂质浓度的变化主要受位错密度影响。从图中可以看出，非故意掺入 Si 杂质浓度随着位错密度的降低而降低[115]，这主要是因为沿位错线存在大量的悬挂键，这些悬挂键能够束缚带电杂质原子（如 Si 原子）[116-117]。而在高温下，Si 杂质原子易于从石英反应器上脱附，从而进入晶格中，被位错线附近的悬挂键俘获。因此 Si 杂质浓度与位错密度呈正相关关系。

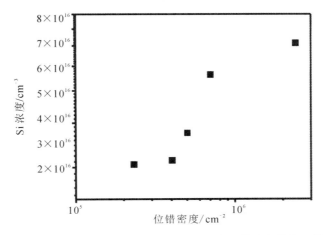

图 3 - 51　非故意掺杂 GaN 中 Si 杂质浓度与位错密度的关系曲线

在 GaN 基光电子器件中，黄光带（YL）对器件的发光效率影响很大，一般认为黄光带是从导带或浅能级向深能级的跃迁导致的[118]。在 GaN 中，随着位

错密度的增加，生长过程中吸附的 Si 杂质浓度也升高，而这些 Si 杂质提供了 YL 发光所需的浅能级，从而提高了 YL 的发光强度[111]。

3.4.2　Si 掺杂

高电导率 GaN 单晶衬底主要用于制备 LED、LD 等器件，在半导体照明、激光显示等领域具有重要应用。其中，载流子浓度、电阻率、迁移率等电学参数是 GaN 单晶衬底的核心参数，对 GaN 基 LED、LD 等器件的欧姆接触、开启电压等性能具有重要的影响。

高电导率 GaN 的制备一般是通过掺入浅能级的 Si、Ge、O 等杂质实现的[119]。这些元素替代 GaN 中的 Ga 位并贡献电子，使整个半导体材料呈现低阻 n 型的电学特征。其中，Si 掺杂是实现 n 型 GaN 材料的主要技术手段，已经在 MOCVD 等生长技术中得到了广泛应用。

对于 MOCVD 工艺而言，n 型 GaN 的掺杂源一般是 SiH_4 气体。SiH_4 气体通过载气输送到衬底表面，在高温生长过程中 Si 杂质取代晶格中的 Ga 位实现原位掺杂。但对于 HVPE 工艺来说，SiH_4 气体却无法使用，因为 HVPE 生长设备是热壁系统，生长温度达到 1000℃ 以上，而 SiH_4 气体在 500℃ 左右就已经开始分解了，无法到达衬底表面。

目前 HVPE 设备里采用的 Si 杂质源主要有如下两种：

（1）HCl 气体与 Si 片反应生成 SiH_xCl_y。这种方法简单易行，但是，随着生长的进行，Si 片的形状不断发生变化，反应的表面积也随之改变，因此，随着反应的进行，SiH_xCl_y 的浓度不断发生变化，不利于掺杂的稳定控制。

（2）使用 SiH_2Cl_2 气体作为杂质源气体。SiH_2Cl_2 的分解温度达到 800℃ 以上，因此可以抑制高温热分解，从而实现 Si 掺杂。同时，这种方法采用流量计控制 SiH_2Cl_2 气体的流量来调控掺杂浓度，因此能够实现掺杂浓度的精确稳定控制。

A. V. Fomin 等人[120]提出采用 Si 片与 HCl 气体反应来提供杂质源气体，其最高 Si 掺杂浓度可达到 2.5×10^{19} cm^{-3}。1998 年，A. Usui 等人[121]提出采用热稳定性更好的 SiH_2Cl_2 气体代替 SiH_4 气体，在 HVPE 设备中实现了最高载流子浓度为 2×10^{18} cm^{-3} 的 GaN 材料的制备。目前这种方法被大多数的研究单位和企业所采用，例如 Hitachi Cable[122]、Ferdinand-Braun-Institut[123]、NaMLab[124]、Institute of High Pressure Physics[125]、Samsung Corning Precision Materials[126] 等。

Si 掺杂引入的 Si 杂质会在 GaN 材料内部产生杂质散射。图 3－52(a)是 GaN 材料的迁移率随温度的变化曲线，图中比较了 Si 杂质浓度为 $1.1 \times$

10^{16} cm^{-3}的轻掺杂样品和 Si 杂质浓度为 6.5×10^{18} cm^{-3} 的重掺杂样品。从图中可以看出，重掺杂样品的迁移率在整个测试温度区间内（80～300 K）都远远低于轻掺杂样品，这也说明电离杂质散射对迁移率产生了重要影响。对两个样品来说，它们随温度的变化趋势是相反的，这是因为两个样品中占主导地位的散射机制是不同的。在轻掺杂样品中，主要散射机制是声子散射。声子散射随温度的升高而变强，因此迁移率随温度的升高而降低，与式（3 - 34）的结论基本一致。在重掺杂样品中，主要散射机制是电离杂质散射。电离杂质散射随温度的升高而降低，因此迁移率随温度的升高而升高，与式（3 - 33）的结论基本一致。

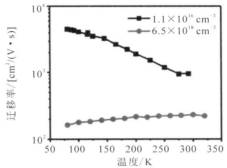

(a) 低掺杂和高掺杂GaN材料的迁移率随温度变化曲线

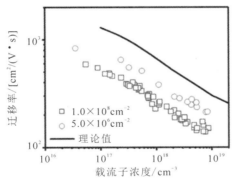

(b) 不同位错密度样品的迁移率随载流子浓度变化曲线

图 3 - 52　GaN 材料的迁移率变化曲线

图 3 - 52(b) 是 GaN 材料的迁移率随载流子浓度的变化曲线，图中比较了位错密度为 1.0×10^{8} cm^{-3} 的 GaN 薄膜样品和位错密度为 5.0×10^{6} cm^{-3} 的 GaN 单晶样品。从图中可以看出，两组样品的迁移率都是随着载流子浓度的升高而降低，这说明电离杂质散射对迁移率有重要影响。而且，在整个载流子浓

度区间内，高位错密度的 GaN 薄膜样品的迁移率都远远低于低位错密度的 GaN 单晶样品，这说明位错散射对迁移率产生了重要影响，与式（3 - 35）的结论基本一致。

在 GaN 中进一步提升 Si 掺杂浓度受如下两个因素的限制：

（1）张应力增加。A. Dadgar[127]、A. E. Romanov[128]、P. Cantu[129] 等人发现 Si 掺杂会导致 GaN 材料内部的位错发生倾斜，而位错倾斜会导致在材料内部产生半原子面，进而在 GaN 内引入张应力，导致 GaN 材料产生翘曲、开裂等问题。

（2）表面形貌恶化。2012 年，S. Fritze 等人[130] 发现 Si 掺杂在浓度达到 1.9×10^{19} cm^{-3} 时会导致生长模式转变成 3D 生长模式，进而导致形貌恶化。2013 年，T. Markurt 等人[131] 发现形貌恶化的原因为 Si 杂质在 GaN 材料生长过程中是一种反活化剂，它会导致 GaN 表面形成单原子层的 SiGaN$_3$，而 SiGaN$_3$ 会在 GaN 表面引入一个排斥性的电偶极矩，阻碍 GaN 在其上生长，进而导致表面形貌恶化。

受到上述两个因素的限制，目前市场上的 Si 掺杂 GaN 单晶衬底的载流子浓度一般低于 3×10^{18} cm^{-3}。

3.4.3　Ge 掺杂

为了进一步提升器件性能，需要进一步提高 n 型 GaN 材料的载流子浓度。由于 GaN 中的 Si 杂质浓度受到张应力和表面形貌恶化两个因素的限制，很难进一步提高，因此希望找到更合适的掺杂源。针对高杂质浓度情况下 Si 掺杂引入的位错倾斜和形貌恶化两个问题，很多单位尝试采用 Ge 掺杂代替 Si 掺杂来制备高载流子浓度的 GaN 材料。C. Nenstiel 等人[132] 研究发现 Ge 掺杂能解决上述两个问题，并认为 Ge 杂质是"n 型 GaN 中的高级掺杂剂"。Ge 杂质在 GaN 内部也是一种浅能级施主，它具有如下几个特点：

（1）Ge 掺杂 GaN 与 Si 掺杂 GaN 的电学输运性质基本相同。Ge 杂质在 GaN 内部的激活能为 19 meV [133]，Si 杂质在 GaN 内部的激活能为 17 meV[134]，二者比较接近，都低于室温下电子热运动的能量 26 meV，因此在室温下基本上都能全部激活。而且，采用 MOCVD 方法制备的 Si 掺杂 GaN 材料和 Ge 掺杂 GaN 材料的电学输运性质基本相同，二者的迁移率与载流子浓度之间的关系曲线也基本一致[135]。

（2）文献报道 Ge 掺杂不会在 GaN 中引入张应力。即使在掺杂浓度大于 10^{19} cm^{-3} 量级的情况下，Ge 掺杂也不会引入明显的张应力[136]。

（3）Ge 掺杂不会导致生长模式的变化。在 Si 掺杂比较高的时候，GaN 表面容易生长一薄层氮化硅，导致高掺杂浓度情况下 GaN 表面形貌恶化。而对于 Ge 掺杂来说，Ge_3N_4 的热稳定性比较差，在 1000℃ 以上无法稳定存在，因此不会导致表面形貌的恶化[137]。

（4）Ge 原子共价半径接近 Ga 原子。Si、Ge、Ga 原子的共价半径分别为 116 pm、124 pm、124 pm，因此 Ge 原子与 Ga 原子的共价半径基本相同，而 Si 与 Ga 的共价半径相差较大，所以 Ge 杂质的掺入对晶格结构和应力的影响要小于 Si 杂质。

因此，Ge 掺杂有望解决 Si 掺杂导致的应力和形貌恶化的问题，进一步提升 GaN 材料的载流子浓度。同时，Ge 掺杂又能够拥有与 Si 掺杂类似的电学输运性质，是实现高载流子浓度 n 型 GaN 材料的重要方法，目前已经引起了广泛的关注[132, 138]。

Ge 掺杂所用的杂质源主要有两种：

（1）HCl 气体与 Ge 金属反应，通过控制与金属 Ge 反应的 HCl 气体的流量以及金属 Ge 的暴露面积来控制掺杂浓度[138]。但金属 Ge 的面积随着反应的进行会发生变化，因此这种方法的稳定性不够好。

（2）通过 N_2 在 $GeCl_4$ 液体中鼓泡，把含有 Ge 元素的杂质源气体带出[135]。Y. Oshima 等人[135]通过这种方法制备了高质量的 Ge 掺杂 GaN，其 Ge 杂质浓度高达 2.4×10^{19} cm^{-3}。

图 3-53 是 Ge 掺杂和 Si 掺杂 GaN 材料迁移率与载流子浓度的关系曲线对比，两组样品的位错密度都在 10^8 cm^{-2} 量级。从图中可以看出，在位错密度、掺杂浓度和测试温度相同的情况下，Ge 掺杂样品的迁移率几乎与 Si 掺杂样品相同。

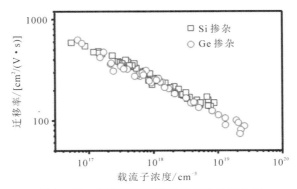

图 3-53　迁移率与载流子浓度的关系曲线

Ge 掺杂 GaN 中的一种常见缺陷是 V 型坑[135, 139]，M. Iwinska 等人[139]发现 H_2 对 V 型坑的产生影响很大。通过热力学计算分析发现，在 H_2 气氛下，Ge 的平衡蒸汽压大于其饱和蒸汽压，因此 Ge 蒸汽易于凝结成液滴，导致孔洞产生。而在纯 N_2 条件下，其平衡蒸汽压低于饱和蒸汽压，因此提高载气中 N_2 的比例有利于降低孔洞密度。

尽管在 GaN 中 Ge 掺杂上限高于 Si 掺杂，但 Ge 掺杂浓度一般低于 2.9×10^{20} cm^{-3}[136]，进一步提高掺杂浓度并不会引起载流子浓度的提高，这主要是由如下两个因素决定的：

（1）随着 Ge 掺杂浓度的升高，补偿性的缺陷浓度也会提高，这会降低 GaN 中的载流子浓度。

（2）Ge 杂质在 GaN 中有一个固溶度上限，超过固溶度上限会引起新的相出现，导致形貌恶化。

3.4.4 半绝缘掺杂

半绝缘 GaN 单晶衬底能够克服 HEMT 等器件中与衬底材料有关的寄生电容引起的信号损失，对 HEMT 器件的性能至关重要，在 5G 通信、相控阵雷达等领域具有重要的应用。半绝缘 GaN 材料一般是通过在 GaN 中掺入深能级的 Fe 杂质以补偿背底非故意掺入的浅能级施主杂质来实现的。掺杂源一般采用 HCl 气体与金属 Fe 反应生成[140]，或者直接采用二茂铁（Cp_2Fe）作为掺杂源[141]。

Fe 掺杂 GaN 的电阻率与 Fe 杂质浓度之间的关系如图 3-54 所示，从图中可以看出，Fe 掺杂 GaN 的电阻率主要受到两个因素的影响：

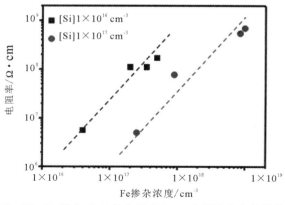

图 3-54　Fe 掺杂 GaN 的电阻率与 Fe 杂质浓度之间的关系

（1）Fe 杂质浓度。Fe 在 GaN 内是深能级的杂质，它通过补偿材料内部的施主型杂质贡献的电子来实现半绝缘的电学特征。Fe 掺杂 GaN 的电阻率随着 Fe 杂质浓度的升高几乎呈线性上升，一直到 Fe 杂质浓度达到 $1×10^{19}$ cm^{-3} 也没有出现电阻率的饱和现象。

（2）背底非故意掺杂的 Si 杂质的浓度。Si 杂质浓度为 $1×10^{16}$ cm^{-3} 的第一组样品相对于 Si 杂质浓度为 $1×10^{17}$ cm^{-3} 的第二组样品来说，在相同的 Fe 杂质浓度情况下电阻率大约提高了 1 个数量级。Si 杂质在 GaN 内是浅施主能级，它会提供电子，导致样品载流子浓度升高和电阻率下降。

Fe 掺杂 GaN 的电阻率既受到 Fe 杂质浓度的影响，又受到背底 Si 杂质浓度的影响，因此要想提高 Fe 掺杂 GaN 的电阻率，既可以提高 Fe 掺杂浓度，也可以降低背底施主型 Si 杂质的浓度。而当 Fe 掺杂浓度过高时，GaN 单晶衬底对器件可靠性会有不利的影响，因此为了保证 Fe 掺杂 GaN 衬底的可靠性，可以通过降低背底 Si 杂质浓度的方法来制备半绝缘 GaN[142]，这为高纯半绝缘 GaN（High Purity Semi‐Insulating GaN，HPSI‐GaN）的发展指明了方向。

2003 年，R. P. Vaudo 等人[140] 通过 HVPE 生长方法制备了室温下电阻率达到 $2×10^{9}$ Ω·cm 的半绝缘 GaN。2009 年，M. Kubota 等人[143] 利用 HCl 气体与金属 Fe 反应生成杂质源气体，制备了 Fe 掺杂 GaN 材料，Fe 杂质浓度与 HCl 气体的分压呈正比，但在 Fe 杂质浓度达到 $4×10^{18}$ cm^{-3} 后电阻率呈现出饱和状态。

Fe 掺杂 GaN 具有丰富的光学性质。R. P. Vaudo 等人[140] 通过 PL 测试方法观察到了 1.3 eV 处 $^4T_1$（G）→$^6A_1$（S）的 Fe^{3+} 离子内部的跃迁发光。P. Gladkov 等人[144] 系统研究了 Fe 掺杂 GaN 的光谱，发现它的发光光谱、透射光谱、反射光谱和椭偏光谱都受到 Fe 掺杂浓度的影响，并且根据这种依赖关系可以近似估计 Fe 在 GaN 中的杂质浓度。Z. Q. Fang 等人[145] 研究了 GaN 材料内部的深能级，发现 Fe 掺杂 GaN 内部至少存在 6 种深能级陷阱，其中主要的陷阱位于 0.56～0.60 eV 处。K. Jarasiunas 等人[146]、Y. Fang 等人[147] 系统研究了 GaN 晶体的光学非线性现象和光生载流子的动力学行为，这为基于 Fe 掺杂 GaN 的超快光电子器件的设计提供了依据。

Fe 掺杂 GaN 的磁性也被广泛研究。G. M. Dalpian 等人[148] 与 N. Theodoropoulou 等人[149] 从实验中观察到 Fe 掺杂 GaN 在室温下呈现铁磁性，并通过理论计算进行了解释。H. Akinaga 等人[150] 采用 MBE 生长工艺在

400℃的生长温度下制备了 Fe 杂质浓度高达 3×10^{19} cm^{-3} 的 GaN，发现其具有铁磁性，并且居里温度为 100 K。但当生长温度提升到 500℃ 以上的时候，材料表现出顺磁性的特征。目前 Fe 掺杂 GaN 的很多光学、电学、磁学现象还没有形成一致的结论，有待于进一步研究。

Fe 掺杂 GaN 中的一个重要缺陷就是孔洞。半绝缘 GaN 具有高电阻率、高击穿电压等性质，而孔洞对半绝缘 GaN 衬底上生长的器件具有严重的影响，孔洞的中心有大量的缺陷，它们都是载流子的非辐射复合中心。孔洞内部具有较高的载流子浓度[151-152]，因此孔洞是半绝缘 GaN 单晶衬底的一种重要漏电通道[153]。由于半绝缘 GaN 一般被用作电流阻挡层，因此孔洞作为漏电通道对半绝缘 GaN 衬底的可靠性有重要影响。

关于 HVPE 生长 GaN 中孔洞的起源一般认为主要有如下几点：位错[154]、反相畴[155]、衬底缺陷[156]、表面沾污[156]、异质颗粒[156]、裂纹[156]等。衬底表面的孔洞经过磨抛之后可以实现平整化的表面，但其内部的缺陷还是存在的，通过肉眼或光学显微镜可以看到在原孔洞位置留下一个孔晕。Fe 掺杂 GaN 孔晕的详细测量表征如图 3-55 所示。运用微区 Raman、AFM 等测量手段研究 Fe 掺杂 GaN 内部孔洞的光电性质，发现孔洞内部的载流子浓度远高于无孔区域，并且从孔洞中心到孔洞边缘载流子浓度逐渐升高。这是因为孔洞内部的生长面是 $(10\bar{1}1)$ 等半极性面，而浅施主杂质（Si、O 等）在这些半极性面上的掺入效率远高于 c 面，这引起孔洞内部施主杂质浓度升高，进而导致载流子浓度升高。高的载流子浓度导致孔洞内部的电阻率大幅度下降，扫描扩展电阻测试表明孔洞边缘的电阻率比正常区域低 5 个数量级。因此，当器件制备在孔洞上面时，电流将主要从孔洞内部流动，从而导致器件漏电这一问题[157]。高的载流子浓度进而引起孔洞内部 GaN 的光学性质发生变化，带边发光出现展宽，NBE 峰位随载流子浓度的增加先红移后蓝移，这些现象是由于当载流子浓度高于 Mott 转变点后，Burstein-Moss 效应和能带重整化效应对能带的影响导致的。

随着器件的发展，要求降低半绝缘 GaN 单晶衬底中 Fe 杂质的浓度。半绝缘 GaN 单晶衬底主要应用于 5G 通信、相控阵雷达等领域，而这些领域对器件可靠性的要求很高。目前半绝缘 GaN 一般都是在生长过程中原位掺杂深受主 Fe 杂质来实现的，但掺入的过量 Fe 杂质可能会对器件的性能与寿命产生不利影响，主要表现在以下几个方面：

（1）Fe 杂质是导致 AlGaN/GaN HEMT 器件电流坍塌的重要原因。研究表明，导带下方 $0.5\sim0.6$ eV 的深能级陷阱浓度的升高会导致电流坍塌，而这些陷阱缺陷主要是 Fe_{Ga} - V_N 复合体[158]。

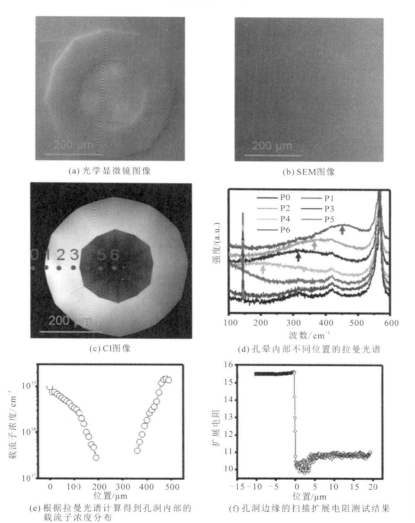

(a) 光学显微镜图像　　　　　　　　(b) SEM图像

(c) CI图像　　　　　　　　(d) 孔晕内部不同位置的拉曼光谱

(e) 根据拉曼光谱计算得到孔洞内部的　　(f) 孔洞边缘的扫描扩展电阻测试结果
　　载流子浓度分布

图 3 - 55　Fe 掺杂 GaN 中的孔晕

（2）Fe 杂质对电子的陷阱作用导致器件响应后的恢复时间变长。采用 Fe 掺杂衬底制作的 AlGaN/GaN HEMT 在 28 dBm 的激励作用后需要 20 ms 的恢复时间[159]，这无法满足雷达、电子战接收器等设备对响应速度的要求。

（3）Fe 杂质在 GaN 内部容易扩散，影响器件性能。在 HEMT 器件中，衬底中的 Fe 杂质很容易扩散进入沟道，导致沟道电阻升高，进而降低漏极电流[160]，影响器件性能。

为了减轻 Fe 杂质对器件可靠性的影响，需要在保证半绝缘的电学特征的基础上尽量降低 Fe 杂质浓度。高纯半绝缘 GaN 材料是实现这一目标的重要技术途径，它通过降低背底的施主型杂质浓度，从而只需要掺入少量的深能级杂质即可以制备半绝缘 GaN。2017 年日本 SCIOCS 公司[68, 113]认为 GaN 中 Si、O 杂质主要来源于反应腔室中的石英，它们通过无石英件的 HVPE 设备制备出了背底 Si 杂质浓度低至 2×10^{14} cm^{-3} 的高纯 GaN 材料，其电阻率达到 1×10^{9} $\Omega \cdot$ cm。

3.5 氮化镓单晶衬底分离技术

氢化物气相外延（HVPE）是制备氮化镓大块晶体的首选方法。为了将 HVPE 生长的氮化镓厚膜从原始衬底（蓝宝石）上分离出来，发展了一系列的分离技术，如应力诱导自分离、空洞辅助自分离、界面弱连接自分离、激光剥离和机械研磨等。

3.5.1 自分离工艺

1. 应力诱导自分离

应力诱导自分离本质上是裂纹沿着氮化镓与蓝宝石界面，也即沿 c 面，从边缘到中心的扩展过程。对于脆性材料裂纹扩展，根据 Griffith 准则可知，如果能量释放率大于断裂能量，裂纹就会扩展。在该判据中，断裂能是指分离单位面积断裂面所消耗的能量，是与断裂阻力有关的特征参数。能量释放率是材料中裂纹扩展一单位长度时单位深度释放的应变能，与分离前后的应力状态密切相关。

在双层模型和双轴应力的近似条件下，面内应力 $\sigma_{rr}(z)$ 为

$$\sigma_{rr}(z) = \begin{cases} \dfrac{E_s}{1-\nu_s}\left[\varepsilon_0 - \kappa\left(z + \dfrac{h_s}{2}\right)\right], & -h_s < z < 0 \\ \dfrac{E_f}{1-\nu_f}\left[\varepsilon_0 - \kappa\left(z + \dfrac{h_s}{2}\right) + \varepsilon_m\right], & 0 \leqslant z < h_f \end{cases} \qquad (3-37)$$

式中：E_s 和 E_f 分别为衬底和膜的弹性模量，ν_s 和 ν_f 分别为衬底和膜的泊松比，ε_0 和 κ 分别为衬底中间面（midplane，图 3-56 中虚线）的应变和曲率，h_s 和 h_f 分别为衬底和膜的厚度，ε_m 为 GaN 与衬底的热失配应变。GaN/蓝宝石衬底应力分析如图 3-56 所示。

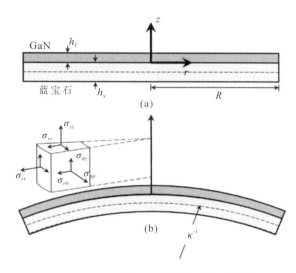

图 3-56　GaN/蓝宝石衬底应力分析[101]

　　一般而言，由于氮化镓与蓝宝石的热不匹配，冷却后的氮化镓膜被压缩，但实际 GaN/蓝宝石厚膜衬底存在一定翘曲，氮化镓膜中应力从界面处压应力逐渐减少其至转化为张应力。根据式（3-37）可知，膜中总的应力 σ_{rr} 在 GaN/蓝宝石界面处压应力的最大值随着远离界面距离 z 的增加而增加。由于晶片翘曲导致的张应力随膜厚度线性增加，故存在一个临界厚度 h_0 使得应力为零，如图 3-57（a）所示。

　　分离过程中能量释放速率 G 为压应力释放做的正功和张应力释放做的负功之和，即

$$G = \int_0^{h_0} \frac{1-\nu_f^2}{2E_f}(\sigma_{rr}-\sigma_a)^2 \mathrm{d}z - \int_{h_0}^{h_f} \frac{1-\nu_f^2}{2E_f}(\sigma_{rr}-\sigma_a)^2 \mathrm{d}z \qquad (3-38)$$

式中，σ_a 为对应于未分离半径 a 时 GaN 膜中应力，如图 3-57（b）所示。从式（3-38）可知，随着分离的进行，σ_a 趋于一个定值，如图 3-57（c）所示。对于不同厚度的 GaN 膜，应力的释放率随着膜厚增加而逐渐增加，对于脆性材料裂纹扩展，根据 Griffith 准则可知如果能量释放率大于断裂能量，裂纹就会扩

展。对于 GaN 材料，裂纹沿着 c 面的断裂韧度（fracture toughness）为 2.12 ± 0.21 MPa·m$^{1/2}$，对应的能量释放率为 13.82 ± 2.71 J/m^2，因此存在一个临界厚度 h_c，使得膜厚大于该值时才会发生完全分离，如图 3-57(d) 所示。

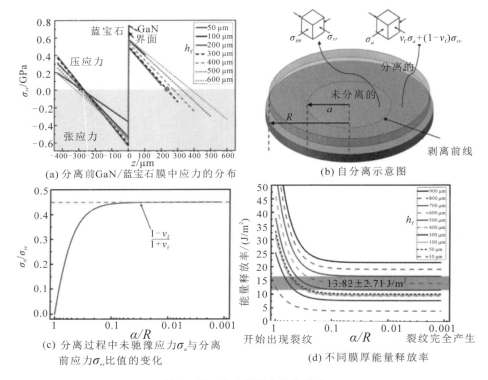

(a) 分离前 GaN/蓝宝石膜中应力的分布

(b) 自分离示意图

(c) 分离过程中未驰豫应力 σ_a 与分离前应力 σ_{rr} 比值的变化

(d) 不同膜厚能量释放率

图 3-57　应力诱导自分离技术

A. D. Williams 和 T. D. Moustakas[161] 以低温 GaN 作为缓冲层，在蓝宝石衬底上生长了厚度 200 μm～3.8 mm 的 GaN 厚膜，当生长完成后，在降温过程中 GaN 厚膜从蓝宝石衬底上自然剥离。进一步研究发现当减小 GaN 膜的厚度时（小于 200 μm），GaN 自分离衬底中出现大量的裂纹，而增加外延膜的厚度不仅可以抑制裂纹的产生，而且随着 GaN 厚度的增加，自分离的面积也随之增大，最终导致自支撑 GaN 衬底的完全分离。北京大学研究团队进一步深入研究了应力自分离的机制，理论模型研究发现存在一个最佳的厚度 500～700 μm，可以极大提高自分离的面积比例，实验证实在精确控制 GaN 膜的厚度在临界厚度附近，可使 2 英寸 GaN 完全分离率提高到 74%，如图 3-58

所示[162]。

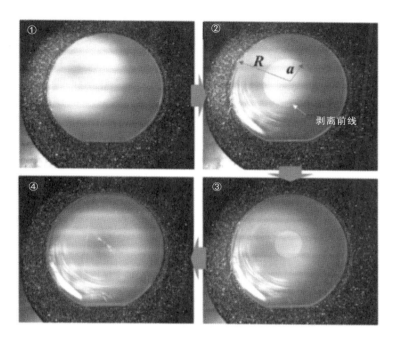

图 3-58　应力诱导自分离制备 GaN 衬底过程

2. 空洞辅助自分离

空洞辅助自分离的关键因素包括掩膜材料的选择及掩膜的几何形状和占空比的优化。由于生长界面存在大量空洞，在降温过程中受到热失配应力和晶片挠曲引入的应力，使得空洞沿着生长界面扩展连接，最终实现衬底的完全分离。2008 年，T. Yoshida 等人[163]采用 TiN 掩膜辅助形成空洞，首次成功地制备了 3 英寸长的无裂纹、自支撑 GaN 衬底。直径 3.2 英寸的厚 GaN 膜的分离难度相比较 2 英寸 GaN 并不大，且具有良好的重复性。C. Hennig 等人[164]应用 WSiN 掩膜材料，通过调整掩膜的占空比，成功从蓝宝石中分离出 2 英寸无裂纹自支撑 GaN 衬底。H. J. Lee 等人[165]在氮化的蓝宝石表面上，综合应用原位生长 NH_4Cl 层和低温缓冲层，经过高温退火获得了多孔缓冲层。T. Sato 等人[166]进一步在该多孔缓冲层进行厚膜高温生长，实现了直径 91 mm 自支撑 GaN 衬底的制备。L. Zhang 等人[167]在 N_2 气氛下使用原位退火 MOCVD 方法生长 GaN 薄膜，形成多孔结构，以此衬底作为 HVPE 生长的衬底，实现了

GaN 的自分离（如图 3-59 所示）。V. Nikolaev 等人[168]应用 Ni 作掩膜制备了 GaN 纳米柱缓冲层，实现了 2 英寸自支撑衬底。

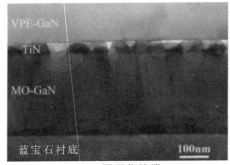

(a) TiN$_x$图形化掩膜

(b) WSiN图形化掩膜

(c) SiO$_2$图形化掩膜

(d) GaN纳米柱缓冲层

图 3-59　空洞辅助分离（Void Assisted Separation，VAS）技术

3. 界面弱连接自分离

实现 GaN 厚膜从蓝宝石衬底的界面弱连接处自分离包括两个关键步骤：首先在 GaN 与蓝宝石界面形成弱连接，其次通过降温或者外加应力实现两者的分离。实现弱连接的主要思路是基于二维材料中间层（包括石墨烯、氮化硼、碳纳米管阵列等）进行准范德华外延生长。

K. Chung 等人[170]首次报道了采用高密度、垂直排列的 ZnO（氧化锌）纳米线作为中间层，在 Graphene（石墨烯）层上异质外延 GaN 薄膜及 LED 结构，如图 3-60(a)所示。J. Kim 等人[171]进一步采用 SiC 衬底表面外延石墨烯作为外延起始界面，实现了石墨烯上 GaN 薄膜的直接范德华外延生长，GaN 薄膜可转移到任意的基底上，如图 3-60(b)所示。

① 氧等离子体处理石墨烯层

ZnO 纳米墙生长

TMGa

DEZn　　O₂

NH₃

GaN 薄膜生长

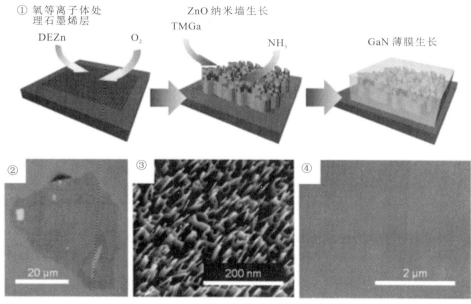

② 20 μm　③ 200 nm　④ 2 μm

(a) GaN/ZnO/Graphene外延结构示意图及表面形貌

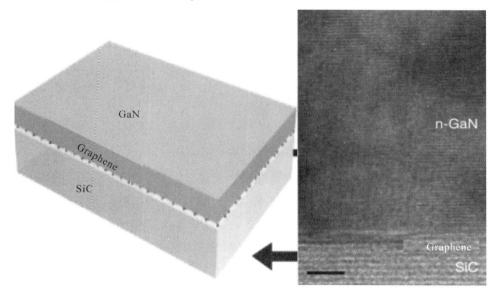

GaN

Graphene

SiC

n-GaN

Graphene

SiC

(b) GaN/Graphene/SiC外延膜示意图与截面TEM高分辨像

图 3-60　石墨烯上外延 GaN

3.5.2 激光剥离

GaN 衬底的激光剥离(Laser Lift-Off，LLO)是指利用高能激光的热效应来热分解界面处的 GaN 材料，从而实现 GaN 厚膜与蓝宝石衬底分离。图 3-61[172] 为激光剥离的示意图和能带图。一束能量高于 GaN 材料禁带宽度(3.4 eV)而低于蓝宝石禁带宽度(9.9 eV)的紫外激光(248 nm，5.0 eV)，透过蓝宝石被界面处一个吸收深度大约为 100 nm 的薄层 GaN 材料吸收，在极短的时间范围内，这一薄层 GaN 材料被加热到很高的温度，当温度达到或超过 GaN 分解阈值时，界面处 GaN 发生分解形成液 Ga 和氮气，实现了 GaN 与蓝宝石的分离。

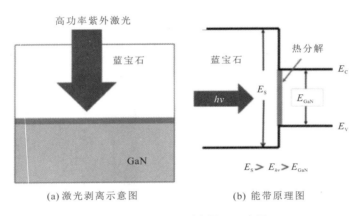

(a) 激光剥离示意图　　　　　(b) 能带原理图

图 3-61　LLO 剥离原理示意图

激光剥离装置主要包括三个部分：光源、机械控制台和加热台，如图3-62所示。光源部分主要包括激光器、匀化器、狭缝、反射镜和聚光镜，目的是得到一束能量分布均匀、光斑可调的激光束；机械控制台主要包括平移台(控制 X、Y 方向步进)和旋转台(控制旋转的步进，包括等线速度或等角速度)；加热台主要用于对 GaN/蓝宝石衬底加温以释放热失配应力。首先将 GaN/蓝宝石厚膜倒置在加热台上，加热到 750~800℃。在旋转台和平移台的配合控制下，激光光斑采用从边缘向中心以等线速度的方式螺旋扫描。为了保证扫描过程中所有的地方都能被激光辐照到，所有试验采用 30% 的重复率。所采用的紫外脉冲 KrF 激光(COHERENT LSX 200K)的中心波长为 248 nm，脉冲半高峰宽为 25 ns，最高的功率密度为 600 mJ/cm²。原始激光束在限束器和匀化器的作用后形成一束能量分布均匀的光斑，光斑大小为 3 mm×3 mm。激光剥离完后，在大于 Ga 金属熔点 30℃的温度下保温去除蓝宝石，然后将自支撑 GaN 衬底放入 50％的盐酸溶液（HCl：H₂O＝1：1 体积比）中去除残留在 N 极性面的 Ga 金属。

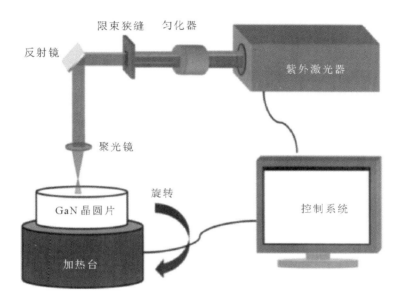

图 3－62　激光剥离装置示意图

　　控制裂纹的产生是激光剥离技术的关键。裂纹的产生有两个来源，一个是热应力的释放，另一个是激光诱导的冲击力。X. J. Su 等人[173]研究发现激光剥离后 N 极性面有许多裂纹，根据裂纹的分布特征和裂纹的扩展路径可以分为两大类裂纹：位于基平面(0001̄)上的横向裂纹(LCs)和位于非极性面{11̄00}上的纵向裂纹(PCs)。其中纵向裂纹又可以分为两小类：单独存在于{11̄00}极性面上的 Ⅰ 型裂纹(PC Ⅰ)和伴随着横向裂纹的 Ⅱ 型裂纹(PC Ⅱ)，PC Ⅱ 纵向裂纹总是位于横向裂纹的最前缘处，并且其扩展的源头位于横向裂纹的最前缘处。将激光辐照产生的冲击波引起的应力保持在 GaN 的损伤阈值以下，可以有效地避免 LLO 过程中裂纹的产生。K. Xu 等人[174]自主研发了 LLO 设备，实现了 4 英寸自支撑 GaN 与蓝宝石的激光剥离分离，如图 3－63 所示。

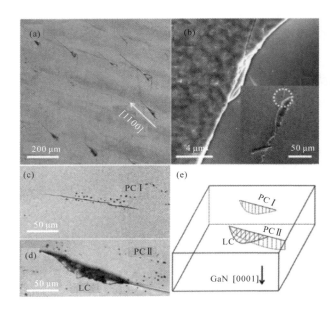

图 3 - 63　激光剥离过程中裂纹

3.6　发展趋势

　　尽管利用 HVPE 生长制备 GaN 单晶衬底是目前商业化生产 GaN 单晶衬底的主要方法，但是面向未来的产业发展需要，仍需要在进一步降低位错密度、降低成本等方面取得更大的突破。为了应对上述挑战，进一步结合 HVPE 生长技术、氨热法、助熔剂法，实现更大尺寸、更低成本、更高质量的 GaN 单晶衬底，将是重要的发展趋势。

参考文献

［1］　MARINACE J C. Epitaxial vapor growth of Ge single crystals in a closed-cycle process ［J］. IBM Journal of Research and Development，1960，4（3）：248 - 255.

［2］　KNIGHT J R，EFFER D，EVANS P R. The preparation of high purity gallium arsenide by vapor phase epitaxial growth［J］. Solid-State Electron，1965，8（2）：178 - 180.

［3］　OLDHAM W G. Vapor growth of GaP on GaAs substrates［J］. Journal of Applied Physics，1965，36(9)：2887 - 2890.

［4］　MOEST R R，SHUPP B R. Preparation of epitaxial GaAs and GaP films by vapor phase reaction［J］. Journal of the Electrochemical Society，1962，109(11)：1061 - 1065.

［5］　TIETJEN J J，AMICK J A. The preparation and properties of vapor-deposited Epitaxial $GaAs_{1-x}P_x$ using arsine and phosphine［J］. Journal of the Electrochemical Society，1966，113：724.

［6］　MARUSKA H P，TIETJEN J J. The preparation and properties of vapor-deposited single-crystal-line GaN［J］. Applied Physics Letters，1969，15(10)：327 - 329.

［7］　杨树人，丁墨元. 外延生长技术［M］. 北京：国防工业出版社，1992.

［8］　YU H Q. The impact of Ⅴ/Ⅲ ratio on GaN growth by HVPE［J］. Advanced Materials Research，2014，834：221 - 224.

［9］　修向前，张荣，李杰，等. 额外 HCl 和氮化对 HVPE GaN 生长的影响［J］. 半导体学报（英文版），2003，24(11)：1171 - 1175.

［10］　DHANARAJ G，BYRAPPA K，PRASAD V，et al. Springer handbook of crystal growth［M］. Heidelberg：Springer，2010.

［11］　SEIFERT W，FITZL G，BUTTER E. Study on the growth rate in VPE of GaN［J］. Journal of Crystal Growth，1981，52(part-P1)：257 - 262.

［12］　MOLNAR R J. Chapter 1 hydride vapor phase epitaxial growth of III-V Nitrides［J］. Semiconductors and Semimetals，1998，57：1 - 31.

［13］　MARUSKA H P，TIETJEN J J. The preparation and properties of vapor-deposited single-crystal-line GaN［J］. Applied Physics Letters，1969，15(10)：327 - 329.

［14］　HAN X F，HUR M J，LEE J H，et al. Numerical simulation of the Gallium Nitride thin film layer grown on 6-inch wafer by commercial multi-wafer hydride vapor phase epitaxy［J］. Journal of Crystal Growth，2014，406(15)：53 - 58.

［15］　BAN V S. Mass spectrometric studies of vapor-phase crystal growth［J］. Journal of the Electrochemical Society，1972，119(6)：761 - 765.

［16］　HEMMINGSSON C，PASKOVA P，POZINA G，et al. Growth of bulk GaN in a vertical hydride vapour phase epitaxy reactor［J］. Superlattices & Microstructures，2006，40(4 - 6)：205 - 213.

［17］　KARPOV S Y，PROKOFYEV V G，TAKOVLEV E V，et al. Novel approach to simulation of group-III Nitrides growth by MOVPE［J］. MRS Internet Journal of Nitride Semiconductor Research，1999，4(1)：1 - 7.

［18］　STR GROUP. CGSIM material data base, v. 8. 12［DB］. St. Petersburg, Russia，2009，45.

［19］ SCHINELLER B，KAEPPELER J，HEUKEN M. Vertical-HVPE as a production method for free-standing GaN-substrates ［C］. International Conference on Compound Semiconductor Manufacturing Technology，2007：123 - 126.

［20］ KARPOV S Y，ZIMINA D V，MAKAROV Y N，et al. Modeling study of hydride vapor phase epitaxy of GaN［J］. Physica Status Solidi (a)，1999，176(1)：439 - 442.

［21］ CADORET R，TRASSOUDAINE A. Growth of Gallium Nitride by HVPE［J］. Journal of Physics Condensed Matter，2001，13(32)：6893.

［22］ TRASSOUDAINE A，CADORET R，GIL-LAFON E. Temperature influence on the growth of Gallium Nitride by HVPE in a mixed H_2/N_2 carrier gas-science direct［J］. Journal of Crystal Growth，2004，260(1 - 2)：7 - 12.

［23］ CADORET R. Growth mechanisms of (001) GaN substrates in the hydride vapour-phase method：Surface diffusion，spiral growth，H_2 and $GaCl_3$ mechanisms［J］. Journal of Crystal Growth，1999，205(1 - 2)：123 - 135.

［24］ AUJOL E，NAPIERALA J，TRASSOUDAINE A. Thermodynamical and kinetic study of the GaN growth by HVPE under Nitrogen［J］. Journal of Crystal Growth，2001，222(3)：538 - 548.

［25］ SEGAL A，KONDRATYEV A，KARPOV S，et al. Surface chemistry and transport effects in GaN hydride vapor phase epitaxy［J］. Journal of Crystal Growth，2004，270 (3 - 4)：384 - 395.

［26］ DAM C E C，GRZEGORCZYK A P，HEAGEMAN P R，et al. The effect of HVPE reactor geometry on GaN growth rate：experiments versus simulations［J］. Journal of Crystal Growth，2004，271(1 - 2)：192 - 199.

［27］ DAM C E C，BOHNEN T，KLEIJN C R，et al. Scaling up a horizontal HVPE reactor ［J］. Surface and Coatings Technology，2007，201(22 - 23)：8878 - 8883.

［28］ 孟兆祥. 用于 GaN 材料制备的 HVPE 外延系统反应室模拟 ［D］. 上海：中国科学院研究生院（上海微系统与信息技术研究所），2003.

［29］ WANG W N，STEPANOV S I. Deposition technique for producing high quality compound semiconductor materials：U. S. Patent 7，906，411［P］. 2011 - 3 - 15.

［30］ RECHTER E，HENNIG CH，WEYERS M，et al. Reactor and growth process optimization for growth of thick GaN layers on sapphire substrates by HVPE［J］. Journal of Crystal Growth，2005，277(1 - 4)：6 - 12.

［31］ LAN W C，TSAI C D，LAN C W. The effects of shower head orientation and substrate position on the uniformity of GaN growth in a HVPE reactor［J］. Journal of the Taiwan Institute of Chemical Engineers，2009，40(4)：475 - 478.

［32］ WU J，ZHAO L，WEN D，et al. New design of nozzle structures and its effect on the surface and crystal qualities of thick GaN using a horizontal HVPE reactor[J]. Applied Surface Science, 2009, 255(11): 5926 – 5931.

[33] ATTOLINI G, CARRÀ S, DI MUZIO F, et al. A vertical reactor for deposition of gallium nitride[J]. Materials Chemistry and Physics, 2000, 66(2 – 3): 213 – 218.

[34] MONEMAR B, LARSSON H, HEMMINGSSON C, et al. Growth of thick GaN layers with hydride vapour phase epitaxy[J]. Journal of Crystal Growth, 2005, 281 (1): 17 – 31.

[35] SAFVI S A, PERKINS N R, HORTON M N, et al. Effect of reactor geometry and growth parameters on the uniformity and material properties of GaNsapphire grown by hydride vapor – phase epitaxy[J]. Journal of Crystal Growth, 1997, 182(3 – 4): 233 – 240.

[36] LIU N, WU J, LI W, et al. Highly uniform growth of 2-inch GaN wafers with a multi-wafer HVPE system[J]. Journal of Crystal Growth, 2014, 388: 132 – 136.

[37] KISIELOWSKI C, KRUGER J, RUVIMOV S, et al. Strain-related phenomena in GaN thin films[J]. Physical Review B, Condensed Matter, 1996, 54(24): 17745 – 17753.

[38] AGER J W, CONTI G, ROMANO L T, et al. Stress gradients in heteroepitaxial gallium nitride films [J]. MRS Online Proceedings Library, 1997, 482: 61 – 66.

[39] OLSEN G H, ETTENBERG M. Calculated stresses in multilayered heteroepitaxial structures[J]. Journal of Applied Physics, 1977, 48(6): 2543 – 2547.

[40] PASKOVA T, DARAKCHIEVA V, VALCHEVA E, et al. Hydride vapor-phase epitaxial GaN thick films for quasi-substrate applications: Strain distribution and wafer bending[J]. Journal of Electronic Materials, 2004, 33(5): 389 – 394.

[41] LIU J Q, WANG J F, QIU Y X, et al. Determination of the tilt and twist angles of curved GaN layers by high-resolution X-ray diffraction[J]. Semiconductor Science and Technology, 2009, 24(12): 125007.

[42] PASKOVA T, BECKER L, BOTTCHER T, et al. Effect of sapphire-substrate thickness on the curvature of thick GaN films grown by hydride vapor phase epitaxy [J]. Journal of Applied Physics, 2007, 102(12): 123507.

[43] HIRAMATSU K, AKASAKI T D. Relaxation mechanism of thermal stresses in the heterostructure of GaN grown on sapphire by vapor phase epitaxy [J]. Japanese Journal of Applied Physics, 1993, 32(4R): 1528 – 1533.

[44] LI M, CHENG Y, YU T, et al. Critical thickness of GaN film in controllable stress-induced self-separation for preparing native GaN substrates[J]. Materials & Design, 2019, 180: 107985.

[45] OSHIMA Y, ERI T, SHIBATA M, et al. Fabrication of freestanding GaN wafers by hydride vapor-phase epitaxy with void-assisted separation[J]. Physica Status Solidi (a), 2002, 194(2): 554 – 558.

[46] WILLIAMS A D, MOUSTAKAS T D. Formation of large-area freestanding gallium nitride substrates by natural stress-induced separation of GaN and sapphire[J]. Journal of Crystal Growth, 2007, 300(1): 37 – 41.

[47] HABEL F, BRUCKNER P, TSAY J D, et al. Hydride vapor phase epitaxial growth of thick GaN layers with improved surface flatness[J]. Physica Status Solidi (C), 2005, 2(7): 2049 – 2052.

[48] GOGOVA D, LARSSON H, KASIC A, et al. High-quality 2″ bulk-like free-standing GaN grown by hydride vapour phase epitaxy on a Si-doped metal organic vapour phase epitaxial GaN template with an ultra low dislocation density[J]. Japanese Journal of Applied Physics, 2005, 44(3R): 1181 – 1185.

[49] MONEMAR B, LARSSON H, HEMMINGSSON C, et al. Growth of thick GaN layers with hydride vapour phase epitaxy[J]. Journal of Crystal Growth, 2005, 281(1): 17 – 31.

[50] AIDA H, KOYAMA K, MARTIN D, et al. Growth of thick GaN layers by hydride vapor phase epitaxy on sapphire substrate with internally focused laser processing[J]. Applied Physics Express, 2013, 6(3): 035502.

[51] HU Q, WEI T B, DUAN R F, et al. Characterization of thick GaN films directly grown on wet-etching patterned sapphire by HVPE[J]. Chinese Physics Letters, 2009, 26(9): 096801.

[52] PASKOVA T, VALCHEVA E, BIRCH J, et al. Defect and stress relaxation in HVPE-GaN films using high temperature reactively sputtered AlN buffer[J]. Journal of Crystal Growth, 2001, 230(3 – 4): 381 – 386.

[53] PASKOVA T, PASKOV P P, DARAKCHIEVA V, et al. Defect reduction in HVPE growth of GaN and related optical spectra[J]. Physica Status Solidi (a), 2001, 183 (1): 197 – 203.

[54] NIKITINA I P, SHEGLOV M P, MELNIK Y V, et al. Residual strains in GaN grown on 6H-SiC[J]. Diamond and Related Materials, 1997, 6(10): 1524 – 1527.

[55] AKSYANOV I G, BESSOLOV V N, ZHILYAEV Y V, et al. Chloride vapor-phase epitaxy of gallium nitride on silicon: Effect of a silicon carbide interlayer[J]. Technical Physics Letters, 2008, 34(6): 479 – 482.

[56] GOTO H, LEE W H, KINOMOTO J, et al. Growth and characterization of HVPE GaN on c-sapphire with CrN buffer layer[J]. Compound Semiconductors, 2004,

2005：369 - 372.

[57] MOLNAR R J，GOTZ W，ROMANO L T，et al. Growth of gallium nitride by hydride vapor-phase epitaxy[J]. Journal of Crystal Growth，1997，178(1 - 2)：147 - 156.

[58] DAM C E C，GRZEGORCZYK A P，HAGEMAN P R，et al. Method for HVPE growth of thick crack-free GaN layers[J]. Journal of Crystal Growth，2006，290(2)：473 - 478.

[59] NAPIERALA J，MARTIN D，GRANDJEAN N，et al. Stress control in GaN/sapphire templates for the fabrication of crack-free thick layers[J]. Journal of Crystal Growth，2006，289(2)：445 - 449.

[60] LEE H J，LEE S W，GOTO H，et al. Free standing GaN layers with GaN nanorod buffer layer[J]. Physica Status Solidi(c)，2007，4(7)：2268 - 2271.

[61] NIKOLAEV V，GOLOVATENKO A，MYNBAEVA M，et al. Effect of nano-column properties on self-separation of thick GaN layers grown by HVPE[J]. Physica Status Solidi (c)，2014，11(3-4)：502 - 504.

[62] LEE M，MIKULIK D，PARK S. Thick GaN growth via GaN nanodot formation by HVPE[J]. Crystengcomm，2017，19(6)：930 - 935.

[63] ZHANG L，SHAO Y，HAO X，et al. Improvement of crystal quality HVPE grown GaN on an H_3PO_4 etched template[J]. Crystengcomm，2011，13(15)：5001 - 5004.

[64] USUI A，SUNAKAWA H，SAKAI A，et al. Thick GaN epitaxial growth with low dislocation density by hydride vapor phase epitaxy[J]. Japanese Journal of Applied Physics Part 2-Letters，1997，36(7B)：L899 - L902.

[65] USUI A. Bulk GaN crystal with low defect density grown by hydride vapor phase epitaxy [J]. MRS Online Proceedings Library，1997，482：317 - 328.

[66] HENNIG C，RICHTER E，ZEIMER U，et al. Bowing of thick GaN layers grown by HVPE using ELOG[J]. Physica Status Solidi (c)，2006，3(6)：1466 - 1470.

[67] PASKOVA T，VALCHEVA E，PASKOV P P，et al. HVPE-GaN：comparison of emission properties and microstructure of films grown on different laterally overgrown templates[J]. Diamond and Related Materials，2004，13(4 - 8)：1125 - 1129.

[68] FUJIKURA H，YOSHIDA T，SHIBATA M，et al. Recent progress of high-quality GaN substrates by HVPE method [C]. Gallium Nitride Materials and Devices Xii. International Society for Optics and Photonics，2017，10104：1010403.

[69] HIRAMATSU K，MATSUSHIMA H，SHIBATA T，et al. Selective area growth of GaN by MOVPE and HVPE [J]. MRS Online Proceedings Library，1997，482：334 - 345.

［70］ HUANG H H，CHAO C L，CHI T W，et al. Strain-reduced GaN thick-film grown by hydride vapor phase epitaxy utilizing dot air-bridged structure［J］. Journal of Crystal Growth，2009，311(10)：3029 - 3032.

［71］ LUO W，WU J，GOLDSMITH J，et al. The growth of high-quality and self-separation GaN thick-films by hydride vapor phase epitaxy［J］. Journal of Crystal Growth，2012，340(1)：18.

［72］ RICHTER E，HENNIG C，WEYERS M，et al. Reactor and growth process optimization for growth of thick GaN layers on sapphire substrates by HVPE［J］. Journal of Crystal Growth，2005，277(1 - 4)：6 - 12.

［73］ RICHTER E，HENNIG C，KISSEL H，et al. Growth optimization for thick crack-free GaN layers on sapphire with HVPE［J］. Physica Status Solidi (c)，2005，2(7)：2099 - 2103.

［74］ BOHYAMA S，YOSHIKAWA K，NAOI H，et al. High quality GaN grown by raised-pressure HVPE［J］. Physica Status Solidi (a)，2002，194(2)：528 - 31.

［75］ LUO W，WU J，GOLDSMITH J，et al. The growth of high-quality and self-separation GaN thick-films by hydride vapor phase epitaxy［J］. Journal of Crystal Growth，2012，340(1)：18 - 22.

［76］ VALCHEVA E，PASKOVA T，PERSSON P O A，et al. Misfit defect formation in thick GaN layers grown on sapphire by hydride vapor phase epitaxy［J］. Applied Physics Letters，2002，80(9)：1550 - 2.

［77］ WEI T B，MA P，DUAN R F，et al. Columnar structures and stress relaxation in thick GaN films grown on sapphire by HVPE［J］. Chinese Physics Letters，2007，24(3)：822 - 824.

［78］ HUANG H H，CHEN K M，TU L W，et al. A novel technique for growing crack-free GaN thick film by hydride vapor phase epitaxy［J］. Japanese Journal of Applied Physics，2008，47(11)：8394 - 8396.

［79］ VORONENKOV V V，BOCHKAREVA N I，GORBUNOV R I，et al. Two modes of HVPE growth of GaN and related macrodefects［J］. Physica Status Solidi(c)，2013，10(3)：468 - 471.

［80］ TSYUK A，GORBUNOV R，VORONENKOV V，et al. Effect of growth parameters on stress in HVPE GaN films ［J］. ECS Transactions，2011，35(6)：73 - 81.

［81］ LEE H J，GOTO T，FUJII K，et al. Novel approach to the fabrication of a strain- and crack-free GaN free-standing template：Self-separation assisted by the voids spontaneously formed during the transition in the preferred orientation［J］. Journal of Crystal Growth，2010，312(2)：198 - 201.

[82] GENG H，YAMAGUCHI A A，SUNAKAWA H，et al. Residual strain evaluation by cross-sectional micro-reflectance spectroscopy of freestanding GaN grown by hydride vapor phase epitaxy［J］. Japanese Journal of Applied Physics，2011，50 (1S1)：01AC01.

[83] LEE M，MIKULIK D，KIM J，et al. A novel growth method of freestanding GaN using In situ removal of Si substrate in hydride vapor phase epitaxy［J］. Applied Physics Express，2013，6(12)：125502.

[84] JASINSKI J，LILIENTAL-WEBER Z. Extended defects and polarity of hydride vapor phase epitaxy GaN［J］. Journal of Electronic Materials，2002，31(5)：429－436.

[85] RICHTER E，GRUENDER M，NETZEL C，et al. Growth of GaN boules via vertical HVPE［J］. Journal of Crystal Growth，2012，350(1)：89－92.

[86] LEE C K，CHEN Y B，CHANG S C，et al. Micro-photoluminescence from V-shape inverted pyramid in HVPE grown GaN film［J］. MRS Online Proceedings Library，2002，722(1)：121－126.

[87] ZHANG Y M，WANG J F，ZHENG S N，et al. Optical and electrical characterizations of the V-shaped pits in Fe-doped bulk GaN［J］. Applied Physics Express，2019，12(7)：074002.

[88] ZHANG Y，WANG J，SU X，et al. Investigation of pits in Ge-doped GaN grown by HVPE［J］. Japanese Journal of Applied Physics，2019，58(12)：120910.

[89] WEI T B，DUAN R F，WANG J X，et al. Characterization of free-standing GaN substrate grown through hydride vapor phase epitaxy with a TiN interlayer［J］. Applied Surface Science，2007，253(18)：7423－7428.

[90] WU J，ZHAO L，WEN D，et al. New design of nozzle structures and its effect on the surface and crystal qualities of thick GaN using a horizontal HVPE reactor［J］. Applied Surface Science，2009，255(11)：5926－5631.

[91] RICHTER E，ZEIMER U，BRUNNER F，et al. Boule-like growth of GaN by HVPE ［J］. Physica Status Solidi(c)，2010，7(1)：28－31.

[92] LEE W，LEE H J，PARK S H，et al. Cross sectional CL study of the growth and annihilation of pit type defects in HVPE grown（0001）thick GaN［J］. Journal of Crystal Growth，2012，351(1)：83－87.

[93] SRIKANT V，SPECK J S，CLARKE D R. Mosaic structure in epitaxial thin films having large lattice mismatch［J］. Journal of Applied Physics，1997，82（9）：4286－4295.

[94] CHIERCHIA R，BOTTCHER T，HEINKE H，et al. Microstructure of heteroepitaxial GaN revealed by X-ray diffraction［J］. Journal of Applied Physics，2003，93（11）：8918－8925.

［95］ LIU J Q，QIU Y X，WANG J F，et al. High-resolution X-ray diffraction studies of highly curved GaN layers prepared by hydride vapor phase epitaxy[J]. Proceedings of SPIE：The International Society for Optical Engineering，2009，7518：75180G － 8.

［96］ WEYHER J L，LAZAR S，MACHT L，et al. Orthodox etching of HVPE-grown GaN [J]. Journal of Crystal Growth，2007，305(2)：384 － 392.

［97］ USAMI S，ANDO Y，TANAKA A，et al. Correlation between dislocations and leakage current of p-n diodes on a free-standing GaN substrate[J]. Applied Physics Letters，2018，112(18)：182106.

［98］ KAPOLNEK D，WU X H，HEYING B，et al. Structural evolution in epitaxial metalorganic chemical vapor deposition grown GaN films on Sapphire[J]. Applied Physics Letters，1995，67(11)：1541 － 1543.

［99］ AMANO H，SAWAKI N，AKASAKI I，et al. Metalorganic vapor phase epitaxial growth of a high quality GaN film using an AlN buffer layer[J]. Applied Physics Letters，1986，48(5)：353 － 355.

［100］ NAKAMURA S，SENOH M，NAGAHAMA S，et al. Continuous-wave operation of InGaN/GaN/AlGaN-based laser diodes grown on GaN substrates［J］. Applied Physics Letters，1998，72(16)：2014 － 2016.

［101］ MOLNAR R J，MAKI P，AGGARWAL R，et al. Gallium nitride thick films grown by hydride vapor phase epitaxy [J]. MRS Online Proceedings Library，1996，423 (1)：221 － 226.

［102］ TAVERNIER P R，ETZKORN E V，WANG Y，et al. Two-step growth of high-quality GaN by hydride vapor-phase epitaxy[J]. Applied Physics Letters，2000，77 (12)：1804 － 1806.

［103］ KIM M D，KIM T W. Improvement of the crystallinity of GaN epitaxial films grown on sapphire substrates due to the use of AlN quantum dot buffer layers[J]. Journal of Materials Science，2005，40(20)：5533 － 5535.

［104］ SAKAI A，SUNAKAWA H，USUI A. Defect structure in selectively grown GaN films with low threading dislocation density[J]. Applied Physics Letters，1997，71(16)：2259 － 2261.

［105］ LIPSKI F，WUNDERER T，SCHWAIGER S，et al. Fabrication of freestanding 2″-GaN wafers by hydride vapour phase epitaxy and self-separation during cooldown[J]. Physica Status Solidi (a)，2010，207(6)：1287 － 1291.

［106］ MOTOKI K，OKAHISA T，MATSUMOTO N，et al. Preparation of large freestanding GaN substrates by hydride vapor phase epitaxy using GaAs as a starting substrate[J]. Japanese Journal of Applied Physics Part 2-Letters & Express Letters，

2001，40(2B)：L140 - L143.

[107]　MOTOKI K，OKAHISA T，HIROTA R，et al. Dislocation reduction in GaN crystal by advanced-DEEP[J]. Journal of Crystal Growth，2007，305(2)：377 - 383.

[108]　OSHIMA Y，ERI T，SHIBATA M，et al. Preparation of freestanding GaN wafers by hydride vapor phase epitaxy with void-assisted separation[J]. Japanese Journal of Applied Physics Part 2-Letters，2003，42(1A - B)：L1 - L3.

[109]　GENG H，SUNAKAWA H，SUMI N，et al. Growth and strain characterization of high quality GaN crystal by HVPE[J]. Journal of Crystal Growth，2012，350(1)：44 - 49.

[110]　FUJITO K，KUBO S，NAGAOKA H，et al. Bulk GaN crystals grown by HVPE [J]. Journal of Crystal Growth，2009，311(10)：3011 - 3014.

[111]　GU H，REN G Q，ZHOU T F，et al. Study of optical properties of bulk GaN crystals grown by HVPE[J]. Journal of Alloys and Compounds，2016，674：218 - 222.

[112]　MARUSKA H P，TIETJEN J J. Preparation and properties of vapor-deposited single-crystalline GaN[J]. Applied Physics Letters，1969，15(10)：327 - 329.

[113]　FUJIKURA H，KONNO T，YOSHIDA T，et al. Hydride-vapor-phase epitaxial growth of highly pure GaN layers with smooth as-grown surfaces on freestanding GaN substrates[J]. Japanese Journal of Applied Physics，2017，56(8)：085503.

[114]　XU K，WANG J F，REN G Q. Progress in bulk GaN growth[J]. Chinese Physics B，2015，24(6)：066105.

[115]　GU H，REN G Q，ZHOU T F，et al. The electrical properties of bulk GaN crystals grown by HVPE[J]. Journal of Crystal Growth，2016，436：76 - 81.

[116]　ELSNER J，JONES R，HEGGIE M I，et al. Deep acceptors trapped at threading-edge dislocations in GaN[J]. Physical Review B，1998，58(19)：12571 - 12574.

[117]　KANG T S，REN F，GILA B P，et al. Investigation of traps in AlGaN/GaN high electron mobility transistors by sub-bandgap optical pumping[J]. Journal of Vacuum Science & Technology B，2015，33(6)：061202.

[118]　SHALISH I，KRONIK L，SEGAL C，et al. Yellow luminescence and related deep levels in unintentionally doped GaN films[J]. Physical Review B，1999，59(15)：9748 - 9751.

[119]　NAKAMURA S，MUKAI T，SENOH M. Si-doped and Ge-doped GaN films grown with GaN buffer layers[J]. Japanese Journal of Applied Physics，1992，31(9A)：2883 - 2888.

[120]　FOMIN A V，NIKOLAEV A E，NIKITINA I P，et al. Properties of Si-doped GaN

layers grown by HVPE[J]. Physica Status Solidi (a)，2001，188(1)：433 − 437.

[121] USUI A，SUNAKAWA H，KURODA N，et al. Recent progress in epitaxial lateral overgrowth technique for growing bulk GaN by HVPE ［M］. Tokyo：Ohmsha Ltd，1998.

[122] OSHIMA Y，YOSHIDA T，ERI T，et al. Thermal and electrical properties of high-quality freestanding GaN wafers with high carrier concentration[J]. Japanese Journal of Applied Physics，2006，45(10A)：7685.

[123] RICHTER E，HENNIG C，ZEIMER U，et al. N-type doping of HVPE-grown GaN using dichlorosilane[J]. Physica Status Solidi (a)，2006，203(7)：1658 − 1662.

[124] HOFMANN P，RODER C，HABEL F，et al. Silicon doping of HVPE GaN bulk-crystals avoiding tensile strain generation［J］. Journal of Physics D，2016，49(7)：75505.

[125] IWINSKA M，SOCHACKI T，AMILUSIK M，et al. Homoepitaxial growth of HVPE-GaN doped with Si[J]. Journal of Crystal Growth，2016，456：91 − 96.

[126] PARK H J，KIM H Y，BAE J Y，et al. Control of the free carrier concentrations in a Si-doped freestanding GaN grown by hydride vapor phase epitaxy[J]. Journal of Crystal Growth，2012，350(1)：85 − 88.

[127] DADGAR A，VEIT P，SCHULZE F，et al. MOVPE growth of GaN on Si：Substrates and strain[J]. Thin Solid Films，2007，515(10)：4356 − 4361.

[128] ROMANOV A E，SPECK J S. Stress relaxation in mismatched layers due to threading dislocation inclination[J]. Applied Physics Letters，2003，83(13)：2569 − 2571.

[129] CANTU P，WU F，WALTEREIT P，et al. Role of inclined threading dislocations in stress relaxation in mismatched layers[J]. Journal of Applied Physics，2005，97(10)：103534.

[130] FRITZE S，DADGAR A，WITTE H，et al. High Si and Ge n-type doping of GaN doping：Limits and impact on stress ［J］. Applied Physics Letters，2012，100(12)：122104.

[131] MARKURT T，LYMPERAKIS L，NEUGEBAUER J，et al. Blocking growth by an electrically active subsurface layer：The effect of Si as an antisurfactant in the growth of GaN[J]. Physical Review Letters，2013，110(3)：036103.

[132] NENSTIEL C，BUGLER M，CALLSEN G，et al. Germanium -the superior dopant in n-type GaN[J]. Physica Status Solidi(Rapid Research Letters)，2015，9(12)：716 − 721.

[133] GOTZ W，KERN R S，CHEN C H，et al. Hall-effect characterization of Ⅲ-Ⅴ

nitride semiconductors for high efficiency light emitting diodes[J]. Materials Science and Engineering B，1999，59(1 - 3)：211 - 217.

[134]　GOTZ W，JOHNSON N M，CHEN C，et al. Activation energies of Si donors in GaN [J]. Applied Physics Letters，1996，68(22)：3144 - 3146.

[135]　OSHIMA Y，YOSHIDA T，WATANABE K，et al. Properties of Ge-doped，high-quality bulk GaN crystals fabricated by hydride vapor phase epitaxy[J]. Journal of Crystal Growth，2010，312(24)：3569 - 3573.

[136]　FRITZE S，DADGAR A，WITTE H，et al. High Si and Ge n-type doping of GaN doping：limits and impact on stress[J]. Applied Physics Letters，2012，100 (12)：122104.

[137]　WIENEKE M，WITTE H，LANGE K，et al. Ge as a surfactant in metal-organic vapor phase epitaxy growth of a-plane GaN exceeding carrier concentrations of 10^{20} cm^{-3}[J]. Applied Physics Letters，2013，103(1)：012103.

[138]　HOFMANN P，KRUPINSKI M，HABEL F，et al. Novel approach for n-type doping of HVPE gallium nitride with germanium[J]. Journal of Crystal Growth，2016，450：61 - 65.

[139]　IWINSKA M，TAKEKAWA N，IVANOV V Y，et al. Crystal growth of HVPE-GaN doped with germanium[J]. Journal of Crystal Growth，2017，480：102 - 107.

[140]　VAUDO R P，XU X P，SALANT A，et al. Characteristics of semi-insulating，Fe-doped GaN substrates[J]. Physica Status Solidi (a)，2003，200(1)：18 - 21.

[141]　RICHTER E，GRIDNEVA E，WEYERS M，et al. Fe-doping in hydride vapor-phase epitaxy for semi-insulating gallium nitride[J]. Journal of Crystal Growth，2016，456：97 - 100.

[142]　FUJIKURA H，KONNO T，YOSHIDA T，et al. Hydride-vapor-phase epitaxial growth of highly pure GaN layers with smooth as-grown surfaces on freestanding GaN substrates[J]. Japanese Journal of Applied Physics，2017，56(8)：085503.

[143]　KUBOTA M，ONUMA T，ISHIHARA Y，et al. Thermal stability of semi-insulating property of Fe-doped GaN bulk films studied by photoluminescence and monoenergetic positron annihilation techniques[J]. Journal of Applied Physics，2009，105(8)：083542.

[144]　GLADKOV P，HUMLICEK J，HULICIUS E，et al. Effect of Fe doping on optical properties of freestanding semi-insulating HVPE GaN：Fe[J]. Journal of Crystal Growth，2010，312(8)：1205 - 1209.

[145]　FANG Z Q，CLAFLIN B，LOOK D C，et al. Deep centers in semi-insulating current topics in solid state physics Fe-doped native GaN substrates grown by hydride vapour

phase epitaxy[J]. Physica Status Solidi(c), 2008, 5(6): 1508 – 1511.

[146] JARASIUNAS K, KADYS A, ALEKSIEJUNAS R, et al. Optical nonlinearities and carrier dynamics in semi-insulating crystals[J]. Physica Status Solidi (c), 2009, 6(12): 2846 – 2848.

[147] FANG Y, WU X, YANG J, et al. Effect of Fe-doping on nonlinear optical responses and carrier trapping dynamics in GaN single crystals[J]. Applied Physics Letters, 2015, 107(5): 051901.

[148] DALPIAN G M, DA SILVA J L F, WEI S H. Ferrimagnetic Fe-doped GaN: An unusual magnetic phase in dilute magnetic semiconductors[J]. Physical Review B, 2009, 79(24): 241201.

[149] THEODOROPOULOU N, HEBARD A F, CHU S N G, et al. Use of ion implantation to facilitate the discovery and characterization of ferromagnetic semiconductors[J]. Journal of Applied Physics, 2002, 91(10): 7499 – 501.

[150] AKINAGA H, NEMETH S, DE BOECK J, et al. Growth and characterization of low-temperature grown GaN with high Fe doping[J]. Applied Physics Letters, 2000, 77(26): 4377 – 4379.

[151] ZHANG M, CAI D, ZHANG Y, et al. Investigation of the properties and formation process of a peculiar V-pit in HVPE-grown GaN film[J]. Materials Letters, 2017, 198: 12 – 15.

[152] WEI T B, DUAN R F, WANG J X, et al. Hillocks and hexagonal pits in a thick film grown by HVPE[J]. Microelectronics Journal, 2008, 39(12): 1556 – 1559.

[153] MONTES BAJO M, HODGES C, UREN M J, et al. On the link between electroluminescence, gate current leakage, and surface defects in AlGaN/GaN high electron mobility transistors upon off-state stress[J]. Applied Physics Letters, 2012, 101 (3): 033508.

[154] CHEN Y, TAKEUCHI T, AMANO H, et al. Pit formation in GaInN quantum wells[J]. Applied Physics Letters, 1998, 72(6): 710 – 712.

[155] LUCZNIK B, PASTUSZKA B, WEYHER J L, et al. Bulk GaN crystals and wafers grown by HVPE without intentional doping[J]. Physica Status Solidi (c), 2009, 6 (S2 2): S297 – S300.

[156] VORONENKOV V, BOCHKAREVA N, GORBUNOV R, et al. Nature of V-Shaped Defects in GaN [J]. Japanese Journal of Applied Physics, 2013, 52 (8S): 08JE14.

[157] ZHANG Y, WANG J, ZHENG S, et al. Optical and electrical characterizations of the V-shaped pits in Fe-doped bulk GaN[J]. Applied Physics Express, 2019, 12(7):

074002.

[158] PUZYREV Y S, SCHRIMPF R D, FLEETWOOD D M, et al. Role of Fe impurity complexes in the degradation of GaN/AlGaN high-electron-mobility transistors[J]. Applied Physics Letters, 2015, 106(5): 053505.

[159] AXELSSON O, BILLSTROM N, RORSMAN N, et al. Impact of trapping effects on the recovery time of GaN based low noise amplifiers[J]. IEEE Microwave and Wireless Components Letters, 2016, 26(1): 31-33.

[160] OSHIMURA Y, TAKEDA K, SUGIYAMA T, et al. AlGaN/GaN HFETs on Fe-doped GaN substrates[J]. Physica Status Solidi(c), 2010, 7(7-8): 1974-1976.

[161] WILLIAMS A D, MOUSTAKAS T D. Formation of large-area freestanding gallium nitride substrates by natural stress-induced separation of GaN and sapphire[J]. Journal of Crystal Growth, 2007, 300(1): 37-41.

[162] LI M, CHENG Y, YU T, et al. Critical thickness of GaN film in controllable stress-induced self-separation for preparing native GaN substrates[J]. Materials & Design, 2019, 180: 107985.

[163] YOSHIDA T, OSHIMA Y, ERI T, et al. Preparation of 3 inch freestanding GaN substrates by hydride vapor phase epitaxy with void-assisted separation[J]. Physica Status Solidi (a), 2008, 205(5): 1053-1055.

[164] HENNIG C, RICHTER E, WEYERS M, et al. Self-separation of thick two inch GaN layers grown by HVPE on sapphire using epitaxial lateral overgrowth with masks containing tungsten[J]. Physica Status Solidi (c), 2007, 4(7): 2638-2641.

[165] LEE H J, LEE S W, GOTO H, et al. Self-separated freestanding GaN using a NH$_4$Cl interlayer[J]. Applied Physics Letters, 2007, 91(19): 192108.

[166] SATO T, OKANO S, GOTO T, et al. Nearly 4-inch-diameter free-standing GaN wafer fabricated by hydride vapor phase epitaxy with pit-inducing buffer layer[J]. Japanese Journal of Applied Physics, 2013, 52(8S): 08JA08.

[167] ZHANG L, DAI Y, WU Y, et al. Epitaxial growth of a self-separated GaN crystal by using a novel high temperature annealing porous template[J]. CrystEngComm, 2014, 16(38): 9063-9068.

[168] NIKOLAEV V, GOLOVATENKO A, MYNBAEVA M, et al. Effect of nano-column properties on self-separation of thick GaN layers grown by HVPE[J]. Physica Status Solidi (c), 2014, 11(3-4): 502-504.

[169] USUI A, ICHIHASHI T, KOBAYASHI K, et al. Role of TiN film in the fabrication of freestanding GaN wafers using hydride vapor phase epitaxy with void-assisted separation[J]. 2015, Physica Status Solidi (a), 2002, 194(2): 572-575.

[170] CHUNG K，LEE C H，YI G C et al. Transferable GaN layers grown on ZnO-coated graphene layers for optoelectronic devices[J]. Science，2010，330(6004)：655 – 657.

[171] KIM J，BAYRAM C，PARK H，et al. Principle of direct van der Waals epitaxy of single-crystalline films on epitaxial graphene[J]. Nature Communications，2014，5(1)：1 – 7.

[172] WONG W S，SANDS T，et al. Damage-free separation of GaN thin films from sapphire substrates[J]. Applied Physics Letters，1998，72(5)：599 – 601.

[173] SU X J，XU K，XU Y，et al. Shock-induced brittle cracking in HVPE-GaN processed by laser lift-off techniques[J]. Journal of Physics D，2013，46(20)：205103.

[174] XU K，WANG J F，REN G Q. Progress in bulk GaN growth[J]. Chinese Physics B，2015，24(6)：066105.

第 4 章

氮化镓单晶制备的方法
——氨热法

4.1 发展历程

目前生长 GaN 体单晶衬底的方法主要有高压氮气溶液（HNPSG）法、钠助熔剂（Na-flux）法、氢化物气相外延（HVPE）法以及氨热法。HNPSG 法对设备要求高（压力大于 1 GPa，温度大于 1500℃），难以获得大尺寸晶体，难以产业化。另外三种方法也各有优缺点。HVPE 法生长速率快、易得到大尺寸晶体，成为目前最有希望实现商业应用的方法。尽管如此，HVPE 法的缺点也很明显，例如成本高、晶体缺陷密度高（大于 10^5 cm^{-2}）、曲率半径小以及会造成环境污染。钠助熔剂法自发成核密度大，易于形成多晶，难以生长出较厚的晶体。而 GaN 氨热生长技术与水晶、ZnO 水热生长技术类似，具有诸多优点：① 在接近热力学平衡条件下生长，结晶质量高；② 可同时在成百上千个籽晶上生长，易规模化量产；③ 可直接得到自支撑的 GaN 单晶，无需剥离生长衬底；④ 设备简单，生长过程为密闭体系，无需额外持续供给生长原料，成本低；⑤ 水热法生产各类晶体已有近百年的历史，积累的大量实验经验、研究方法和丰富的理论知识可直接指导 GaN 单晶的氨热生长。尽管氨热生长技术存在着生长压力高和生长速率低的缺点，但随着国际上近年来对氨热研究投入力度的加大和对氨热体系物理化学过程的理解及相关问题研究的日益深入，使得 GaN 氨热生长技术逐渐向产业化迈进。

早期氨热法主要用于材料合成，特别是用于合成二元及三元过渡金属氮化物。过渡金属氮化物通常为高熔点化合物，高温下容易分解，不易合成。氨热合成是制备新型氮化物材料的有效方法，这种方法的另一个优点是利用超临界氨中的化学反应来降低反应势垒，可以在相对较低的温度下制备氮化物。在 20世纪 90 年代，采用氨热合成的方法制备出了 AlN 和 GaN 多晶，为氨热法生长单晶 GaN 奠定了基础[1-3]。

尽管 1995 年就实现了 GaN 的氨热合成，然而直到 2000 年以后，才通过氨热技术生长出毫米级 GaN 晶体。2001 年，D. R. Ketchum 和 J. W. Kolis[4]在400℃和 240 MPa 的碱性矿化剂氨热环境中，历时 10 天生长出 0.5 mm×0.2 mm×0.1 mm 的 GaN 晶体。2002 年，A. P. Purdy 等人[5]研究了酸性矿化剂氨热环境的 GaN 重结晶，生长得到了宽度为 0.1 mm 的锥状 GaN 晶体。2003 年，M. J. Callahan 等人[6]以 GaN 为源料，采用碱性矿化剂在 HVPE -

GaN 籽晶上实现了传质生长。2004 年，A. Yoshikawa 等人[7] 以 NH$_4$Cl 为矿化剂，以 Pt 为内衬，在 135 MPa 压力下实现了针状 GaN 晶体生长。2006 年，B. G. Wang 和 M. J. Callahan 等人[8] 报道了生长速率达 50 μm/天、尺寸达 10 mm × 10 mm × 1 mm 的 GaN 晶体生长。Y. Kagamitani 等人[9] 在 2006 年以 NH$_4$Cl 为矿化剂，实现了 N 面最大生长速率为 27.5 μm/天的氨热生长。最近几年，氨热法进展迅速，氨热生长取得了较大的进展，GaN 晶体生长尺寸很快扩展到 2~4 英寸，位错密度降低至 10^3 cm^{-2} 量级。同时，国际上涌现出了一批氨热生长 GaN 单晶的企业，包括波兰 AMMONO 公司、日本三菱化学、美国 SixPoint 和 Soraa 公司等，氨热法生长 GaN 正走向产业化之路。

4.2　生长原理

氨热法是一种在高温高压（400~750℃，1000~6000 个大气压）下从过饱和临界氨中培养晶体的方法，这种方法与水热法生长水晶的技术类似，将超临界氨代替水作为溶剂，进行氮化物（而不是氧化物）晶体的生长。晶体的培养是在高压釜中进行的。高压釜由耐高温高压和耐酸碱的特种钢材制成。高压釜分为放有 GaN 或 Ga 原料的溶解区（原料区）和悬挂 GaN 籽晶的结晶区，釜内填装有氨气和辅助原料溶解的矿化剂。由于结晶区与溶解区之间存在温差而产生对流，将溶解区的饱和溶液带至结晶区形成过饱和而在籽晶上生长，溶解度降低并已析出了部分溶质的溶液又流向溶解区，溶解培养料，如此循环往复，使籽晶得以连续不断地长大。

典型的氨热法晶体生长设备的工作原理如图 4-1 所示，生长时，将高压釜垂直放置，通过带有孔洞的隔板将高压釜分为原料溶解区和生长区。通常情况下，氮化镓在酸性矿化剂作用下的溶解度温度系数为正，原料放置在高压釜的下部，籽晶放置在高压釜的上部（如图 4-1(a)所示）；在碱性矿化剂作用下，氮化镓的溶解度温度系数为负（氮化镓溶解度随温度增加而降低），原料放置在高压釜的上部，籽晶放置在高压釜的下部（如图 4-1(b) 所示）。以正溶解度温度系数为例，通过温度设置，高压釜建立起上下两个温度区，下部的温度 T_1 超过上部的温度 T_2，形成溶液的强对流，原料区的溶液具有较高的溶解度，通过对流，将 GaN 传输至低溶解度的生长区，溶液达到过饱和而在籽晶上发生结晶，实现 GaN 单晶的生长。为实现高压釜内所有晶体的均匀和快速批量

生长，需要对高压釜内的流场进行精确控制，氨热生长系统的主要控制手段有温度、温度梯度、挡板结构及位置、填充度、矿化剂浓度及配比等。

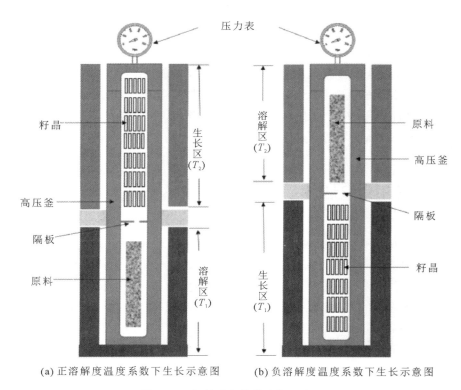

(a) 正溶解度温度系数下生长示意图　　(b) 负溶解度温度系数下生长示意图

图 4-1　氨热法氮化镓生长示意图

4.3　工艺流程和生长装备

4.3.1　工艺流程

　　氨热法生长工艺流程远比水热法工艺流程复杂，所涉及的生长装备也需要重新设计。这主要是由于以下原因：一是氨热法的溶剂为氨，常温常压下为具有刺激性气味的气体，溶剂全程需要封闭加入，不能像水热法中那样把水直接倒入高压釜中；二是矿化剂，特别是碱性矿化剂，与水、氧反应，且所生长晶体为氮化镓，需要避免氧气和水中氧元素的掺入，因此原料的装载需要重新设计；三是氨热法的生长温度和压力显著高于水热法的生长温度和压力，传统的水热高压釜材质和力学强度不能满足氨热生长工艺的需要，高压釜需要重新选材设计，相关的安全保障设施要求也比水热法高。氨热法的主要工艺流程如图4-2所示。在装釜前先将高压釜脱水脱氧处理，将矿化剂、GaN 多晶或 Ga 原料及籽晶架置于绝水绝氧系统中，然后将上述材料装入高压釜，接着在封闭体系中向高压釜中注入适量的氨，随后密封好高压釜，升温，使上下部温度保持一定的温差，设置生长周期。

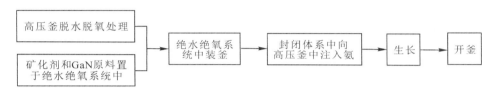

图 4 - 2　氨热生长工艺流程

4.3.2　生长装备

氨热法复杂的工艺流程及较高的生长温度和压力，使得对氨热生长装备的要求也较高。氨热法涉及的主要设备有高压釜、液氨填充装置、温度及压力控制装置、内衬、绝水绝氧系统等。

1. 高压釜

高压釜是氨热法晶体生长的关键设备，晶体生长的性能优劣与它有着直接的关系。用于氨热法生长的高压釜一般需要在温度高于 400℃，压力为 100～300 MPa 甚至更高的条件下工作。传统的水热高压釜材质在温度大于 400℃时，蠕变和持久强度等力学参数难以满足氨热法生长的要求，不能用于氨热生长，因此氨热高压釜需要重新选材设计。理想的氨热高压釜应具有以下特点：① 对酸、碱具有较强的耐腐蚀性；② 釜体密封结构可靠简单，易于组装和拆卸；③ 具有一定的长径比，满足所需的生长温度梯度；④ 具有较好的高温机械性能；⑤ 可以承受长时间的高压和温度实验，以保证长周期连续使用。

由于氨热法发展较晚，故国内外还没有氨热法生长氮化镓晶体用高压釜的材质要求及设计规范。在选择合适的高压釜材料时，首要的参数是实验温度和压力条件以及在给定溶剂或溶液中的压力-温度范围内的耐腐蚀性。如果反应直接发生在容器中，那么耐腐蚀性是选择高压釜材料的主要因素。除此之外，

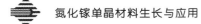

高压釜材料的关键特性是其蠕变断裂强度及极限抗拉强度和屈服强度。根据氨热法常用工艺条件中的使用温度和压力要求，制作高压釜的材料多选择镍基高温合金。这些合金在 600～1000℃ 的氧化和燃气腐蚀气氛中可承受复杂应力，能够长期可靠地使用，如 Rene 41[4]、Inconel alloy 625、Alloy 718 等型号的合金材料[10-11]。

高压釜的密封结构是高压釜的重要组成部分，高压釜能安全稳定运行在很大程度上取决于密封结构的完整性。高压釜密封主要分为三类：强制密封、半自紧密封、自紧密封。由于强制密封和半自紧密封很难满足超过 100 MPa 的高压釜，故氨热法的密封一般采用自紧式的密封结构，即改进后的布里奇曼结构。这种结构由顶盖与筒体以螺纹连接，内部的压力通过密封塞头传到受顶盖下端支持的密封圈上，压力的方向与顶盖预紧力的方向相反。当内压升到某一值时，密封塞头上浮，密封圈受到压力张开而实现密封。这样，内压越大，密封圈单位面积上的压力越大，密封性越可靠。

2. 温度及压力控制装置

氨热法 GaN 单晶一般采用温差法生长，高压釜通过挡板分为生长区和溶解区，晶体生长时需要在溶解区和生长区中建立恒定而又稳定的温差。另外，实现晶体的均匀生长，要求生长区和溶解区在各自区域内保持尽量一致的温度，这就要求在挡板附近生成一个阶跃型温差。除了高压釜内部设计外，加热装置的设计也是建立一个恒定而又稳定的阶跃型温差的关键。

加热装置采用固定在高压釜上的加热带予以加热，加热带的功率可根据需要来确定。为了便于升温及温度控制，生长区和溶解区的加热系统分两组控制。加热系统的外面用由保温材料制成的保温炉来保温。温度的控制一般由计算机与可控硅系统相组合，根据工艺条件编制高压釜运转的温度程序，然后将生长程序输入计算机。在晶体生长过程中，设计的温度值与热电偶传送的信号通过计算机进行比较，然后通过可控硅调整功率的输入，使高压釜的温度稳定在所设定的温度上。

氨热高压釜压力的检测一般采用压力表或压力传感器来实现。压力表的结构通常为弹簧管式结构，根据生长压力，一般采用量程为 250 MPa 或 400 MPa 的压力表，通过表盘可直观地读出高压釜内的压力。压力传感器根据电阻应变原理制成，被测压力直接感到装有电阻应变片的厚壁圆筒应变管上，应变管产生径向膨胀，相应的电阻应变片的阻值增加，这时电桥对角端则有不平衡电压(电流)输出。该电压(电流)的大小与作用在传感器上的压力呈正比。压力传感器不仅用于检测压力，还可用于控制压力，具有报警、停止加热、防止事故等作用。压力传感器可预先设定压力偏差值，当从传感器传来的信号与设定值之间的偏差超过预警值时，接收器可控制电源，停止加热，避免出现事故。

3. 其他装备

除高压釜、控温控压系统外，氨热法晶体生长的装备还有液氨填充系统和内衬等。GaN 氨热法单晶的生长工艺流程比人工晶体水热法生长工艺流程要复杂得多，主要原因在于溶剂为氨，氨在常温下为具有强烈刺激性气味的气体，极易溶于水，不能像水一样在开放的环境下加注。另外，在一定的温度和溶剂浓度条件下，高压釜内的压力高低取决于填充度的大小，填充度过低则在设定的生长温度下达不到希望的生长压力，填充度过高，则压力迅速增大，很容易发生事故，因此氨热法对液氨的精确填充有较高的要求。液氨的精确填充方法有增压填充法和冷却填充法。在增压填充系统中，氨通过气缸注入容器。然而，汽缸中的污垢状油会在容器中混合，从而污染系统。另一种更好的方法是在低温下操作，这适用于小型高压釜。高压釜抽成真空并冷却到 NH_3 的沸点以下，然后使用质量流量控制器将高纯度的氨填充到高压釜中。不论是在酸性矿化剂还是在碱性矿化剂体系中，为得到低杂质含量的 GaN 单晶，需要加入不易被超临界氨和矿化剂腐蚀的高纯贵金属材料内衬。特别是酸性矿化剂会腐蚀常用的高温合金材料，因此为了保护高压釜，减少釜壁杂质的掺杂，必须使用惰性金属内衬。用于酸性氨热生长过程的高压釜通常配备有由化学惰性铂（Pt）制成的内衬，以防止高压釜的腐蚀及杂质掺入到生长的晶体中，挡板、籽晶架都是由 Pt 制成的[12]。

4.4　氨热化学反应过程及溶解度控制

溶剂的类型及其浓度决定了氨热过程及关键参数，如原料的溶解度、物相、单晶生长的动力学和生长机理。氨热晶体生长的热力学条件可以表示为

$$\Delta G = RT \ln \frac{C_0}{C} < 0 \qquad (4-1)$$

其中，ΔG 为吉布斯自由能变化量，R 为理想气体常数，T 为温度，C_0 为溶液平衡浓度，C 为溶液实际浓度。式（4-1）表明溶解度是氨热法 GaN 晶体生长的关键参数。目前，还没有理论可以预计 GaN 在实际溶液中的溶解度。然而，许

多与溶解度有关的问题可以根据物理化学原理或规律来理解。GaN 的溶解度可以使用相似相溶的原理来理解，即极性材料在介电常数（ε）较高（极性较强）的溶剂中具有较高的溶解度。NH_3 的介电常数远低于水，是极性较弱的一种溶剂，因此 GaN 在氨中溶解度很低，在纯氨中无法达到有实际意义的生长速率。GaN 的氨热生长需要加入矿化剂以提高 GaN 的溶解度，GaN 在溶液中的溶解度是成功生长晶体的关键环节。生长过程中，生长工艺最大的不同是由矿化剂的不同引起的。矿化剂往往导致生长过程中很多重要的生长参数、物理化学过程有明显的不同，也决定了氨热生长体系的生长工艺、设备及厂房配置。

目前，国际上氨热生长矿化剂的选择主要分为两类：碱性矿化剂和酸性矿化剂。碱性矿化剂主要有 $NaNH_2$、KNH_2、$LiNH_2$、KN_3 等，酸性矿化剂主要有 NH_4Cl、NH_4F、NH_4I 等，下面就碱性矿化剂和酸性矿化剂体系中的氨热化学反应进行简单的阐述。

在碱性矿化剂体系中，GaN 原料先和矿化剂反应，形成中间化合物，在合适的温度控制下，中间化合物经对流传输至籽晶生长区，溶液达到过饱和，由于 GaN 在籽晶上生长不需要成核能，比自发成核能量低，因而优先在籽晶上生长。所以，溶解区和生长区发生的化学反应互为逆反应。以 KNH_2 矿化剂为例，在溶解区发生的反应如下：

$$KNH_2 + GaN + 2NH_3 \rightarrow KGa(NH_2)_4 \qquad (4-2)$$

在生长区发生的反应如下：

$$KGa(NH_2)_4 \rightarrow KNH_2 + GaN + 2NH_3 \qquad (4-3)$$

而对于 $NaNH_2$ 矿化剂，形成的中间化合物为 $Na_2Ga(NH_2)_5$，化学反应式如下：

$$GaN + 2NaNH_2 + 2NH_3 \longrightarrow Na_2Ga(NH_2)_5 \qquad (4-4)$$

除了 GaN 多晶作为原料外，还可以用 Ga 金属作为原料，发生的化学反应如下（以 KNH_2 为例）[13]：

$$KNH_2 + Ga + NH_3 \rightarrow KNH_2 + GaN + 1.5H_2 \qquad (4-5)$$

在酸性矿化剂体系中，加入的矿化剂主要有 NH_4Cl、NH_4F、NH_4I 等，形成的中间化合物种类较多，如 $[Ga(NH_3)_6]X_3 \cdot NH_3$（X = Br，I）、$[Ga(NH_3)_5Cl]Cl_2$、$Ga(NH_3)_3F_3$ 等。酸性矿化剂体系形成的中间化合物参见表 4-1。在氨热体系中，中间化合物的配位结构有可能发生改变，这主要取决于浓度、温度和工艺压力[14]。与碱性矿化剂体系的生长原理类似，在合适的温区控制下，这些中间化合物经对流传输至籽晶生长区，在籽晶生长区溶液达到过饱和，在籽晶上实现 GaN 晶体的生长。

表 4 - 1 酸性矿化剂形成的中间化合物

配位体中 NH_3 数目	复合体	卤族元素
1	$^0[Ga(NH_3)X_3]$	Br
1	$^1[Ga(NH_3)XX_{4/2}]$	F
2	$^2[Ga(NH_3)_2X_2X_{2/2}]$	F
3	$^0[Ga(NH_3)_2X_4]^-$, $^0[Ga(NH_3)_4X_2]^+$	F
5	$^0[Ga(NH_3)_5X]^{2+}$	Cl
6	$^0[Ga(NH_3)_6]^{3+}$	Br，I

从上述氨热体系中发生的化学反应过程可以看出，GaN 晶体的生长实际上就是中间化合物参与的 GaN 多晶(以 GaN 多晶原料为例)转变成 GaN 单晶的过程，晶体生长的关键在于溶解区和生长区溶解度的控制。在氨热体系中，溶解度的多少是通过温度控制来实现的，因此理解 GaN 在矿化剂作用下的溶解度温度特性非常重要。而且，GaN 在矿化剂作用下的溶解特性随温度变化的方向不一致，导致了生长过程中很多重要的生长参数、物理化学过程明显不同，这决定着氨热生长体系的生长工艺和设备配置。如氮化镓溶解度温度系数为正值，需要将 GaN 前驱体置于高压釜下部的高温区，籽晶置于高压釜上部的低温区；而当氮化镓溶解度温度系数为负值时，则需要将籽晶悬挂在高压釜下部的高温区，GaN 前驱体置于高压釜上部的低温区。

由于 GaN 溶解度对中间化合物反应、氨气分解、温度和压力的变化比较敏感，因此难以给出相关的物理参数来进行溶解度的计算，当前 GaN 在各矿化剂氨热体系的溶解度主要由实验测得。D. Ehrentraut 等人[15]发现以 NH_4Cl 为矿化剂，在 250～550℃温度范围内，GaN 的溶解度随温度的增加而增加。K. Yoshida 等人[16]发现以 NH_4Cl 为矿化剂，当温度超过 650℃时，GaN 的溶解度温度系数为负，即 GaN 的溶解度随温度的增加而减小。以 $NaNH_2$ 为矿化剂的氨热体系也出现了同样的溶解度随温度变化的趋势，在 600℃以下 GaN 溶解度温度系数为正，600℃以上 GaN 溶解度温度系数为负[17]。D. Ehrentraut 等人[18]将各研究组不同矿化剂作用下的 GaN 溶解度随温度的变化总结在图

4-3(a)中，D. Tomida 等人[19]研究了酸性矿化剂中 GaN 溶解度随温度变化的规律（如图4-3(b)所示），发现 NH₄I 相对于 NH₄Cl 和 NH₄Br 具有更好的溶解度温度特性。上述酸性矿化剂在 600℃ 以下时，GaN 溶解度随温度的增加而增加，而 NH₄F 在 550～650℃ 范围内其溶解度温度系数为负[20]。

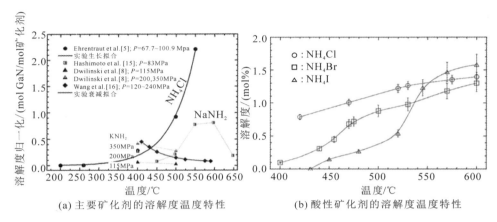

(a) 主要矿化剂的溶解度温度特性　　　(b) 酸性矿化剂的溶解度温度特性

图 4-3　溶解度温度特性

除温度外，调控溶解度的方法还有压力、矿化剂浓度、矿化剂配比等。无论是酸性矿化剂还是碱性矿化剂，氮化镓溶解度都呈现了随压力增加而增加的性质[20-21]。D. Tomida 等人[22]研究发现溶解度曲线的斜率随混合矿化剂的配比发生改变，因此可以通过调整矿化剂配比来实现对溶解度的调控。

4.5　晶体生长进展

由于酸性矿化剂和碱性矿化剂体系对设备要求、生长工艺、原料填充方式等有着明显的不同，因此 GaN 的氨热生长根据矿化剂的选择可分为碱性矿化剂氨热生长体系和酸性矿化剂氨热生长体系两种。下面就这两种生长体系的进展作阐述。

4.5.1　碱性矿化剂氨热 GaN 晶体生长进展

1995 年，波兰科学家 R. Dwilinski 等人[1]首次在氨热体系中通过添加 LiNH₂ 和 KNH₂ 矿化剂生长出了 GaN 粉末，此后近十年时间里，碱性矿化剂生长 GaN 的报道比较少，只有几篇合成 GaN 多晶粉末的报道和温差生长的报道，所生长的 GaN 晶体尺寸较小。直到 2005 年，T. Hashimoto 等人[23]以 NaNH$_2$ 和 NaI 为矿化剂，以 HVPE 生长的 GaN 为籽晶进行温差法生长，生长尺寸超过 1 英寸，但结晶质量较差，Ga 面和 N 面（0002）的 X 射线摇摆曲线半高宽均大于 1500 arcsec(arcsec 为衍射峰半高宽单位)。B. G. Wang 和 M. J. Callahan 等人[24]在 2006 年持续报道了碱性矿化剂氨热化学热力学及以 HVPE - GaN 为籽晶的生长结果，Ga 面(002)和(102)的 X 射线摇摆曲线半高宽分别为 535 arcsec 和 751 arcsec，N 面(002)和(102)的 X 射线摇摆曲线半高宽分别为 859 arcsec 和 961 arcsec，c 面生长速率达到 50 μm/天。T. Hashimoto 等人[25]以 NaNH$_2$ 为矿化剂，进行了长周期(82 天)的氨热生长验证，生长厚度超过 5 mm，c 面的生长速率达到 55 μm/天。

2008 年，碱性矿化剂的氨热生长取得了里程碑式的进展。波兰的 R. Dwilinski 等人[26]以 KNH$_2$ 为矿化剂，实现了高质量 GaN 的生长，(002)的 X 射线摇摆曲线半高宽低至 17 arcsec，而且 GaN 的曲率半径达到了 100 m 以上（见图 4 - 4(a)、(b)），腐蚀坑密度为 5×10^3 cm^{-2}。上述技术指标显著高于作为主流生长技术的 HVPE 所生长晶体的指标，也在 *Compound Semiconductor* 杂志上引发了氨热与 HVPE 究竟哪种技术是未来 GaN 单晶衬底量产最终选择的争论[27-28]。此后，波兰研究人员很快将 c 面 GaN 尺寸扩展到 2 英寸，生长厚度达到厘米级[29]（见图 4 - 4(d)），2018 年 GaN c 面生长尺寸接近 3 英寸[30]（见图 4 - 4(c)）。

除波兰研究组外，国际上其他研究团队在 2008 年以后在碱性矿化剂生长方面也取得了较快的进展，UCSB 改进了氨热生长 GaN 实验装置，在高压釜中加入银内衬，得到了一个超高纯度生长环境，显著减少了高压釜材料所引入的杂质[31]。SixPoint 公司以 HVPE 生长的 GaN 为籽晶，实现了 2 英寸的批量生产（见图 4 - 4(f)），从体单晶切出的 2 英寸氮化镓晶片的(002)面摇摆曲线半高宽约为 25 arcsec[32]。

在非极性和半极性 GaN 制备方面，Ammono 公司通过对长厚的晶体切割，得到了非极性面和半极性面 GaN 单晶衬底[33]（见图 4 - 4(e)）。中科院苏州纳米所研究组在研究各晶面生长习性的基础上，采用各种晶向 HVPE - GaN 为籽晶，直接生长了非极性和半极性 GaN 晶体，并采用阴极荧光获得了各个晶面的生长速率，根据生长速率，构建了氨热法生长 GaN 的动力学 wulff 曲线，根据动力学 wulff 曲线预测了各籽晶取向的生长平衡形状演变[34]。

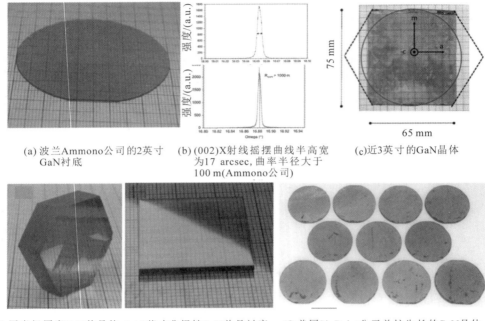

(a) 波兰Ammono公司的2英寸 GaN衬底

(b) (002)X射线摇摆曲线半高宽为17 arcsec,曲率半径大于100 m(Ammono公司)

(c) 近3英寸的GaN晶体

(d) 厘米级厚度GaN单晶体　(e) 1英寸非极性GaN单晶衬底　(f) 美国SixPoint公司单炉生长的GaN晶体

图 4 - 4　碱性矿化剂氨热 GaN 晶体生长

除了晶体的尺寸和位错,晶体的电学和光学性质对其在器件中的应用起着决定性的作用。影响晶体电学和光学性质的主要因素有杂质和本征点缺陷。

在非故意掺杂方面,由于氨热过程是一种封闭的系统生长过程,所有暴露在氨热环境中的材料都有可能掺入到晶体中。氨热体系杂质的来源主要有四个:① 原料(如氨、Ga 源材料、GaN 晶体、矿化剂)中的杂质;② 原料装载过程中未除尽的大气或有机污染物;③ 构造材料(如高压釜壁、籽晶架)中的杂质;④ 氨热生长必需材料的掺入,如矿化剂自身的元素掺入到晶体中。

S. Suihkonen 等人[35]对碱性矿化剂和酸性矿化剂氨热生长体系中的杂质元素进行了总结,如图 4-5 和表 4-2 所示。酸性和碱性氨热 GaN 晶体中常见的两种主要杂质是氢(H)和氧(O)。氢主要以原子形式结合为间隙或与缺陷有关,如空位。通常,氢会钝化 GaN 中的 p 型掺杂剂,如 H-Mg 复合物。氢可以在高温或高电流下移动,从而导致 p 型 GaN 层的钝化。在氨热体系中,SIMS 测得的氢的含量在 $10^{17} \sim 10^{20}$ cm^{-3} 量级。氢的含量与 Ga-H 复合空位的含量有较强的关联性。氧的掺杂对 GaN 晶体有三个主要影响:一是氧作为一个浅的 n 型施主,导致自由电子浓度增加，这些自由电子可以通过声子辅助机制产生子带隙，导致可见光吸收，使晶体呈现颜色[36]；二是氧在晶格中的掺入和自由电子的产生也使晶格常数增加[37-40]，晶格失配可能导致厚晶体中的大量应变积累，产生裂纹；三是氧杂质可降低 GaN 的导热系数，与氧含量为 4×10^{16} cm^{-3} 的样品相比，氧含量为 2.6×10^{18} cm^{-3} 和 1.1×10^{20} cm^{-3} 样品的热导率分别降低了 10% 和 32%～42%[41]。氨热早期生长的晶体中氧含量在 10^{20} cm^{-3} 量级，通过生长工艺改进，目前报道的氧含量一般在 10^{17}～10^{19} cm^{-3} 量级。除了杂质外，Ga 空位及其 H、O 复合空位对 GaN 晶体的光学和电学性质有着重要的影响，F. Tuomisto 等人[42]通过正电子湮没谱检测到了 Ga 空位与 H、O 的复合空位，相关空位对晶体性质的影响和形成机理正在研究中。

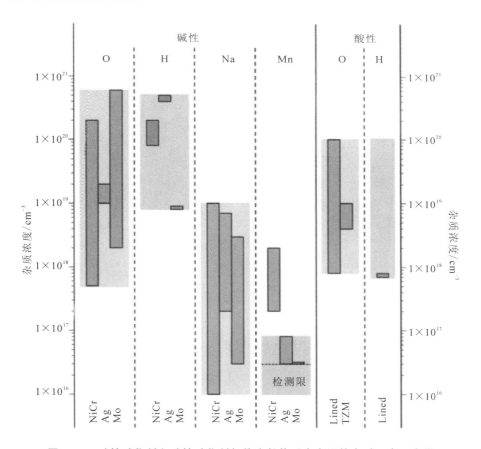

图 4-5 碱性矿化剂和酸性矿化剂氨热生长体系中主要的杂质元素及含量

表 4 - 2　SIMS 测得的碱性矿化剂和酸性矿化剂氨热生长体系中的
杂质元素(不含图 4.5 所示的元素)及含量

		杂质浓度/cm^{-3}		
		低于探测水平	高于 10^{16} 且低于 10^{17}	低于 10^{18}
碱性	NiCr	K,Li,Ti,Co,Cr,Ni	C,Mg,Fe,Mo	Al,Si
	Ag	Mo	C,Mg,Fe,Mn,Ai,Si	
	Mo	Fe,Mn,Mo	C,Mg,Si	
酸性	Lined	过渡金属,碱金属		
	TZM	Cr,Mo,Zr,Nb,Cl,Ti	C,Fe	

通过对杂质和本征点缺陷的控制，氨热晶体可满足各类器件对电阻率的要求。M. Zajac 等人[30]采用 O 掺杂，载流子浓度可达到 10^{19} cm^{-3}，电阻率可达到 10^{-3} $\Omega \cdot$ cm 量级；采用掺杂不同含量的 Mg，可分别实现 p 型导电和半绝缘单晶的生长；采用 Mn 掺杂，可使电阻率达到 10^{12} $\Omega \cdot$ cm 量级(如图 4 - 6 所示)。

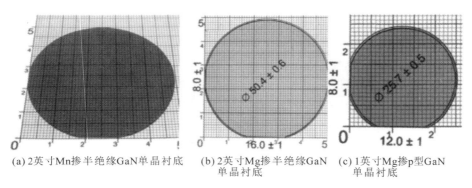

(a) 2英寸Mn掺半绝缘GaN单晶衬底　(b) 2英寸Mg掺半绝缘GaN单晶衬底　(c) 1英寸Mg掺p型GaN单晶衬底

图 4 - 6　GaN 单晶的电学性质

4.5.2　酸性矿化剂氨热 GaN 晶体生长进展

酸性矿化剂在早期就已应用于 GaN 的合成。1999 年，A. P. Purdy[43]以 NH_4Cl 和 NH_4Br 为矿化剂合成了立方 GaN 粉末，并在 2002 年生长得到了宽度为 0.1 mm 的锥状 GaN 晶体[5]；2004 年，A. Yoshikawa 等人[7]以 NH_4Cl 为矿化剂，以 Pt 为内衬，在 135 MPa 压力实现了针状 GaN 晶体生长。Y. Kagamitani等人[9]在 2006 年以 NH_4Cl 为矿化剂，实现了 N 面最大生长速率为 27.5 μm/天的氨热生长。2008 年，D. Ehrentraut 等人[44]首次报道了 2 英寸 GaN 单晶的生长，通过增加温度和酸度，研究了 GaN 自发成核的产率，发现立方相 GaN 容易在较低的温度和较高的酸度条件下形成，如图 4‑7 所示。以六方相 HVPE‑GaN 为籽晶，D. Ehrentraut 等人[45]分别生长了 1 cm、3 cm 和 2 英寸的 GaN 晶体（如图 4‑8 所示）。

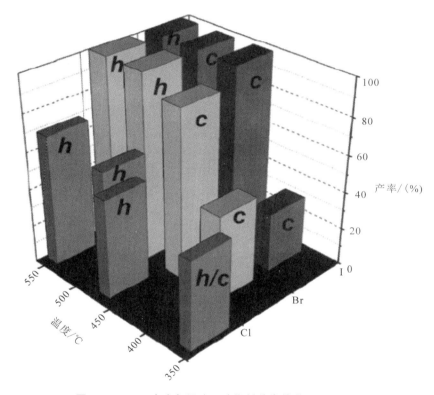

图 4‑7　GaN 产率与温度、矿化剂种类的关系

2013 年，美国 Soraa 公司设计了称之为 SCoRA 的内加热氨热生长设备，生长温度为 750℃，生长压力最高可达 600 MPa，使用 NH₄Cl 作为矿化剂，c 面生长速率最高可达 40 μm/h，并获得了 2 英寸体单晶及 7 mm×5 mm 的非极性和半极性晶体[46]，c 面 GaN 晶体位错密度在 10^5 cm^{-2} 量级（见图 4‑9）。他们在随后的研究中，通过改进内衬结构，提高了晶体的透明性（见图 4‑10），光学吸收系数略优于 HVPE 生长的 GaN，GaN 曲率半径大于 20 m，(201)面的 X 射线摇摆曲线半高宽小于 30 arcsec[47‑48]。

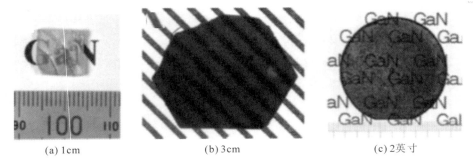

(a) 1cm (b) 3cm (c) 2英寸

图 4 - 8 酸性矿化剂生长的 1 cm、3 cm 和 2 英寸的 GaN 晶体

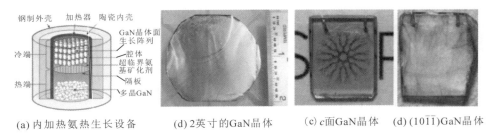

(a) 内加热氨热生长设备 (d) 2英寸的GaN晶体 (c) c面GaN晶体 (d) $(10\bar{1}1)$GaN晶体

图 4 - 9 Soraa 公司设计的内加热氨热生长设备及生长的晶体图片

(a) 2英寸GaN晶体 (b) 双面抛光后的GaN晶体 (c) SCoRA氨热与HVPE双抛 GaN衬底的光学吸收谱

图 4 - 10 高透光性的 GaN 晶体生长

近年来，日本三菱化学在酸性矿化剂氨热生长 GaN 方面取得了较快的进展。2014 年，在波兰 IWN 国际会议上日本三菱化学报道了他们称之为 SCAAT™ 技术生长的高质量氮化镓体单晶，在 2015 年后续报道中的 m - GaN 体单晶，其生长速率每天达数百微米，且位错密度约为 10^2 cm^{-2} 量级，$(10\bar{1}0)$ 和 $(10\bar{1}2)$ 的 X 射线摇摆曲线半高宽分别为 13.3 arcsec 和 8.8 arcsec；2 英寸 c

面 GaN 位错密度在 $1 \times 10^2 \sim 1 \times 10^4 \ \mathrm{cm}^{-2}$ 之间，(0004) 和 $(10\bar{1}2)$ 的 X 射线摇摆曲线半高宽分别为 10 arcsec 和 16.7 arcsec[49]（见图 4-11）。2020 年，Y. Mikawa 等人[53] 报道了近 4 英寸 GaN 单晶的氨热生长，斜切角沿 a 向或 m 向皆可控制在 $\pm 0.006°$，表明氨热法在大尺寸氮化镓单晶生长方面具有很好的一致性。

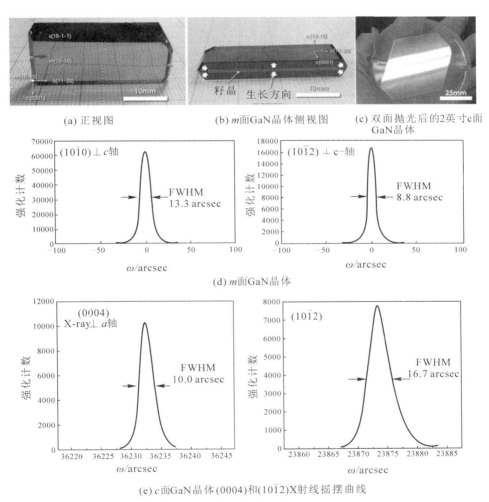

(a) 正视图　　(b) m 面 GaN 晶体侧视图　　(c) 双面抛光后的 2 英寸 c 面 GaN 晶体

(d) m 面 GaN 晶体

(e) c 面 GaN 晶体 (0004) 和 $(10\bar{1}2)$ X 射线摇摆曲线

图 4-11　三菱化学公司氨热法生长的 m 面 GaN 晶体及晶体质量表征

4.6 发展趋势

氨热法是目前最可行的生长大型真正块状 GaN 晶体的技术。无论是酸性还是碱性氨热生长体系，晶体的结晶质量和尺寸都有了显著的提高。相对于 HVPE 生长技术，氨热生长技术有以下优点：① 结晶质量高，位错密度比 HVPE‑GaN 低约 2 个数量级；② 晶格几乎无翘曲，曲率半径达数百米，有利于衬底斜切角的控制；③ 氨热生长技术与生长水晶和 ZnO 晶体的水热生长技术类似，容易量产，成本低；④ 可直接生长得到高质量的非极性面和半极性面 GaN 衬底，也可从厚晶体切割得到高质量的非极性面和半极性面 GaN 衬底。

目前，氨热生长技术的产业化还需要解决以下问题：① 大口径高压釜的制造，以满足 4～6 英寸或更大尺寸氮化镓晶体的生长；② 氨热 GaN 晶体中的杂质和本征点缺陷的控制，以满足各类器件对衬底光学和电学性质的要求；③ 高质量的氨热 GaN 单晶一般由氨热培养的高质量籽晶生长而来，而大尺寸高质量的 GaN 籽晶数量相对较少，要实现氨热生长技术的产业化，需要有一定数量的高质量、大尺寸 GaN 籽晶的储备。

总之，氨热生长技术已经展现了高结晶质量的优势，而且近年来氨热法在晶体尺寸、点缺陷和电学调控等方面取得了较快的进展。可以预见，氨热法在 GaN 单晶衬底产业化方面将会逐渐占据主导地位。

参考文献

[1] DWILINSKI R, WYSMOLEK A, BARANOWSKI J, et al. GaN synthesis by ammonothermal method[J]. Acta Pysica Polonica, 1995, 88(5): 833 - 836.

[2] PETERS D. Ammonothermal synthesis of aluminum nitride[J]. Journal of Crystal Growth, 1990, 104(2): 411 - 418.

[3] DWILINSK R, BARANOWSKI J M, KAMINSKA M, et al. On GaN crystallization by ammonothermal method[J]. Acta Pysica Polonica, 1996, 90(4): 763 - 766.

[4] KETCHUM D R, KOLIS J W. Crystal growth of gallium nitride in superitical ammonia[J]. Journal of Crystal Growth, 2001, 222(3): 431 - 434.

[5] PURDY A P, JOUET R J, GEORGE C F. Ammonothermal recrystallization of gallium nitride

with acidic mineralizers[J]. Crystal Growth & Design, 2002, 2(2): 141 – 145.

[6] CALLAHAN M J, WANG B G, BOUTHILLETTE L O, et al. Growth of GaN crystals under ammonothermal conditions[J]. Materials Research Society Symposium Proceedings, 2003, 798: 263 – 268.

[7] YOSHIKAWA A, OHSHIMA E, FUKUDA T, et al. Crystal growth of GaN by ammonothermal method[J]. Journal of Crystal Growth, 2004, 260(1 – 2): 67 – 72.

[8] WANG B G, CALLAHAN M J, RAKES K D, et al. Ammonothermal growth of GaN crystals in alkaline solutions[J]. Journal of Crystal Growth, 2006, 287: 376 – 380.

[9] KAGAMITANI Y, EHRENTRAUT D, YOSHIKAWA A, et al. Ammonothermal epitaxy of thick GaN film using NH_4Cl mineralizer[J]. Japanese Journal of Applied Physics, 2006, 45(5A): 4018 – 4020.

[10] HERTWECK B, STEIGERWALD T G, ALT N S A, et al. Different corrosion behavior of autoclaves made of nickel base alloy 718 in ammonobasic and ammonoacidic environments[J]. The Journal of Supercritical Fluids, 2014, 95: 158 – 166.

[11] HERTWECK B, STEIGERWALD T G, ALT N S A, et al. Corrosive degeneration of autoclaves for the ammonothermal synthesis: experimental approach and first results [J]. Chemical Engineering Technology, 2014, 37: 1903 – 1906.

[12] EHRENTRAUT D, KAGAMITANI Y, FUKUDA T, et al. Reviewing recent developments in the acid ammonothermal crystal growth of gallium nitride[J]. Journal of Crytal Growth, 2008, 310(17): 3902 – 3906.

[13] WANG B G, CALLAHAN M J. Ammonothermal synthesis of III-Nitride crystals[J]. Crystal Growth & Design, 2006, 6(6): 1227 – 1246.

[14] ZHANG S Y, HINTZE F, SCHNICK W, et al. Intermediates in ammonothermal GaN crystal growth under ammonoacidic conditions[J]. European Journal of Inorganic Chemistry, 2013, 2013(31): 5387 – 5399.

[15] EHRENTRAUT D, KAGAMITANI Y, YOKOYAMA C, et al. Physico-chemical features of the acid ammonothermal growth of GaN[J]. Journal of Crystal Growth, 2008, 310 (5): 891 – 895.

[16] YOSHIDA K, AOKI K, FUKUDA T. High-temperature acidic ammonothermal method for GaN crystal growth[J]. Journal of Crystal Growth, 2014, 393(1): 93 – 97.

[17] HASHIMOTO T, SAITO M, FUJITO K, et al. Seeded growth of GaN by the basic ammonothermal method[J]. Journal of Crystal Growth, 2007, 305(2): 311 – 316.

[18] EHRENTRAUT D, FUKUDA T. Ammonothermal crystal growth of gallium nitride: a brief discussion of critical issues[J]. Journal of Crystal Growth, 2010, 312(18): 2514 – 2518.

[19] TOMIDA D, KURIBAYASHI T, SUZUKI K, et al. Effect of halogen species of acidic mineralizer on solubility of GaN in supercritical ammonia[J]. Journal of Crystal Growth, 2011, 325(1): 52 - 54.

[20] BAO Q X, SAITO M, HAZU K, et al. Ammonothermal crystal growth of GaN using an NH₄F mineralizer[J]. Crystal Growth & Design, 2013, 13(10): 4158 - 4161.

[21] DWILINSKI R, DORADZINSKI R, GARCZYNSKI J, et al. Excellent crystallinity of truly bulk ammonothermal GaN[J]. Journal of Crystal Growth, 2008, 310(17): 3911 - 3916.

[22] TOMIDA D, KURODA K, NAKAMURA K, et al. Temperature dependent control of the solubility of gallium nitride in supercritical ammonia using mixed mineralizer[J]. Chemistry Central Journal, 2018, 12(127): 1 - 6.

[23] HASHIMOTO T, FUJITO K, SAITO M, et al. Ammonothermal growth of GaN on an over-1-inch seed crystal[J]. Japanese Journal of Applied Physics, 2005, 44(52): L1570 - L1572.

[24] WANG B G, CALLAHAN M J, RAKES K D, et al. Ammonothermal growth of GaN crystals in alkaline solutions[J]. Journal of Crystal Growth, 2006, 287(2): 376 - 380.

[25] HASHIMOTO T, WU F, SPECK J S, et al. Growth of bulk GaN crystals by the basic ammonothermal method[J]. Japanese Journal of Applied Physics, 2007, 310 (17): L889 - L891.

[26] DWILINSKI R, DORADZINSKI R, GARCZYNSKI J, et al. Excellent crystallinity of truly bulk ammonothermal GaN[J]. Journal of Crystal Growth, 2008, 310(17): 3911 - 3916.

[27] Bulk GaN: Ammonothermal trumps HVPE. Compound Semiconductor, 2010, 2: 12 - 16.

[28] Kyma responds to CS article entitled "Bulk GaN: Ammonothermal trumps HVPE". Compound Semiconductor, 2010, 3: 93.

[29] DWILINSKI R, DORADZINSKI R, GARCZYNSKI J, et al. Recent achievements in AMMONO- bulk method[J]. Journal of Crystal Growth, 2010, 312 (18): 2499 - 2502.

[30] ZAJAC M, KUCHARSKI R, GRABIANSKA K, et al. Basic ammonothermal growth of Gallium Nitride-State of the art, challenges, perspectives[J]. Progress in Crystal Growth and Characterization of Materials, 2018, 64(3): 63 - 74.

[31] PIMPUTKAR S, KAWABATA S, SPECK J S, et al. Improved growth rates and purity of basic ammonothermal GaN [J]. Journal of Crystal Growth, 2014, 403 (1): 7 - 17.

［32］　HASHIMOTO T，LETTS E R，KEY D，et al. Two inch GaN substrates fabricated by the near equilibrium ammonothermal（NEAT）method［J］. Japanese Journal of Applied Physics，2019，58（C）：SC1005.

［33］　KUCHARSKI R，ZAJAC M，DORADZINSKI R，et al. Non-polar and semi-polar ammonothermal GaN substrates［J］. Semiconductor Science and Technology，2012，27（2）：024007.

［34］　LI T K，REN G Q，SU X J，et al. Growth behavior of ammonothermal GaN crystals grown on non-polar and semi-polar HVPE GaN seeds［J］. CrystEngComm，2019，21（33）：4665 – 4830.

［35］　SUIHKONEN S，PIMPUTKAR S，SINTONEN S，et al. Defects in single crystalline ammonothermal gallium nitride［J］. Advanced Electronic Materials，2017，3（6）：1600496.

［36］　PIMPUTKAR S，SUIHKONEN S，IMADE M，et al. Free electron concentration dependent sub-bandgap optical absorption characterization of bulk GaN crystals［J］. Journal of Crystal Growth，2015，432（15）：49 – 53.

［37］　SINTONEN S，KIVISAARI P，PIMPUTKAR S，et al. Incorporation and effects of impurities in different growth zones within basic ammonothermal GaN［J］. Journal of Crystal Growth，2016，456（15）：43 – 50.

［38］　KRYSKO M，SARZYNSKI M，DOMAGALA J，et al. The influence of lattice parameter variation on microstructure of GaN single crystals［J］. Journal of Alloys and Compounds，2005，401（1 – 2）：261 – 264.

［39］　WALLE C V D. Effects of impurities on the lattice parameters of GaN［J］. Physical Review B，2003，68（16）：165209.

［40］　DARAKCHIEVA V，MONEMAR B，USUI A. On the lattice parameters of GaN［J］. Applied Physics Letters，2007，91（3）：31911.

［41］　JEZOWSKI A，CHURIUKOVA O，MUCHA J，et al. Thermal conductivity of heavily doped bulk crystals GaN：O. Free carriers contribution［J］. Materials Research Express，2015，2（8）：85902.

［42］　TUOMISTO F，MAKKONEN I. Defect identification in semiconductors with positron annihilation：Experiment and theory［J］. Reviews of Modern Physics，2013，85（4）：1583 – 1631.

［43］　PURDY A P. Ammonothermal synthesis of cubic gallium nitride［J］. Chemistry of Materials，1999，11（7）：1648 – 1651.

［44］　EHRENTRAUT D，KAGAMITANI K，FUKUDA T，et al. Reviewing recent developments in the acid ammonothermal crystal growth of gallium nitride［J］. Journal of Crystal Growth，

2008, 310(17): 3902 - 3906.

[45]　EHRENTRAUT D, FUKUDA T. The ammonothermal crystal growth of gallium nitride-A technique on the up rise[J]. Proceeddings of the IEEE, 2010, 98(7): 1316 - 1323.

[46]　EHRENTRAUT D, PAKALAPATI R T, KAMBER D S, et al. High quality, low cost ammonothermal bulk GaN substrates[J]. Japanese Journal of Applied Physics, 2013, 52(85): 08JA01.

[47]　JIANG W, EHRENTRAUT D, KAMBER D S, et al. Ammonothermal bulk GaN substrates for LEDs[J]. Proceedings of SPIE, 2014, 9003: 900313.

[48]　JIANG W K, EHRENTRAUT D, COOK J, et al. Transparent, conductive bulk GaN by high temperature ammonothermal growth[J]. Physica Status Solidi(b), 2015, 252 (5): 1069 - 1074.

[49]　MIKAWA Y, ISHINABE T, KAWABATA S, et al. Ammonothermal growth of polar and non-polar bulk GaN crystal[J]. Proceedings of SPIE, 2015, 9363: 936302.

[50]　MIKAWA Y, ISHINABE T, KAGAMITANI Y, et al. Recent progress of large size and low dislocation bulk GaN growth[J]. Proceedings of SPIE, 2020, 11280: 1128002.

第 5 章

氮化镓单晶制备的方法
——助熔剂法

5.1 发展历程

为了获得较高的生长速率与较高的晶体质量，助熔剂法（Na－flux 法）经历了一系列的技术改进（如表 5－1 所示），而真正作为一种新兴技术的提出，要始于 2003 年将 Na－flux 法与 LPE 法相结合。

表 5－1 Na－flux 法技术改进一览表

时间	主要技术改进	研究团队	成果评估
1997 年	NaN_3＋Ga	H. Yamane, Tohoku University	首次获得 GaN(2 mm)
2000 年	Na＋Ga	H. Yamane, Tohoku University	尺寸达到 3 mm
2002 年	添加 Ca、Li	Y. Mori, Osaka University	提高了 GaN 产率
2003 年	结合 LPE 技术	Y. Mori, Osaka University	可生长大尺寸单晶
2006 年	引入温度梯度	Y. Mori, Osaka University	生长速率达 10 μm/h
2008 年	添加 C 源	Y. Mori, Osaka University	抑制多晶，提高产率
2008 年	引入搅拌技术	Y. Mori, Osaka University	进一步提高生长速率
2011 年	自发成核 GaN 作籽晶	Y. Mori, Osaka University & Ricoh	8～10 mm 单晶，具有 6 个 m 面，生长速率达 33 μm/h
2012 年	引入掩膜缩颈技术（necking technique）	Y. Mori, Osaka University	进一步提高了结晶质量，可生长均匀性较好的大尺寸 GaN 单晶
2014 年	两步法降低位错密度	Y. Mori, Osaka University	2 英寸 GaN，75％区域位错密度在 10^2 cm^{-2}
2015 年	籽晶下降法（Na－flux－dipping）	Y. Mori, Osaka University	生长厚的、低位错密度 GaN
2015 年	引入甲烷	Y. Mori, Osaka University	c 向生长速率可达 60 μm/h
2017 年	拼接法(tiling technique)	Y. Mori, Osaka University	175 mm 直径

Na-flux 法生长 GaN 单晶的研究始于 1997 年，国外主要研究团队有：日本大阪大学的介森勇（Y. Mori，Osaka University，Japan）带领的研究团队，其合作单位有日本理光（Ricoh）、丰田中研（Toyota Central R&D Lab）、三垦电气（Sanken Electric co.）等；日本东北大学的山根（H. Yamane，Tohoku University，Japan）带领的研究团队，其合作单位有康奈尔大学（Cornell University，USA）等；日本名古屋大学（Nagoya University，Japan），其合作单位有日本碍子公司（NGK，Japan）；美国空军、海军研究实验室（USA Air Force/Naval Research Lab）等。其中，日本大阪大学介森勇课题组对 Na-flux 法生长 GaN 单晶的尺寸、晶体质量、晶体生长设备的放大、单晶生长速率等进行了深入研究，并将 LPE 生长方法与 Na-flux 法相结合。2008 年，介森勇课题组利用自主设计研发的 Na-flux 法生长设备，首次获得了 3 mm 厚的 2 英寸 GaN 单晶（如图 5-1(a)所示），并于 2011 年与丰田中研/三垦电气合作，成功试制出了第一块用 Na-flux 法生长的 4 英寸 GaN 单晶（如图 5-1(c)所示），此外，利用 Na-flux 法自发成核单晶作为籽晶，结合蓝宝石掩膜技术与熔液搅拌技术，成功生长了厘米级 GaN 单晶（如图 5-2 所示）。截至目前，利用 Na-flux 法可获得极性（c 面）、半极性（m/a 面）GaN 体单晶，且单晶位错密度可降低至 10^2 cm^{-2} 的数量级。

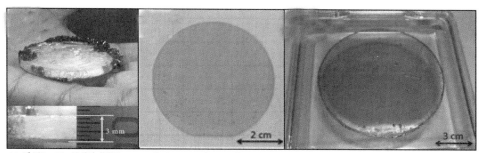

(a) 采用 Na-Flux 法首次获得 3 mm 厚的 2 英寸 GaN 单晶[1]　(b) 利用 HVPE 生长 GaN 单晶为籽晶，利用 Na-flux 法生长的 2 英寸 GaN 单晶[2]　(c) 利用 HVPE 生长 GaN 单晶为籽晶，采用 Na-flux 法生长的 4 英寸 GaN 单晶[2]

图 5-1　GaN 单晶

　　为了进一步获得高质量、大尺寸的 GaN 单晶，M. Imade 等人[3] 又引入了缩颈外延合并生长技术（如图 5-3 所示），并辅助熔液搅拌技术，获得了较大尺寸的高质量 GaN 单晶，利用这一技术有望获得更大尺寸的高质量 GaN 单晶。

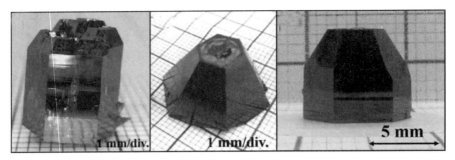

(a) a向0.85 cm, c向1 cm[3]　　(b) a向12 mm, c向大于20 mm[2]　　(c) a向9 mm, c向7.5 mm[2]

图 5 - 2　利用自发成核单晶作籽晶

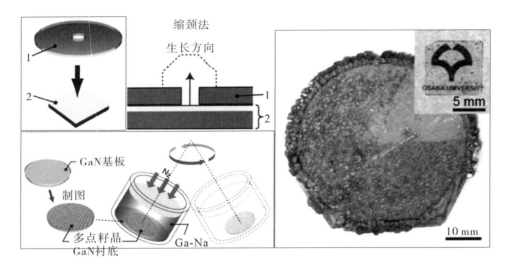

图 5 - 3　缩颈外延合并生长技术[4]

2015 年，T. Sato 等人[5]又引入了籽晶下降法（Na - flux - dipping），在使用这种籽晶下降技术生长的过程中，防止了 GaN 衬底和再生层之间界面位错的产生，成功地制备了厚且低位错密度的 GaN 晶体。

为了进一步提高单晶生长速率，2015 年，K. Murakami 等人[6]又引入甲烷气体作为碳源，获得了 c 向生长速率高达 60 μm/h 的 GaN 单晶，并且单晶产率相比于石墨作为添加剂有着很大的提升（如图 5 - 4 所示）。当向熔剂中加入石墨时，在 4.0 MPa 的氮气压力下形成多晶。当加入甲烷气体时，在 5.0 MPa压力下 c 轴生长速率达到 63 μm/h，且无多晶形成。

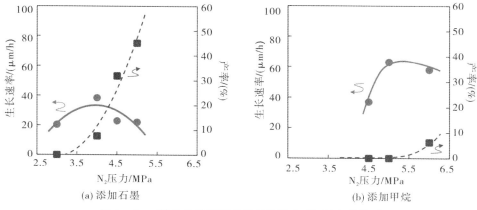

(a) 添加石墨　　　　　　　　(b) 添加甲烷

图 5 - 4　c 轴生长速率和多晶体产率与 N_2 压力的关系

2017 年，T. Yoshida 等人[7]又引入了籽晶拼接技术（tiling technique），即通过使用一种初始衬底（由粘连在衬底上的多个 HVPE 籽晶组成）作为大块籽晶，获得了直径为 175 mm 的大块氮化镓单晶。

5.2　基本原理和控制方法

5.2.1　基本原理

Na - flux 法生长 GaN 单晶反应过程示意图如图 5 - 5 所示。在一定的生长温度和压力条件下，Ga - Na 熔液中的 Na 在气液界面处使氮气发生离子化过程，形成 N^{3-} 离子，虽然氮气在 Ga 金属与 Na 金属中的溶解度非常低，但是离子化后的 N^{3-} 使得熔液中氮的溶解度提高了近千倍，而且离子化的 N^{3-} 可以在 Ga - Na 金属离子体系内稳定存在。在温度梯度或浓度梯度的驱动下，N^{3-} 离子不断地向下传输，当 Ga - Na 熔液中氮的溶解度超过 GaN 结晶生长所需氮的临界值时，则形成自发成核的 GaN，或 N^{3-} 离子向下传输至籽晶处，在 GaN 籽晶上进行液相外延（LPE）生长。通过对生长条件的精确控制，可获得连续有效的晶体生长，进而获得大尺寸、高质量的 GaN 单晶。

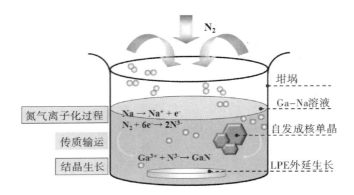

图 5－5 Na－flux 法生长 GaN 单晶反应过程示意图

5.2.2 过饱和度控制

　　Na－flux 法是一种近热力学平衡状态下的生长方法，因此，更容易获得较高的晶体质量。由于 GaN 具有很高的熔点[8]，在 6 GPa 下，熔点达 2200℃，传统的提拉法（Czochralski method）、布里奇曼法（Bridgeman method）等单晶生长方法不适于生长 GaN 单晶，而采用高压溶液法（high pressure solution）对设备及生长条件的要求极为苛刻，且氮气在 Ga 熔液中的溶解度非常低[9]（1500℃、1 GPa 时也只有 0.2 mol％），GaN 生长速率每小时仅有几微米。而 Na 源的引入，极大地提高了氮气在 Ga 熔液中的溶解度（如图 5－6 所示），虽然氮气在 Na 中的溶解度也很小（600℃时仅为 7.1×10^{-9} mol％），但是 Na

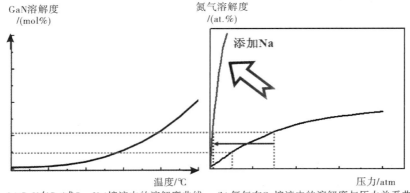

图 5－6 Na 源的引入极大地提高了氮气在 Ga 溶液中的溶解度

可以使 N_2 发生离子化过程形成 N^{3-}，增加体系内 N 源的浓度，从而可以在较低的压力(小于 10 MPa)、温度(小于 900℃)下获得 GaN 单晶[10](如图 5-7 所示)。

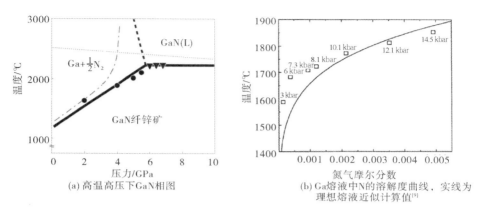

(a) 高温高压下GaN相图　　　(b) Ga熔液中N的溶解度曲线，实线为理想熔液近似计算值[9]

图 5-7　改变生长条件获得 GaN 单晶

通过 Na-flux 剂法研究 GaN 生长中的亚稳态区域，我们可以看出，由于其生长可控温区小，过饱和度大的情况下局部自发成核[11](如图 5-8 所示)，易于产生多晶，降低 GaN 单晶的生长速率以及单晶产率，因此，为了避免多晶的产生，提高单晶产率，对于过饱和度的控制显得尤为重要。通常，添加碳源作为添加剂，降低气液界面的过饱和度，有效抑制气液界面自发成核过程[12]，可提升氮源有效利用率，促进 GaN 籽晶液相外延生长。

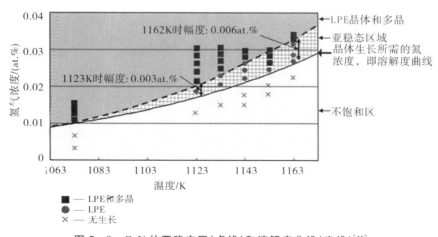

图 5-8　GaN 的亚稳态区(虚线)和溶解度曲线(实线)[11]

2015 年，T. Sato 等人又引入了籽晶下降法[5]，在使用这种籽晶下降技术生长的过程中，通过控制 GaN 籽晶表面过饱和度维持在较高的水平，防止了 GaN 籽晶回溶，成功地制备了厚且低位错密度的 GaN 晶体（如图 5-9 所示）。

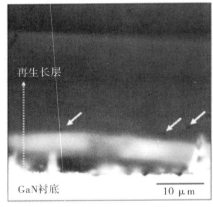
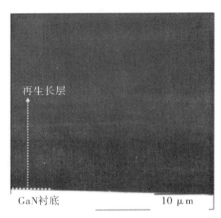

(a) 未利用籽晶下降法生长氮化界面　　　　(b) 利用籽晶下降法生长氮化界面[5]

图 5-9　GaN 生长界面

　　2016 年，Y. Mori 等人为了在低过饱和条件下生长 GaN 单晶，在助熔剂生长系统中引入了浸渍（Na-flux-dipping）技术。利用该系统成功地制造了一种 2 英寸{11$\bar{2}$2}面的 GaN 单晶，避免了籽晶的回溶，生长的 GaN 晶体具有高透明度和结晶度（如图 5-10 所示）。

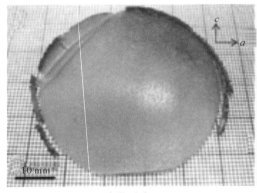

(a) 光学照片　　　　　　(b) 两面CMP抛光{11$\bar{2}$2}面GaN

图 5-10　采用浸渍技术生长的高透明度的 2 英寸{11$\bar{2}$2}面 GaN 单晶[13]

5.2.3 缺陷控制

晶体缺陷，一般指各种偏离晶体结构的周期性重复排列的现象，而导致这种周期性的偏离的原因就是产生缺陷的因素。同时，根据其延展程度的不同，晶体缺陷可分成点缺陷、线缺陷和面缺陷三种类型，通常在生长过程中重点关注的是点缺陷以及线缺陷的抑制。

1. 点缺陷

在应用助熔剂法生长 GaN 晶体的过程中，由于温度、压力、介质组分浓度等发生变化进而会引入点缺陷。这部分点缺陷的存在及不均匀分布会导致材料性质的变化。半导体中的点缺陷通常可分为本征点缺陷、非故意掺杂引入的点缺陷以及故意掺杂得到的点缺陷。GaN 晶体中存在六种本征点缺陷，它们分别是：N 空位、Ga 空位、N 间隙位、Ga 间隙位、Ga 替 N 位以及 N 替 Ga 位。在助熔剂体系中，这六种本征点缺陷在生长所得的 GaN 晶体中均有存在，而 N 空位(V_N)与 Ga 空位(V_{Ga})是两种比较常见的本征点缺陷，尤其是在离子注入、辐照处理后的 GaN 样品中，一般存在较多的空位缺陷。N 空位作为 p 型材料中的浅施主杂质，常常在晶体中以补偿作用出现。在 Mg 故意掺杂的 p 型材料中，一般认为晶体中 N 空位的浓度与 Mg 杂质浓度呈正相关性，但是经过退火处理后，其 N 空位的浓度也会得到有效的降低[14-16]（如图 5-11 所示）。

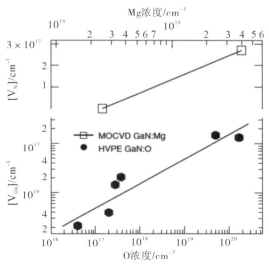

图 5-11　GaN 晶体中的 N 空位、Ga 空位的浓度与其他杂质浓度的依赖关系[14]

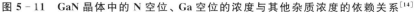

同样的，相对应的 Ga 空位则是 n 型材料中常见的补偿杂质，在 GaN 晶体中，常随掺杂的施主型杂质浓度的增加而增加，并常伴随着非辐射复合中心的形成。一般认为，体系中的 Ga 空位易与 O 杂质等进一步结合，形成复杂的 V_{Ga}-O 型复合物，这会对材料整体的发光特性造成不良影响（材料发光光谱中的黄光带、绿光带普遍认为与这部分复合物有关）。与 N 空位不同的是，Ga 空位在晶体中比较稳定（单独的 V_{Ga} 在超过 300℃ 的环境中难以单独存在，一般以 V_{Ga}-O 的形式存在），很难通过退火处理得到降低，所以需要在实际的生长过程中，通过一定的调控尽量减少这部分本征点缺陷，从而提升晶体质量，也可以进一步控制所得到的材料的电阻率[17]。

在助熔剂法生长体系中，一般会通过调整生长原料的控制配比、生长过程中的压力以及温度等措施来抑制这部分本征点缺陷的形成。在已有的报道中也发现，在助熔剂生长过程中，适当提高相应的生长温度，可以有效抑制晶体中的空位型缺陷的产生（如图 5-12 所示，一般认为 GaN 晶体的拉曼散射光谱中出现的 653 cm^{-1} 处的尖峰，与材料中的空位浓度有关，而在提高生长温度后，可以看到此处的尖峰消失）[18]。同样的，在生长过程中，适当提高体系的 N_2 气压，一般也可以有效抑制 N 空位的浓度。

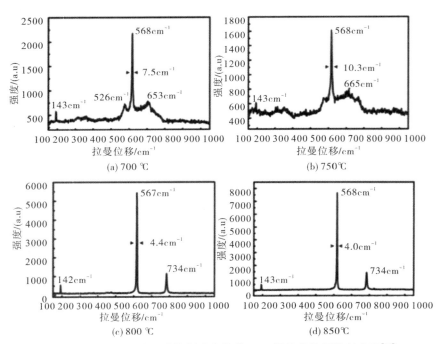

图 5-12　不同温度下助熔剂法生长的 GaN 晶体的拉曼散射光谱[18]

除了以上分析的本征点缺陷之外，在助熔剂法生长体系中同样存在着相当数量的非故意掺杂引入的点缺陷。由于助熔剂本身生长的特点，体系中的高压釜壁对杂质存在一定的吸附作用，再加上高温生长状态下 Na 和 Ga 比较活泼，产生的碱性挥发物质会对其他部件造成腐蚀，使得生长的气氛中含有一定的杂质，以及生长体系中原料本身带入的杂质等，导致了生长的晶体中通常会存在较多的非故意掺杂引入的点缺陷存在，主要包括 Al、Fe、Cr、Mn、Mo、C、O 等杂质(如图 5 - 13 所示)。

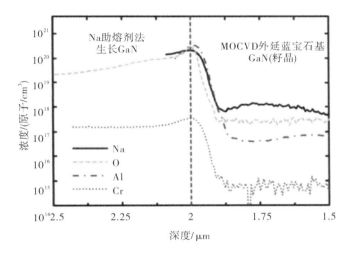

图 5 - 13　助熔剂法生长的 GaN 晶体的多种杂质浓度[6]

在这些杂质中，部分金属杂质可能来源于承载生长原料的坩埚。目前在助熔剂生长中，合金坩埚的使用较为普遍，包括氧化铝坩埚、镍合金坩埚、钼合金坩埚等，而这类坩埚的使用是 GaN 晶体中 Al、Fe、Cr、Mn、Mo 等金属杂质的主要来源[19]。对于 GaN 晶体而言，金属杂质的存在，通常会对材料的透明度、光学特性以及电阻率产生深远的影响[20]。基于这一考虑，目前在助熔剂的生长中，正逐渐使用化学性质更稳定、材质更纯净的坩埚来替换原来的合金坩埚，从而减少非故意掺杂引入的金属杂质。

在助熔剂体系中，C 杂质主要来源于生长原料中的 C 添加剂。已有的实验表明，在助熔剂生长体系中，C 添加剂的存在能够有效抑制自发成核过程(如图 5 - 14 所示)，有利于在籽晶上的液相外延生长，从而可以进一步提高晶体质量[1, 21-22]。所以，在目前的助熔剂生长中，都广泛地使用了不同类型的 C 添加剂，包括有序介孔碳、活性炭、石墨烯、石墨粉等。而另一方面，C 杂质作为材料中的主要杂质，对材料的特性有着进一步的影响。一般认为 C 杂质对材料中的载流子有补偿作用，所以 C 杂质的存在会降低材料的电学特性；同时 C 杂质又被认为与 GaN 发光中黄光带的形成密切相关[23-26]，对材料的发光特性存在不良的影响，所以普遍希望可以降低这部分杂质的浓度。而在材料生长中，一般通过调整 C 添加剂的类型以及生长的温度、压力来减少 C 杂质的浓度。

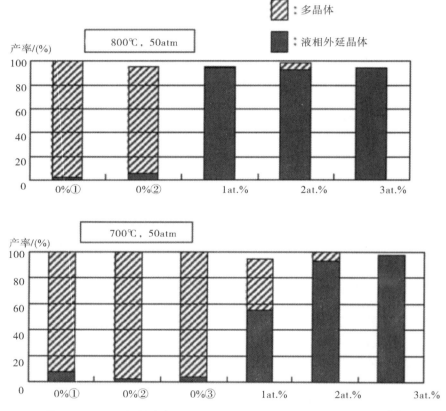

图 5-14　C 添加剂的含量对助熔剂法中液相外延晶体产率的影响[1]

O 杂质作为材料中的主要杂质，在助熔剂生长的 GaN 晶体中有着较高的含量，且在晶体内部的分布非常不均匀，受生长温度和生长压力的影响较大。O 杂质在晶体中有多种存在形式，包括代位、间位（O_N、O_{Ga}、O_I）等，与生长条件有关。

一般认为，在晶体生长过程中 O 杂质的引入，会造成晶格常数的膨胀、应力的积累并最终导致裂纹的产生，给大尺寸的晶体生长带来不利的影响[27-29]；

O 杂质与其他杂质如 Na、Al、Cr 等有着较高的亲和性，会促使这部分杂质在生长的晶体中富集[19,30]；O 杂质也被发现会与晶体中的 Ga 空位等本征点缺陷进一步结合，形成的 V_{Ga}-O 复合物等深能级缺陷对材料本身的发光特性会造成极大的影响[31]。目前很多情况下，助熔剂生长的 GaN 晶体都带有乌黑色，呈现较低的透明度，而这种黑色的呈现，也被广泛认为与 O 杂质有关（如图 5-15 所示）。

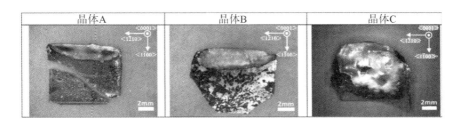

图 5-15　助熔剂法生长的 GaN 晶体呈乌黑色[28]

但是，从另一方面而言，O 杂质又是 GaN 材料常见的施主杂质之一，对 GaN 的电学特性如电阻率、迁移率等有着重要的影响。在 O 掺杂晶体中，一定条件下，O 在 GaN 中掺杂后将取代 N 位形成 O_N，成为 n 型 GaN 中浅施主的主要来源之一（激活能为 29 meV），其载流子浓度一般与 O 的掺杂浓度呈现正相关性。而最近报道的氧化物气相外延生长的 GaN 晶体中，其载流子浓度为 8.92×10^{19} cm^{-3}，迁移率为 9.03×10 cm^2 · V^{-1} · s^{-1}，同时其呈现了非常低的电阻率——7.75×10^{-4} Ω · cm[32]，这显示出了 O 掺杂的巨大潜力，对于目前重掺杂 n 型衬底的制备提供了崭新的思路。但是，O 在 GaN 晶体中也可能以较难电离的深能级的形式存在（一般与 Ga 空位相关），最终导致了不同生长下掺杂浓度相同的 GaN 晶体的电学特性存在着较大的差异。对于非故意掺杂的 GaN 晶体而言，我们应致力于尽量降低 O 杂质的浓度，从而提高晶体的质量。在助熔剂体系中，O 杂质的主要来源包括氧化铝坩埚的使用以及生长环境的吸附。而在实际生长中，可以通过替换坩埚材料、提高生长环境的洁净度等方法进一步降低其浓度。

除了以上分析的本征点缺陷、非故意掺杂引入的点缺陷，为了实现特殊的性质，生长过程中也会相应引入故意掺杂原子，形成故意掺杂点缺陷。如在生长过程中掺入 Mg，使其呈 p 型导电性；掺入 Si、O 等施主杂质，对材料的电学特性如电阻率、迁移率等进行调控；掺入 Fe 等杂质，使材料呈现半绝缘的特性等。目前在助熔剂法生长中，对这部分的研究比较少，仍处于起步阶段。

2. 线缺陷

线缺陷是指二维尺度很小而第三维尺度很大的缺陷，其特征是两个方向上尺寸很小而另外一个方向上延伸较长，其集中表现形式是位错。

目前，生长高质量大尺寸的 GaN 单晶衬底的方法主要有氢化物气相外延（HVPE）法[33-34]、氨热法（ammonothermal method）[34-35]、助熔剂法（Na - flux method）[36]等。

HVPE 法生长速率快、易得到大尺寸晶体，是目前商业上提供 GaN 单晶衬底的主要方法；其缺点是成本高、晶体位错密度高、曲率半径小，以及会造成环境污染。氨热法生长技术与水热生长技术类似，可以在多个籽晶上生长，易规模化生产，可以显著降低成本；其缺点是生长压力较高，生长速率低。助熔剂法中结晶质量高，生长条件相对温和，对生长装备要求低，可以生长出大尺寸的 GaN 单晶；其缺点是易于自发成核形成多晶，难以生长出较厚的 GaN 晶体。所以，在线缺陷方面即位错方面的优势，也是助熔剂法作为一种近热力学平衡状态下的生长方法，值得进一步研究的关键所在。

与其他气相生长方法不同，在助熔剂体系中，由于其液相外延的特点，生长界面的控制显得尤为重要。通常，外延单晶中的位错绝大部分来自衬底中，通过生长界面的控制，可有效降低外延单晶中的位错密度。单晶外延生长模式、外延晶体质量、外延晶体杂质含量等均受到晶体生长界面状态的影响，因此，有效控制生长界面，特别是初始生长界面的状态，是获得高质量、大尺寸液相外延 GaN 单晶的前提。生长温度不仅会影响体系的黏度，还会增加籽晶外延生长表面原子的自由扩散长度，一定生长条件下，随着温度的升高，可实现生长界面生长模式由三维岛状生长向二维层状生长的转变。对于液相外延生长技术，稳定的二维层状生长模式更有利于获得高质量的外延单晶。利用初始生长界面的生长模式，可以有效降低生长前期的位错，提高外延晶体的质量。

同样的，在助熔剂法生长过程中，也有很多创新性的消除位错的方法，目前主要使用的方法有以下几种：

（1）引入搅拌过程和釜体摇摆系统，这一过程不仅提高了反应原料体系的均匀性，也提高了氮气的溶解速率与输运速率，从而降低了位错密度，提高了晶体质量。

（2）单点成核技术（single-point seed technique）与缩颈技术（necking technique），这种方法主要通过制作籽晶上的小孔，人为限制液相外延的生长，抑制生长初期中位错的增加，从而实现一定区域的无位错生长，降低晶体的整体位错密度[37]（如图 5-16 所示）。

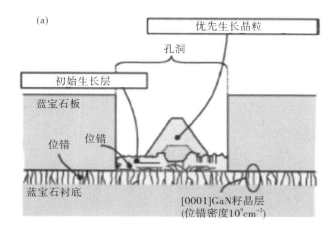

(a)
优先生长晶粒
孔洞
初始生长层
蓝宝石板
位错　位错
蓝宝石衬底
[0001]GaN籽晶层
（位错密度10⁹cm⁻²）

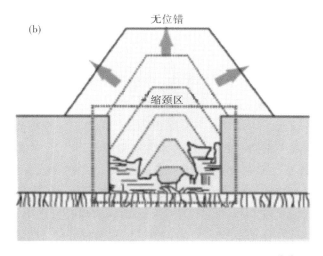

(b)
无位错
缩颈区

图 5-16　助熔剂法生长的单点成核过程示意图[37]

（3）多点成核技术（multipoint seed GaN substrate），这种方法通过制作多个籽晶的小孔区域，实现单独区域内的三角锥形的低位错密度生长，并通过进一步控制过饱和度，实现平面的整体生长，同时降低晶体的位错密度（如图 5-17所示）。

　　截至目前，利用助熔剂法已成功生长了厘米级、大尺寸（2～6 英寸）的

GaN 单晶，且单晶位错密度可降低至 10^2 cm^{-2} 的数量级。

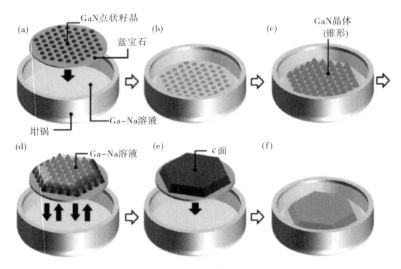

图 5－17　助熔剂法生长的多点成核过程示意图[10]

5.2.4　应力控制

在早期的 GaN 材料的生长过程中，一般采用的是异质外延的方法，采用的衬底材料包括 Si、SiC、Sapphire、AlN 等。其主要的优势在于这些衬底材料易于获得、价格较低，但由于晶格失配和热失配的存在，将引入大量的位错以及应力，最终导致生长的 GaN 材料的晶体质量降低。以 Si 衬底为例，一方面，由于 Si 衬底与外延的 GaN 材料之间存在 16.9％的晶格常数失配，这部分的晶格常数失配将在外延生长过程中引入大量的位错；另一方面，Si 与 GaN 材料之间的热膨胀系数失配高达 56％，在生长结束后的降温过程中，这部分的热膨胀系数失配将使外延层中形成应力的积累，从而导致外延片发生翘曲，甚至使外延层整面产生龟裂。所以，想要进一步生长高质量的 GaN 晶体，异质外延的生长方式并不可取。

已有的研究表明，相较于异质外延，基于高质量 GaN 单晶衬底的同质外延可以有效避免热失配或晶格失配问题，进一步有效降低外延晶体中的残余应力和位错密度。而助熔剂法生长 GaN 晶体，正是一种基于同质籽晶液相外延生长的方法，所以在应力控制方面存在着显著的优势。

研究表明在 GaN 晶体中，压应力和张应力都会引起各个声子峰的蓝移或红移。其中，E_2(high)对应力的响应最为敏感，所以在研究中一般利用拉曼散射光谱测量声子峰的相对移动，从而得到晶体中的应力。E_2(high)声子拉曼峰移 $\Delta\omega$ 与双轴应力 σ 的关系可以表示为[38]：$\sigma = \Delta\omega/4.2(\text{cm}^{-1} \cdot \text{GPa}^{-1})$。晶体在生长的过程中如果受到应力，通常会通过位错、孔洞或者形成裂纹等来释放（如图 5-18 所示）。

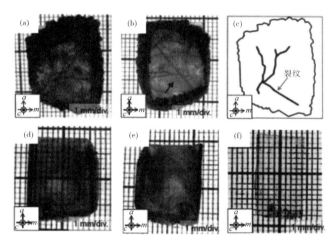

图 5-18　助熔剂法生长的 GaN 晶体中的裂纹[39]

　　同质外延的晶体中，来源于衬底失配的应力比较小，一般在生长过程中也会以多种方式进一步释放生长应力。以 HVPE 生长为例，在其生长过程中一般通过侧向外延生长技术(ELOG，即通过弯曲位错线，形成孔洞结构，增强位错湮灭，减少位错密度)来释放生长应力和热应力，最终降低位错和应力。

　　已有研究发现，目前助熔剂法生长的 GaN 晶体中仍然有一定的应力以及裂纹。虽然是同质外延生长，由于界面处的晶格常数差异、杂质并入以及热应力积累等问题，当晶体的尺寸增加时，常常导致相应的裂纹产生并最终引起晶体破裂。所以，对于助熔剂法的大尺寸、产业化发展，实现应力调控以及无裂纹生长是亟待解决的重中之重。

　　在助熔剂法体系中，其应力的主要来源包括：① 晶体生长中的热应力，这需要通过生长技术的调控来进一步降低；② 晶体中杂质掺杂带来的应力，尤其是 O 杂质，其作为助熔剂法 GaN 晶体中的主要杂质，在晶体生长过程中富集，会造成晶格常数的膨胀、应力的积累并最终导致裂纹的产生。所以，在实际生长过程中，需要提高生长环境以及原料的洁净度，消除对杂质存在的吸附作用，研究 O 杂质以及应力的消除方法。

同时，在生长过程中，应力以及裂纹多产生于晶体生长的降温过程中，与应力的积累以及籽晶/单晶之间的热膨胀系数的差异有关。所以，在实际生长过程中，也需要进一步对降温速率进行控制，而这部分应力和裂纹的起源以及分布也需要做进一步的系统研究。

5.3 液相外延生长技术

2003 年，Y. Mori 教授等人采用液相外延（LPE）方法，在 Na 助熔剂中生长出了 12 mm×5 mm×0.8 mm 的 GaN 单晶；采用金属有机化学气相沉积（MOCVD）方法在蓝宝石上合成了厚为 3 mm 的 GaN 薄膜，并在薄膜上利用助熔剂法生长出了 GaN 单晶（如图 5 - 19 所示）。结果表明，蓝宝石衬底上的 MOCVD - GaN 薄膜在 Na 助熔剂中具有籽晶的作用；使用含有 40％氨气的混合氮气代替纯 N_2 气体，也可以在 5 atm 下在 MOCVD - GaN 薄膜上生长 10 mm厚的 GaN 同质外延薄膜，这是在 Na 助熔剂中生长 GaN 的最低压力。PL 测量结果表明，LPE 生长的 GaN 单晶的峰值强度是 MOCVD - GaN 薄膜的 40 倍。此外，LPE 生长技术可以显著降低块状 GaN 晶体的位错密度。

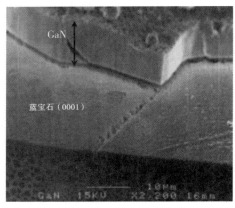

图 5 - 19　在 3 mm 厚的 MOCVD - GaN 薄膜上，采用 LPE 法在
40％氨混合氮气中生长出了 10 mm 厚的 GaN 薄膜[40]

2008 年，Y. Mori 教授等人利用液相外延(LPE)的生长方法首次生长出了 3 mm 厚的 2 英寸 GaN 单晶(如图 5-20 所示)；2011 年，其团队与丰田中研/三垦电气合作，成功研制出了第一块 4 英寸 GaN 体单晶；2015 年，其团队与丰田中研合作，获得了 6 英寸 GaN 单晶。以上通过 LPE 技术获得的 GaN 体单晶位错密度均在 $10^4 \sim 10^6$ cm^{-2}(如图 5-21 所示)。

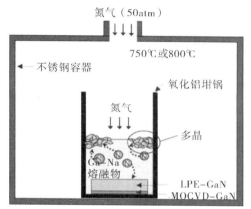

(a) LPE和多晶在不锈钢生长炉中的生长示意图

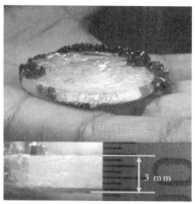

(b) LPE生长的GaN单晶光学照片

图 5-20　通过 LPE 技术获得 GaN 单晶[12]

(a) 2英寸　　　　　　(b) 4英寸　　　　　　(c) 6英寸

图 5-21　利用 HVPE 生长 GaN 单晶为籽晶，用 Na-flux 液相外延生长的 GaN 单晶[2]

添加碳能够抑制多晶的产生，并同时能够提高液相外延生长速率[12]。由于碳氮键能大于镓氮键能[41](如图 5-22 所示)，故碳氮键的形成抑制了镓原子和氮原子的结合，从而抑制了气液界面多晶产生。碳、氮原子结合后，到达生长表面。

在液相外延生长的表面，碳氮键周围的 Ga 配位数增加，碳氮键的离解能下降，N原子释放，镓氮键在扭结处形成（GaN开始生长），如图5-23所示。

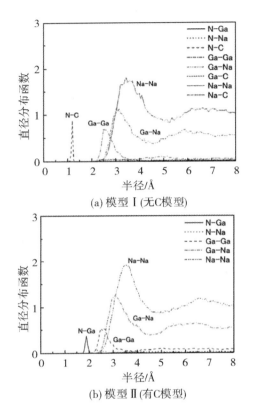

(a) 模型 I (无C模型)

(b) 模型 II (有C模型)

图 5-22　Na-Ga 熔体的直径分布函数模型[42]

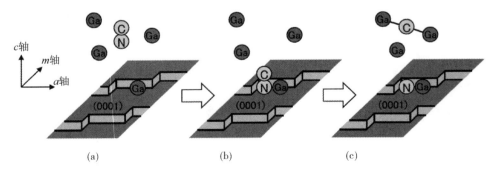

图 5-23　C、N 离子媒介的氮输运过程[42]

中国科学院苏州纳米技术与纳米仿生研究所徐科研究组采用自主研发的高温高压生长设备对助熔剂法液相外延生长技术进行了诸多的探索。助熔剂法液相外延生长 GaN 单晶过程中，生长界面的控制显得尤为重要。生长后的 GaN 表面附着有降温过程中产生的 GaN 多晶，进行研磨处理后，晶体是无色透明的，抛光后阴极荧光(CL)测试表明位错密度大约为 3×10^5 cm^{-2}。进一步通过对助熔剂法液相外延生长 GaN 过程的精确控制，获得了直径为 2 英寸、厚度超过 2 mm 的液相外延 GaN 单晶，生长速率超过 25 μm/h，切割后获得了 3 片 GaN 单晶衬底(如图 5 - 24 所示)。

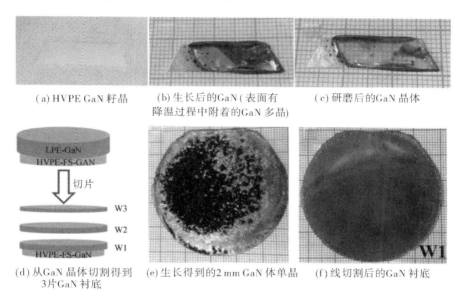

(a) HVPE GaN 籽晶　　(b) 生长后的GaN (表面有　　(c) 研磨后的GaN 晶体
　　　　　　　　　　　　降温过程中附着的GaN 多晶)

(d) 从GaN 晶体切割得到　(e) 生长得到的2 mm GaN 体单晶　(f) 线切割后的GaN 衬底
　3 片 GaN 衬底

图 5 - 24　实验结果[43]

5.4　大尺寸氮化镓单晶生长

5.4.1　多点籽晶合并法

2014 年，Y. Mori 教授等人采用具备搅拌功能的高压釜结合多点籽晶合并生长技术，获得了 2 英寸高质量 GaN 单晶，75％区域位错密度为 10^2 cm^{-2}(如图 5 - 25 所示)，未来可以通过排列更多的点籽晶生长出 6～8 英寸的 GaN 单晶。因

此，多点籽晶合并生长可能成为制备大尺寸无位错 GaN 单晶的关键技术。

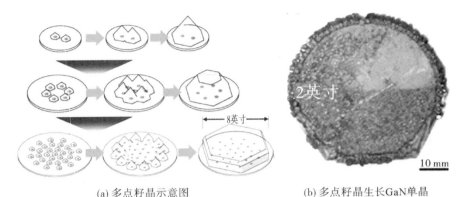

(a) 多点籽晶示意图　　　　　　　(b) 多点籽晶生长GaN单晶

图 5 - 25　多点籽晶合并法获得的 GaN 单晶[44]

5.4.2　拼接法

2017 年，Y. Mori 教授利用拼接法（tiling technique），通过对多个 HVPE 籽晶进行拼接，合成了一块直径为 175 mm 的大块籽晶，再进行助熔剂法生长，获得了直径为 175 mm 的大尺寸 GaN 单晶（如图 5 - 26 所示）。

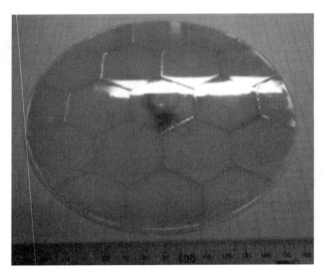

图 5 - 26　由拼接技术制备的直径为 175 mm 的自支撑 GaN 晶体[7]

5.4.3　国内研究进展

在助熔剂法生长 GaN 体单晶的过程中，通常选用在蓝宝石（或碳化硅）上异质外延 GaN 或 GaN 单晶作为籽晶，因此，在液相生长过程中，籽晶与外延生长的 GaN 之间的界面生长控制显得尤为重要。通常由于生长原料对 GaN 籽晶表面的回熔腐蚀，会导致外延生长界面出现不平整或孔洞等，这会导致后续稳态生长的紊乱且易造成位错的增殖。通过对生长工艺的优化，可实现良好的生长界面和高质量的 GaN 单晶。中国科学院苏州纳米技术与纳米仿生研究所徐科研究组进一步研究发现，优化生长条件，在外延生长界面处，可以有效降低生长应力且籽晶中的位错在界面处得到了有效抑制，这就为后续获得大尺寸的 GaN 单晶奠定了重要基础。按照优化的生长条件，分别采用 2 英寸 GaN 单晶和 3 英寸异质外延 GaN 薄膜作为籽晶，结合液相外延生长控制，分别获得了厚度为 2 mm 的 2 英寸 GaN 体单晶和厚度为 1 mm 的 3 英寸 GaN 体单晶（如图 5-27 所示），这为进一步获得高质量、大尺寸的 GaN 体单晶奠定了重要的实验基础。

图 5-27　2 英寸 GaN 体单晶和 3 英寸 GaN 体单晶[45]

5.5 发展趋势

Na-flux 法提供了一种可以在相对温和的生长条件下($T<950℃$，$P<10\ \mathrm{MPa}$)获得高质量(位错密度为 $10^2\sim10^4\ \mathrm{cm}^{-2}$)、大尺寸(2~6 英寸)GaN 单晶的方法，且目前国际报道生长速率可达 $60\ \mu\mathrm{m/h}$，这为该方法的产业化批量生产提供了可行性保证。尽管 Na-flux 法近年来取得了飞速的发展，但也遇到了较大的挑战：① 高温生长状态下，Na 和 Ga 非常活泼，对坩埚材料的耐腐蚀性、稳定性要求很高，影响生长成本的降低；② 生长过程中易形成多晶，提高原料有效利用率是一个重大的挑战；③ 受氮源传质、多晶成核及原料供给的综合影响，难以生长较厚的 GaN 体单晶。另外，目前 Na-flux 法生长过程中的自动化程度不高，也成为影响其产业化进程的一个因素。总之，Na-flux 法是一种有望实现 GaN 衬底产业化的方法，但需要克服目前面临的诸多问题。

另外，制备高质量的 GaN 单晶衬底可以采用助熔剂法多点籽晶合并生长大尺寸高质量 GaN 籽晶，再采用 HVPE 技术进行同质外延加厚。综合利用各生长方法的优势来解决各自存在的问题，可能是低成本生产高质量 GaN 体单晶的有效方案。目前，大阪大学 Y. Mori 教授和名古屋大学 H. Amano 教授已经开展了深入的合作。因此，随着大尺寸与多片技术的日益成熟，实现更低成本、更高质量的 GaN 单晶衬底大批量生产与应用的时代即将到来。

参考文献

[1] KAWAMURA F, MORISHITA M, TANPO M, et al. Effect of carbon additive on increases in the growth rate of 2 in GaN single crystals in the Na flux method[J]. Journal of Crystal Growth, 2008, 310(17): 3946-3949.

[2] MORI Y, IMADE M, MARUYAMA M, et al. Growth of GaN crystals by Na flux method[J]. ECS Journal of Solid State Science and Technology, 2013, 2(8): N3068-N3071.

[3] IMADE M, MURAKAMI K, MATSUO D, et al. Centimeter-sized bulk GaN single crystals grown by the Na-flux method with a necking technique[J]. Crystal Growth & Design, 2012, 12(7): 3799-3805.

[4] MARUYAMA M I, YOSHIMURA M, et al. Growth of bulk GaN crystals by the Na-

flux point seed technique[J]. Japanese Journal of Applied Physics，2014，53 (551)：05FA06.

[5]　SATO T，NAKAMURA K，IMANISHI M，et al. Homoepitaxial growth of GaN crystals by Na-flux dipping method[J]. Japanese Journal of Applied Physics，2015，54 (10)：105501.

[6]　MURAKAMI K，OGAWA S，IMANISHI M，et al. Increase in the growth rate of GaN crystals by using gaseous methane in the Na flux method[J]. Japanese Journal of Applied Physics，2017，56(5)：055502.

[7]　YOSHIDA T，IMANISHI M，KITAMURA T，et al. Development of GaN substrate with a large diameter and small orientation deviation[J]. Physica Status Solidi (b)，2017，254(8)：1600671.

[8]　UTSUMI W，SAITOH H，KANEKO H，et al. Congruent melting of gallium nitride at 6 GPa and its application to single-crystal growth[J]. Nature Materials，2003，2(11)：735-738.

[9]　POROWSKI S，GRZEGORY I. Thermodynamical properties of Ⅲ-Ⅴ nitrides and crystal growth of GaN at high N-2 pressure[J]. Journal of Crystal Growth，1997，178 (1-2)：174-188.

[10]　YAMANE H，KINNO D，SHIMADA M，et al. GaN single crystal growth from a Na-Ga melt[J]. Journal of Materials Science，2000，35(4)：801-808.

[11]　KAWAMURA F，MORISHITA M，MIYOSHI N，et al. Study of the metastable region in the growth of GaN using the Na flux method[J]. Journal of Crystal Growth，2009，311(22)：4647-4651.

[12]　KAWAMURA F，MORISHITA M，TANPO M，et al. Effect of carbon additive on increases in the growth rate of 2 in GaN single crystals in the Na flux method[J]. Journal of Crystal Growth，2008，310(17)：3946-3949.

[13]　MIHOKO M，SONGBEK C，KOSUKE M，et al. Fabrication of high-quality $\{11\bar{2}2\}$ GaN substrates using the Na flux method[J]. Applied Physics Express，2016，9 (5)：055501.

[14]　HAUTAKANGAS S，RANKI V，MAKKONEN I，et al. Gallium and nitrogen vacancies in GaN：Impurity decoration effects[J]. Physica B, Condensed Matter，2006，376-377(1)：424-427.

[15]　UEDONO A，IMANISHI M，IMADE M，et al. Vacancy-type defects in bulk GaN grown by the Na-flux method probed using positron annihilation[J]. Journal of Crystal Growth，2017，475 (1)：261-265.

[16]　UEDONO A，TAKASHIMA S，EDO M，et al. Carrier trapping by vacancy-type

defects in Mg-implanted GaN studied using monoenergetic positron beams[J]. Physica Status Solidi (b), 2018, 255 (4): 1700521.

[17] KOJIMA K, TSUKADA Y, FURUKAWA E, et al. Electronic and optical characteristics of an m-plane GaN single crystal grown by hydride vapor phase epitaxy on a GaN seed synthesized by the ammonothermal method using an acidic mineralizer[J]. Japanese Journal of Applied Physics, 2016, 55 (55): 05FA03.

[18] WU X, HAO H, LI Z, et al. Growth temperature dependence of morphology of GaN single crystals in the Na-Li-Ca flux method[J]. Journal of Electronic Materials, 2017, 47 (2): 1569 – 1574.

[19] VONDLLEN P, PIMPUTKAR S, ALREESH M A, et al. A new system for sodium flux growth of bulk GaN. Part I: System development[J]. Journal of Crystal Growth, 2016, 456, 58 – 66.

[20] RESHCHIKOV M A, MORKOC H. Luminescence properties of defects in GaN[J]. Journal of Applied Physics, 2005, 97 (6): 061301.

[21] LIU Z L, REN G Q, SHI L, et al. Effect of carbon types on the generation and morphology of GaN polycrystals grown using the Na flux method[J]. CrystEngComm, 2015, 17 (5): 1030 – 1036.

[22] MORI Y, IMANISHI M, MURAKAMI K, et al. Recent progress of Na-flux method for GaN crystal growth [J]. Japanese Journal of Applied Physics, 2019, 58 (SC): SC0803.

[23] CHRISTENSON S G, XIE W, SUN Y Y, et al. Carbon as a source for yellow luminescence in GaN: isolated CN defect or its complexes[J]. Journal of Applied Physics, 2015, 118 (13): 135708.

[24] RESHCHIKOV M A, DEMCHENKO D O, USIKOV A, et al. Carbon defects as sources of the green and yellow luminescence bands in undoped GaN[J]. Physical Review B, 2014, 90 (23): 235203.

[25] LYONS J L, JANOTTI A, VANDEWALLE C G. Carbon impurities and the yellow luminescence in GaN[J]. Applied Physics Letters, 2010, 97(15): 152108.

[26] DEMCHENKO D O, DIALLO I C, RESHCHIKOV M A. Yellow luminescence of gallium nitride generated by carbon defect complexes[J]. Physics Review Letters, 2013, 110 (8): 087404.

[27] IMANISHI M, YOSHIDA T, KITAMURA T, et al. Homoepitaxial hydride vapor phase epitaxy growth on GaN wafers manufactured by the Na-flux method[J]. Crystal Growth & Design, 2017, 17(7): 3806 – 3811.

[28] ABO ALREESH M, VONDOLLEN P, MALKOWSKI T F, et al. Investigation of

oxygen and other impurities and their effect on the transparency of a Na flux grown GaN crystal[J]. Journal of Crystal Growth，2019，508：50 – 57.

[29] IMANISHI M，MURAKAMI K，YAMADA T，et al. Promotion of lateral growth of GaN crystals on point seeds by extraction of substrates from melt in the Na-flux method[J]. Applied Physics Express，2019，12（4）：045508.

[30] TINGBERG T，IVE T，LARSSON A. Investigation of Si and O donor impurities in unintentionally doped MBE-grown GaN on SiC（0001）substrate[J]. Journal of Electronic Materials，2017，46（8）：4898 – 4902.

[31] YOU W，ZHANG X D，ZHANG L M，et al. Effects of different ions implantation on yellow luminescence from GaN[J]. Physica B，Condensed Matter，2008，403（17）：2666 – 2670.

[32] TAKINA J，SUMI T，OKAYAMA Y，et al. Development of a 2-inch GaN wafer by using the oxide vapor phase epitaxy method[J]. Japanese Journal of Applied Physics，2019，58（SC）：SC1043.

[33] HENNIG C，RICHTER E，WEYERS M，et al. Freestanding 2-in GaN layers using lateral overgrowth with HVPE［J］. Journal of Crystal Growth，2008，310（5）：911 – 915.

[34] BOCKOWSKI M. Bulk growth of gallium nitride：challenges and difficulties[J]. Crystal Research and Technology，2007，42（12）：1162 – 1175.

[35] KUDRAWIEC R，MISIEWICZ J，RUDZINSKI M，et al. Contactless electroreflectance of GaN bulk crystals grown by ammonothermal method and GaN epilayers grown on these crystals[J]. Applied Physics Letters，2008，93（6）：75 – 77.

[36] YAMANE H，SHIMADA M，CLARKE S J，et al. Preparation of GaN single crystals using a Na flux[J]. Chemistry of Materials，1997，9（2）：413 – 416.

[37] IMADE M，MURAKAMI K，MATSUO D，et al. Centimeter-sized bulk GaN single crystals grown by the Na-flux method with a necking technique[J]. Crystal Growth & Design，2012，12（7）：3799 – 3805.

[38] QI L，XU Y，LI Z，et al. Stress analysis of transferable crack-free gallium nitride microrods grown on graphene/SiC substrate[J]. Materials Letters，2016，185：315 – 318.

[39] YAMADA T，IMANISHI M，NAKAMURA K，et al. Crack-free GaN substrates grown by the Na-flux method with a sapphire dissolution technique［J］. Applied Physics Express，2016，9（7）：071002.

[40] KAWAMURA F，IWAHASHI T，OMAE K，et al. Growth of a large GaN single crystal using the liquid phase epitaxy（LPE）technique[J]. Japanese Journal of Applied

Physics，2003，42：L4 - L6.

[41] 　KAWAMURA T，IMABAYASHI H，YAMADA Y，et al. Structural analysis of Carbon-added Na-Ga melts in Na flux GaN growth by first-principles calculation[J]. Japanese Journal of Applied Physics，2013，52(8S)：08JA04.

[42] 　KAWAMURA T，IMABAYASHI H，MARUYAMA M，et al. First-principles investigation of the GaN growth process in carbon-added Na-flux method[J]. Physica Status Solidi (b)，2015，252(5)：1084 - 1088.

[43] 任国强，王建峰，刘宗亮，等.氮化镓单晶生长研究进展[J].人工晶体学报，2019，48 (9)：1588 - 1598.

[44] 　IMADE M，IMANISHI M，TODOROKI Y，et al. Fabrication of low-curvature 2 InGaN wafers by Na-flux coalescence growth technique[J]. Applied Physics Express，2014，7(3)：035503.

[45] 任国强，刘宗亮，李腾坤，等.氮化镓单晶的液相生长[J].人工晶体学报，2020，49 (11)：2024 - 2037.

第 6 章

氮化镓单晶同质外延生长技术

6.1 同质外延特点

6.1.1 同质外延的优势

氮化物半导体的开创性工作是在 20 世纪 80 年代基于异质外延技术发展起来的。异质外延的 GaN 基量子结构实现了高效蓝色发光二极管的制造。这项工作由三位日本教授即赤崎勇、天野浩和中村修二完成，他们于 2014 年被授予诺贝尔物理学奖。如今，GaN 及其与铟和铝的合金已成为制造光电子器件（如发光二极管和激光二极管）的基础材料。另外，GaN 也是可以用于高频率和高功率的电力电子器件，这是由于它具有宽的带隙和高的载流子迁移率、高的击穿强度和高的热传导率。目前，大部分的 GaN 基器件是在异质衬底（如蓝宝石、硅或碳化硅）上外延生长制备的。

然而，由于异质外延所使用的衬底与外延材料之间存在着晶格系数和热膨胀系数上的差异，往往会导致外延生长后因为晶格失配和热失配而产生较高的位错密度和残余应力，这会严重影响外延材料的晶体质量甚至造成外延片的翘曲或断裂等，从而使得Ⅲ族氮化物基器件因为晶体质量的劣化而无法发挥其应有的优异性能，严重限制器件性能的进一步提升。对于异质外延，目前已有许多生长工艺被用来降低这些晶体缺陷，例如采用低温缓冲层技术[1]、侧向外延（ELOG）技术[2] 以及图案化衬底[3] 等。这些工艺虽然提高了外延材料的晶体质量，但是也造成器件的外延生长时间过长和工艺过于复杂。除此之外，多数异质衬底的导电性和导热性都较低，使得 GaN 等外延材料所具有的优异性能受到影响，而各种剥离方式不仅增加了制备成本也造成了外延材料的浪费。

想要解决上述问题，最根本的方法就是采用 GaN 同质衬底来进行同质外延。同质外延生长 GaN 的优势在于晶格和热膨胀系数匹配，这样可以最大限度地消除由晶格失配和热失配造成的晶体缺陷和残余应力，并且 GaN 衬底可以提高垂直方向的电导率和热导率，从而极大地提升 GaN 基器件的性能。另外，由于在外延时不需要低温缓冲层，可以大大缩短 GaN 外延生长的时间，简化外延生长步骤，因此，采用 GaN 同质衬底，开发 GaN 同质外延生长工艺是今后 GaN 外延生长发展的必然趋势[4-5]。近年来，随着 GaN 衬底制备技术的发展，多家单位已经获得了自支撑的 GaN 衬底，世界许多大公司和研究机构在同质外延的 GaN 器件的技术方面投入了巨大的人力和物力进行研究。因此可以预见，GaN 衬底在半导体光电子、微电子器件领域的应用将会更加广泛。

目前，GaN 衬底可以通过三种方法获得，即氢化物气相外延生长法、助熔剂法和氨热法。在 GaN 衬底上同质外延生长 GaN 器件最大的优势是位错密度低，这主要是因为 GaN 衬底位错密度比较低。氢化物气相外延生长法制备的 GaN 衬底位错密度一般为 $10^5 \sim 10^6$ cm^{-2}，氨热法生长制备的 GaN 衬底位错密度一般为 10^4 cm^{-2}。由于螺型位错或混合型位错是器件漏电的主要来源，因此，对于高功率密度 GaN 基器件而言，位错密度会影响器件的电流密度、迁移率和使用寿命等。位错密度对器件性能的影响对比如图 6-1 所示。

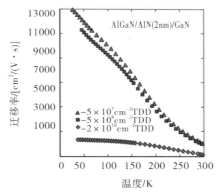

（a）位错密度对 HEMT 器件迁移率的影响[6]

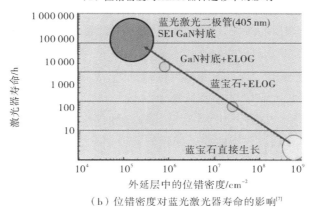

（b）位错密度对蓝光激光器寿命的影响[7]

图 6-1　位错密度对器件性能的影响

同质外延生长 GaN 器件的另外一个优势是应力小。异质外延时，由于晶格失配和热失配，会导致界面存在巨大应力。蓝宝石、硅和碳化硅衬底相对 GaN 的晶格失配分别为－17％、－17％和＋4％，热失配分别为＋25％、－56％和－33％，其中"－"代表该失配将产生张应力，"＋"代表该失配将产生压应力。由此可见，硅和碳化硅衬底上异质外延生长 GaN 将产生巨大的张应力，蓝宝石衬底上异质外延生长 GaN 将产生较大的压应力。而同质外延时晶格失配非常小，并且基本没有热失配。当然，GaN 器件中存在 InGaN 或 AlGaN 合金时，同质外延也存在应力，但相对异质外延比较小。

6.1.2　同质外延的特殊性

同质外延生长的特殊性是由 GaN 衬底的特殊性导致的。目前市场上可以提供的 2 英寸或 4 英寸 GaN 衬底基本都是采用氢化物气相外延生长法制备的，该生长法一般都是在异质外延衬底（如蓝宝石或砷化镓）上外延生长厚膜，然后去除衬底后获得自支撑的 GaN 衬底。这样获得的 GaN 衬底存在比较大的晶面弯曲，这是由于 GaN 中主要的位错类型是混合型位错，混合型位错为具有一定倾斜角的位错，而晶面的弯曲与位错密度和位错的倾斜角有关。相对于其他衬底（如硅、砷化镓、碳化硅）而言，GaN 衬底位错密度大约是砷化镓或碳化硅的一千倍，大约是硅的十万倍，其晶面弯曲一般在几米至十几米之间。GaN 晶面的弯曲导致了衬底表面取向不均匀，即 GaN 衬底表面斜切角不均匀（如图 6-2 所示），从而导致在同质外延器件过程中，三元合金生长掺杂浓度不均匀以及非故意杂质的掺入。通常，2 英寸 GaN 衬底表面斜切的偏差值不应高于 0.15°，即对应的 GaN 晶面曲率半径不能小于 15 m。

从微观角度分析，斜切角不均匀导致了 GaN 衬底表面原子台阶密度不均匀。对于外延生长而言，衬底表面原子台阶是外延的成核起始点。(0001)面 GaN 表面原子台阶边缘的原子具有明显的双悬挂键和单悬挂键交替出现的情况，该悬挂键是外延过程新的原子成核的关键。如图 6-3 所示，斜切角大，表面原子台阶密度高；斜切角小，表面原子台阶密度低。不同斜切角情况下，表面原子台阶密度不同，台阶边缘悬挂键密度就不同，从而导致三元合金掺杂或非故意掺杂浓度不同。

GaN 衬底的制备都需要经过适当的晶片化过程，即磨削、研磨、机械和化学机械抛光。一般晶片化过程中既有化学作用，又有物理作用，特别是化学机

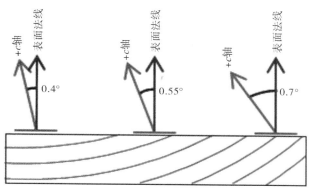

图 6 - 2　GaN 衬底晶面弯曲及斜切角偏差示意图
（以 0.55°作为 c 轴偏离表面法线的中心值）

图 6 - 3　GaN 衬底表面原子台阶与斜切角对应关系示意图

械抛光阶段。而对于 GaN 而言，该过程主要是物理作用，这就导致抛光后的 GaN 衬底容易存在划痕或损伤。另外，GaN 表面容易被污染，无论是研磨抛光还是清洗，都容易导致样品表面存在氧化层和硅吸附。损伤层或污染层的存在对 GaN 基器件具有重要影响，特别是对于 GaN 基电力电子器件，其要求衬底是半绝缘的，电阻率大于 10^6 Ω·cm，对器件界面也要求是半绝缘的，只有这样才能获得生长界面无漏电层的高质量器件。

　　总之，同质外延的优势非常明显，位错密度比异质外延低 2～3 个数量级，外延生长时晶格匹配，从而可以最大限度地消除由晶格失配导致的晶体缺陷；同时，同质外延生长不存在热失配，可以有效降低晶格失配和热失配导致的应力。GaN 衬底还可以提高垂直方向的电导率和热导率，实现垂直结构 GaN 基器件，对 GaN 外延层厚度没有限制（如表 6 - 1 所示），从而极大地提升 GaN 基器件的性能。此外，由于同质外延时不需要低温缓冲层，这可以大大缩短 GaN 外延生长的时间，简化外延生长的步骤。随着 GaN 衬底开发技术的不断完善，GaN 同质外延是今后 GaN 基器件外延生长发展的必然趋势。

表 6-1 同质外延与异质外延对比

外延类型	异质外延			同质外延
外延衬底条件	GaN/蓝宝石	GaN/碳化硅	GaN/硅	GaN/GaN
位错密度/cm^{-2}	$(1\sim5)\times10^8$	$(1\sim5)\times10^8$	$(1\sim5)\times10^9$	$1\times10^5\sim3\times10^6$
晶格失配	-17%	$+4\%$	-17%	0%
热失配	$+25\%$	-33%	-56%	0%
厚度限制/μm	<300	<10	<5	无
器件类型	水平	水平	水平	水平或垂直

6.2 外延衬底表面处理

6.2.1 化学机械抛光

化学机械抛光(CMP)可用于制备外延生长表面,是制备高质量 GaN 基片整个过程中的重要环节。一般情况下,利用化学和机械的结合可实现表面平坦化,并且去除表面缺陷,留下一个平整、无损伤的表面。CMP 是一个复杂的过程,包含了化学和机械作用,其去除率(MRR)受较慢的过程控制。CMP 的结果取决于溶液的 pH 条件、抛光垫的磨料浓度、抛光压力和抛光液的流量等条件。

由于在室温下 GaN 可以与碱反应,因此可以使用 NaOH 或 KOH 溶液来促进 GaN 表面 CMP 效果。J. L. Weyher 等人[8]报道了在金刚石浆料研磨过程中使用 KOH 溶液进行化学抛光以使表面平坦化。尽管在带有软抛光垫的 KOH 溶液中进行化学抛光可以实现无损伤的表面,但它需要施加较高的压力($2\sim6$ kg/cm^2)。

在 CMP 浆料的几种候选材料中,胶体二氧化硅是最流行的,并在实际工业中用于硅、玻璃和蓝宝石衬底的 CMP。因此,胶体二氧化硅作为用于 GaN 衬底的 CMP 的浆料是比较好的选择。P. R. Tavernier 等人[9]首次报道了采用胶体二氧化硅对 GaN 进行 CMP 加工工艺的研究，由于 GaN 具有极性，故基于二氧化硅的胶体浆料能够对 N 极性面进行快速有效抛光，但是对于 Ga 极性面的抛光速率极低。H. Aida 等人[10]证明胶体二氧化硅用于 GaN 的 Ga 极性面抛光时，GaN 的 MRR 为 17 nm/h，CMP 后获得了 $Ra=0.1$ nm 的原子级平整的表面。

迄今为止，为了提高 GaN 的 CMP 效率，人们已经做出了巨大的努力，研究的主要方向是寻找能够更快地化学氧化 GaN 的强氧化剂，通过使用羟基自由基（OH－）或硫酸根自由基（SO_4－）作为氧化剂，能够使用 SiO_2 磨料在 Ga 极性面上实现 CMP 的最高 MRR 大约为 122 nm/h[11]。然而，该 MRR 仍远低于在刻蚀工艺中 μm/h 量级的水平。因此，需要沿着化学氧化相关途径进一步探索能够有效促进 MRR 提升的方向，结合机械抛光获得更高效的 CMP 方案。

6.2.2　干法和湿法刻蚀

传统工艺中一般都是用干法刻蚀 GaN，干法刻蚀技术具有各向异性、对不同材料刻蚀选择比参数差别较大、均匀性与重复性好、易于实现自动连续生产等优点。其主要工艺手段有电感耦合等离子体（ICP）刻蚀、反应离子束刻蚀（RIE）、电子回旋加速共振（ECR）等离子刻蚀、化学辅助离子束刻蚀（CAIBE）和磁控反应离子刻蚀（MIE）等。上述干法刻蚀工艺所使用的设备都较庞大，在整个工艺处理过程中花费的成本也十分高昂，而且这些大型设备的操作也较为复杂，在某些工艺中还需要使用到有毒有害气体（例如氯气）。此外，在干法刻蚀过程中，通过高能的等离子体轰击 GaN 表面，有可能导致 GaN 表面存在明显的损伤，从而产生粗糙的表面形貌，同时高能等离子会进入到 GaN 表面内部，导致产生非化学计量比的表面，从而对器件性能造成影响。

GaN 外延工艺还有湿法刻蚀工艺，GaN 外延层上的缺陷具有较低的表面能，因此很容易被刻蚀。湿法刻蚀工艺所使用的设备较为简单，操作相对便捷，并且使用的原料对人体危害性小，在工艺处理的过程中对 GaN 的损伤程度很低，是很便捷的一种工艺处理方法，因此湿法刻蚀是补充干法刻蚀技术的一种重要的器件制造工艺。到目前为止，湿法刻蚀是非常有效的、成本低廉的去除干法刻蚀引起的表面损伤的方法。

6.3 同质外延界面控制

6.3.1 同质外延界面主要杂质类型

D. F. Storm 等人[12]采用 SIMS 测试同质外延界面 Si、C、O、H 的杂质浓度，发现 Si、C、O 这三种杂质在界面处明显高出衬底 2~3 个数量级，进一步通过对比不同的表面处理方式，发现界面杂质基本没有变化，说明 CMP 过程并不是 GaN 衬底表面杂质原子的来源（如表 6-2 所示）。通过特殊的清洗工艺，可以有效改善界面杂质浓度，C 和 O 可以有效下降约 2 个数量级，达到 8×10^{16} cm^{-3} 和 3×10^{18} cm^{-3}，Si 杂质浓度有效下降到原来的 25%，达到 8×10^{17} cm^{-3}，但是界面 Si 和 O 杂质的浓度还是比衬底高出约 1 个数量级。从文献报道来看，界面 Si 杂质是同质外延必然出现的界面问题[12-14]。

表 6-2 同质外延界面主要杂质浓度情况

衬底处理方式	外延方法	界面杂质浓度/cm^{-3}				参考文献
		Si	C	O	H	
CMP + 有机清洗 + 酸洗	MBE	1×10^{18}	2×10^{18}	4×10^{19}	接近探测下限	[12]
CMP+RIE+有机清洗+酸洗	MBE	1×10^{18}	5×10^{18}	4×10^{19}	接近探测下限	[12]
1100℃ 超高真空热处理	MBE	3×10^{18}	7×10^{18}	1×10^{20}	接近探测下限	[12]
额外清洗 + 原位 Ga 处理	MBE	8×10^{17}	8×10^{16}	3×10^{18}	接近探测下限	[12]
反应离子刻蚀或 CMP	OMVPE	2×10^{19}	3×10^{17}	2×10^{19}	5×10^{17}	[13]
反应离子刻蚀或 CMP	MBE	4×10^{18}	7×10^{18}	3×10^{19}	3×10^{19}	[13]
无	MOCVD	2×10^{19}	与衬底相同	与衬底相同	未测量	[14]

6.3.2　同质外延界面杂质来源

　　GaN 衬底表面容易吸附杂质原子是同质外延界面杂质的主要来源。早在 1999 年，T. K. Zywietz 等人[14]就已经采用密度泛函理论（DFT）对 GaN 表面 Ga 极性面和 N 极性面吸附氧原子进行了理论计算。他们发现随着覆盖范围增加，在 Ga 极性面每个原子的吸附能快速增加，从 0.25 层变化到 1 层氧原子覆盖时，吸附能从 -0.325 eV/atom 变成 $+0.5$ eV/atom，而 N 极性面每个原子的吸附能始终是负值（从 -0.3 eV/atom 变化到 -0.35 eV/atom）。这说明氧原子在 Ga 极性面吸附后容易饱和，而在 N 极性面能够大量吸附，这是氧原子浓度在 N 极性面是 Ga 极性面 10～100 倍的原因。

　　D. Selvanathan 等人[15]采用 XPS 技术研究了 Ga 极性面 GaN 氧化情况与清洗后暴露空气中的时间之间的关系，发现清洗后的 GaN 衬底表面暴露空气中 24 小时后，表面氧的信号就相当于没有清洗一样，而暴露空气中 1 小时后表面氧的信号就接近 24 小时后的一半，由此可见，GaN 表面容易与氧气发生反应。

　　为了区分吸附在 GaN 晶片表面的杂质与表面抛光附带的残留杂质，文献 [12]比较了在 CMP 表面和 RIE 暴露的表面上生长的同质外延 GaN 的 SIMS 杂质分布。该文献使用了氯基的刻蚀技术，以选择性地从 CMP 制备的 HVPE 生长的 Ga 极性 GaN 晶片的一半表面上去除 700 nm，另一半被光刻胶保护免受刻蚀，随后用溶剂将其去除。然后，使用有机溶剂脱脂剂、酸和碱刻蚀液清洁整个晶圆，并装入超高真空 MBE 系统中。在准备室中于 $600\,^\circ\mathrm{C}$ 下进行 30 min 脱气后，将晶片转移到沉积室中，并在标准条件下生长 1 μm 厚的 GaN 层。对晶片的刻蚀部分和未刻蚀部分均进行了外延层和再生长界面的 SIMS 分析。如图 6-4 所示，除了氯以外，在刻蚀和未刻蚀区域上生长的外延层界面的杂质分布非常相似。特别是，在两个区域之间，氧或硅的分布都没有显著差异，与在刻蚀表面上生长的层的再生长界面附近相比，碳的浓度似乎只增加了一点点。该结果表明，再生界面附近的杂质与 CMP 工艺无关，而且强烈暗示，在清洗和加载到腔室环境之间的短时间暴露于环境的过程中，GaN 表面会吸附杂质。另外，氯曲线的对比表明，在衬底表面的刻蚀区域以下的 Cl 含量升高，这与从感应耦合等离子体注入高能离子一致。相反，从样品的未刻蚀区域测得的氯浓度低于检测极限。显然，在清洗该晶片期间使用稀盐酸刻蚀不会在再生长界面上产生可测量的 Cl 残留。

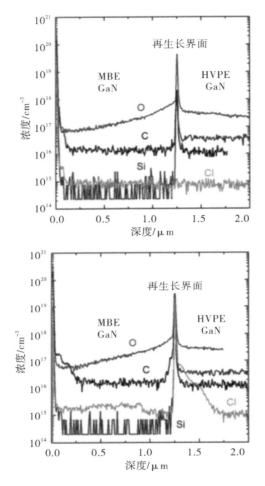

图 6-4　不同工艺条件下 GaN 再生长界面杂质 SIMS 分布图

　　为了进一步确认是生长腔室还是清洗工艺导致的界面杂质，G. W. Pickrell 等人[16]采用 MOCVD 技术和对照实验研究了再生长界面杂质来源（如图 6-5 所示）。其中一个样品先在 HVPE 生长的 GaN 单晶衬底上非故意掺杂生长 0.8 μm 厚 GaN 外延层，然后经历两次再生长过程。第一次先降温到室温，然后将样品转移到加载腔，再将样品移入生长腔后再生长 0.8 μm 厚非掺 GaN 外延层。第二次又降温到室温，不移动样品，再次升温后生长 0.8 μm 厚非掺 GaN 外延层。另外一个样品是先在 HVPE 生长的 GaN 单晶衬底上生长 1 μm 厚硅掺 GaN 外延层，然后降温到室温，将样品转移出腔室，化学清洗后，再次生长 1.2 μm 厚轻掺 GaN 外延层。通过 SIMS 表征界面层发现，两个样品界面都没有明显的 O 杂质存在（O 杂质含量在探测下限），第一个样品界面存在微量的 Si 杂质（5×10^{16} cm^{-3}），而第二个样品界面存在明显的 Si 杂质（2×10^{17} cm^{-3}），比正常情况高出 1 个数量级。由此可以看出，生长腔室和升降温过程中不会造成明显污染，关键是生长腔以外（主要是清洗过程）情况下引入了污染。

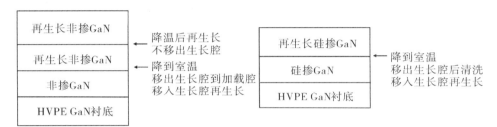

图 6 – 5　不同再生长条件下 GaN 结构示意图

综上所述，GaN 同质外延界面存在的杂质主要来源于衬底清洗工艺，目前情况下，选择适当的清洗工艺可以有效改善界面杂质，但是尚未有根本性的消除杂质的解决方案，迫切需要研发表面清洗洁净技术。

6.3.3　同质外延界面杂质对器件的影响

界面杂质问题是同质外延特有的界面问题，主要的杂质 Si 和 O 是施主杂质[17]，因而界面形成导电层。该界面问题虽然不会造成界面位错等缺陷明显增殖问题[12]，并且对于导电型衬底上同质外延制备器件性能没有影响，但是当导电衬底上同质外延肖特基二极管器件时，界面层就是漏电通道，极大地影响器件性能，特别是反向漏电，从而降低了击穿电压[18]。另外，对于半绝缘衬底上同质外延 HEMT 器件，界面杂质会影响二维电子气，二维电子气的迁移率受到杂质散射影响，导致其下降[19-21]。

6.3.4　同质外延界面杂质解决方案

解决界面杂质问题，首要的方法是通过工艺或清洗条件去除衬底表面杂质。V. M. Bermudez 等人[21]使用金属 Ga 沉积和热脱附来清洁 GaN 衬底表面吸附的 C 和 O 杂质。M. A. Khan 等人[22]以类似的方式，在晶片温度为 900℃的条件下，将 MOCVD 生长的 GaN 薄膜暴露于 Ga 的熔剂中，以去除其表面污染物。通过 Auger 峰表征测试发现 Ga 沉积和解吸导致 C/N 和 O/N 的 Auger 峰强度比从 25% 分别降低到小于 2% 和低于检测极限，说明该方法确实可以有效清除表面 C 和 O 杂质。

通过采用湿化学清洗方案或在高温真空下进行热清洗可以减少表面污染。然而，越来越多的共识认为，除了酸浸剂或碱浸剂外，用有机溶剂脱脂进行异位湿化学清洗和原位热清洗（两者相结合），对于去除 GaN 表面的污染物最为有效。但是，GaN 表面在高温下会变粗糙。S. Gangopadhyay 等人[23]报道了在高温和暴露于活性的氮等离子体气氛下，GaN 表面的 O 杂质污染可以有效降低。同样，G. H. Hao 等人[24]研究了先用有机溶剂中的脱脂剂清洗，然后用沸腾的 KOH 清洗，接着用硫酸和过氧化氢的混合物清洗，最后进行热清洗的 MOCVD 生长的 AlGaN 光电阴极的量子效率。他们研究了酸蚀和碱蚀的顺序对表面上 C 和 O 的浓度的影响，结果发现，在酸洗之前，在碱溶液中刻蚀表面时，两种杂质的浓度都有显著的降低。

由于界面杂质是施主杂质，因此可以采用深能级杂质补偿的方式来解决界面问题。W. Lee 等人[25]通过对比不同生长厚度和浓度的 Fe 掺杂 GaN 补偿层，发现界面采用 280 nm 厚度的 Fe 掺杂层并且掺杂浓度达到 5×10^{17} cm^{-3} 就能有效补偿界面电荷层，实现高功率场效应晶体管迁移率从 1380 提升到 1750 cm^2/(V·s)。Y. Cordier 等人[26]通过在衬底亚表面掺高浓度的 Fe（1×10^{20} cm^{-3}）也可以实现对界面有效补偿，实现器件迁移率达到 2000 cm^2/(V·s) 以上，但是器件表面的形貌会变差。通过调制 Fe 掺杂浓度和模式（连续或脉冲掺杂），可以实现对表面形貌的改善。进一步分析不同的生长方法（MOVPE 和 MBE）对器件性能的影响[27]，发现 MOVPE 生长的器件具有更高的迁移率和更低的器件漏电流密度，并且器件漏电流密度还与 Fe 掺杂模式有关，亚表面脉冲掺杂的衬底上 MOVPE 生长的器件具有最优的漏电密度（1×10^5 mA/mm）。另外，通过紫外光化学刻蚀方法，可以有效降低界面 Si 杂质浓度，从 6.3×10^{18} cm^{-3} 降低到 1.2×10^{18} cm^{-3}，然后再通过 Fe 掺补偿层解决器件界面电荷[28]。通过高温退火也可以有效消除界面 C 和 O 杂质，然后再通过 C 掺杂实现补偿层[20]，解决器件界面电荷问题。

到目前为止，针对 GaN 界面杂质问题，特别是界面 Si 杂质的存在还很难完全处理，通过 Fe 掺杂或 C 掺杂补偿的方案是比较有效的解决器件性能问题的方法，但是该方法不是本质的解决方案。

6.4　同质外延缺陷控制

同质外延生长 GaN 的优势在于晶格和热膨胀系数匹配，因此可以最大限度地消除由晶格失配和热失配造成的晶体缺陷和残余应力，但是在同质衬底上进行同质外延时，衬底内的线穿位错往往会随着生长界面进入到外延材料之中，这会大大降低同质外延所获得的 GaN 材料的晶体质量。为了通过同质外延获得晶体质量更高的 GaN 材料，GaN 同质外延技术中需要开发新技术、新工艺以降低外延 GaN 的晶体缺陷，获得晶体质量更高的 GaN 薄膜并制备性能更好的 GaN 基光电器件。同质外延时往往需要通过一些工艺来控制外延产生的缺陷，常见的方法如下。

1. 同质衬底表面处理

同质外延时，衬底表面处理工艺对后续同质外延界面位错具有重要影响。GaN 衬底必须经过研磨抛光才能使表面变得平整化。但是，研磨抛光会导致 GaN 衬底的表面和亚表面存在损伤（如划痕等）[29]。抛光过程可以有效减少损伤，但是很难实现完全去除损伤。化学辅助离子束刻蚀（CAIBE）[30]、反应离子束刻蚀（RIE）[31] 和电感耦合等离子体（ICP）刻蚀[32]，可以有效解决 GaN 衬底研磨抛光表面损伤，从而减少因 GaN 衬底表面损伤导致的外延缺陷。

2. 侧向外延

S. Nagahama 等人[33] 通过侧向外延生长（ELOG）的方法在自支撑的 GaN 衬底上进行 GaN 同质外延，发现这能有效减少广泛分布在整个表面上的线穿位错。无 SiO_2 掩膜的窗口区域上方的 GaN 层的线穿位错密度降低至 $5 \times 10^7 \ cm^{-2}$，并且 SiO_2 掩膜区域上方的 GaN 层的线穿位错密度降低至 $7 \times 10^5 \ cm^{-2}$。

使用 MOCVD 方法生长 GaN 薄膜的过程如下。首先，生长 2.5 μm 厚的 GaN 层，然后对厚度为 0.1 μm 的 SiO_2 掩膜进行刻蚀，以形成在 GaN 的 $[1\bar{1}00]$ 晶向上具有 20 μm 周期性的 8 μm 宽的条纹窗口，并在该 SiO_2 掩膜图案上生长 15 μm 厚的 GaN。在该阶段获得的衬底称为 ELOG 衬底。接下来，使用氢化物气相外延（HVPE）系统和卧式石英反应器在 ELOG 衬底上生长 200 μm 厚的 GaN 层。然后，通过机械剥离除去蓝宝石衬底和 ELOG 部分 HVPE-GaN，以获得厚度约为 150 μm 的独立 GaN 衬底。在该阶段获得的衬

底称为 GaN 衬底。接着，再次使用 ELOG 方法在 GaN 衬底上进行生长（按先前描述的方法），在该阶段获得的衬底称为具有 ELOG 的 GaN 衬底。生长示意图如图 6-6 所示。

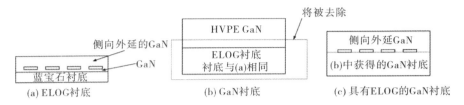

图 6-6　ELOG 生长结构示意图

上述三种衬底同质外延 GaN 后测试位错密度显示，图 6-6(a)通过 ELOG 的方式，SiO_2 掩膜区域上方的 GaN 位错密度降低至 $1×10^6$ cm^{-2}。但是，在窗口区域上方的 GaN 中，存在大量高密度位错，密度约为 $5×10^7$ cm^{-2}。图 6-6(c)所示的在具有 ELOG 的 GaN 衬底上，SiO_2 掩膜区域上方的 GaN 位错密度为$7×10^5$ cm^{-2}。这表明通过使用 ELOG 的 GaN 衬底同质外延生长可以有效降低整个表面上的线穿位错密度，提高 GaN 层的晶体质量。

不过，侧向外延技术也有局限，比如只能局部降低线穿位错密度，而且充当生长掩膜的电介质层也会产生应力，并作为杂质掺入 GaN 外延膜中[34]。

W. C. Yang 等人[35]报道了在利用纳米压印光刻制备的纳米孔图案化 GaN 模板上通过 PAMBE 生长 GaN 外延层。通过优化 GaN 模板上刻蚀出的纳米孔的深度和周期性，可以有效地降低再生长 GaN 的线穿位错密度。线穿位错减小的机理如图6-7所示,图中清楚地证实线穿位错可以在空隙处停止并消失

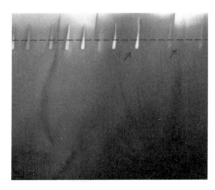

图 6-7　横截面 TEM 明场图像

（虚线表示模板表面与同质 GaN 层之间的再生界面），而其他线穿位错则可以渗入表面。由于再生长会发生在纳米孔内部，因此较浅的孔(100 nm)可能会导致不完整的空隙形成，其中线穿位错会连续向上延伸。另一方面，将纳米孔深度进一步增加到 300 mm 以上，在纳米压印工艺期间，纳米孔会受到干刻蚀的影响而导致缺陷的增加。通过优化纳米孔的深度（200 nm）和孔面积覆盖率（25％），成功地获得了高质量的 GaN，使线穿位错密度低至 1.2×10^{7} cm^{-2}。他们还发现与刃位错相比，螺位错或混合位错的降低更为明显。

通过对同质衬底表面的处理以及采用传统的侧向外延技术，可以有效控制同质外延 GaN 的晶体缺陷，获得晶体质量更高的 GaN 薄膜，从而用于 GaN 基光电器件（例如 GaN 激光器）。

参考文献

［1］　VENNEGUES P，BEAUMONT B，BOUSQUET V，et al. Reduction mechanisms for defect densities in GaN using one-or two-step epitaxial lateral overgrowth methods［J］. Journal of Applied Physics，2000，87(9)：4175 - 4187.

［2］　CHEN C Q，YANG J W，WANG H M，et al. Lateral epitaxial overgrowth of fully coalesced a-plane GaN on r-plane sapphire［J］. Japanese Journal of Applied Physics，2003，42 (6B)：L640 - L642.

［3］　WNAG L，JIN J，HAO，Z，et al. V-shaped semipolar InGaN/GaN multi-quantum-well light-emitting diodes directly grown on c-plane patterned sapphire substrates［J］. Physica Status Solidi(a)，2017，214(8)：1600810.

［4］　CAO X A，LU H，KAMINSKY E B，et al. Homoepitaxial growth and electrical characterization of GaN-based Schottky and light-emitting diodes［J］. Journal of Crystal Growth，2007，300(2)：382 - 386.

［5］　CHEN K M，YEH Y，WU Y H，et al. Stress and defect distribution of thick GaN film homoepitaxially regrown on free-standing GaN by hydride vapor phase epitaxy［J］. Japanese Journal of Applied Physics，2010，49(9)：091001.

［6］　STEPHEN W K，PETER G B，MAN H W，et al. Effect of dislocations on electron mobility in AlGaN/GaN and AlGaN/AlN/GaN heterostructures［J］. Applied Physics Letters，2013，101：262102.

［7］　NAKAMURA T，MOTOKI K. GaN Substrate technologies for optical devices［J］. Proceedings of the IEEE，2013，101(10)：2221 - 2228.

［8］ WEYHER J L, MULLER S, GRZEGORY I, et al. Chemical polishing of bulk and epitaxial GaN[J]. Journal of Crystal Growth, 1997, 182(1 – 2): 17 – 22.

［9］ TAVERNIER P R, MARGALITH T, COLDREN L A, et al. Chemical mechanical polishing of gallium nitride[J]. Electrochemical and Solid State Letters, 2002, 5(8): G61 – G64.

［10］ AIDA H, TAKEDA H, KOYAMA K, et al. Chemical mechanical polishing of gallium Nitride with colloidal silica[J]. Journal of the Electrochemical Society, 2011, 158(12): H1206 – H1212.

［11］ WANG J, WANG T Q, PAN G S, et al. Effect of photocatalytic oxidation technology on GaN CMP[J]. Applied Surface Science, 2016, 361: 18 – 24.

［12］ STORM D F, HARDY M T, KATZER D S, et al. Critical issues for homoepitaxial GaN growth by molecular beam epitaxy on hydride vapor-phase epitaxy-grown GaN substrates[J]. Journal of Crystal Growth, 2016, 456: 121 – 132.

［13］ HITE J K, ANDERSON T J, LUNA L E, et al. Influence of HVPE substrates on homoepitaxy of GaN grown by MOCVD[J]. Journal of Crystal Growth, 2018, 498: 352 – 356.

［14］ ZYWIETZ T K, NEUGEBAUER J, SCHEFFLER M. The adsorption of oxygen at GaN surfaces[J]. Applied Physics Letters, 1999, 74(12): 1695 – 1697.

［15］ SELVANATHAN D, MOHAMMED F M, BAE J O, et al. Investigation of surface treatment schemes on n-type GaN and $Al_{0.20}Ga_{0.80}N$[J]. Journal of Vacuum Science & Technology(b), 2005, 23(6): 2538 – 2544.

［16］ PICKRELL G W, ARMSTRONG A M, ALLERMAN A A, et al. Regrown vertical GaN p-n diodes with low reverse leakage current[J]. Journal of Electronic Materials, 2019, 48(5): 3311 – 3316.

［17］ FU K, FU H Q, HUANG X Q, et al. Reverse leakage analysis for as-grown and regrown vertical GaN-on-GaN schottky barrier diodes[J]. IEEE Journal of the Electron Devices Society, 2020, 8(1): 74 – 83.

［18］ FREITAS J A, MOORE W J, SHANABROOK B V, et al. Donors in hydride-vapor-phase epitaxial GaN[J]. Journal of Crystal Growth, 2002, 246(3 – 4): 307 – 314.

［19］ KOBLMUELLER G, CHU R M, RAMAN A, et al. High-temperature molecular beam epitaxial growth of AlGaN/GaN on GaN templates with reduced interface impurity levels[J]. Journal of Applied Physics, 2010, 107(4): 043527.

［20］ YANG F, HE L, ZHENG Y, et al. Influence of interface contamination on transport properties of two-dimensional electron gas in selective area growth AlGaN/GaN heterostructure[J]. Journal of Materials Science-Materials in Electronics, 2016, 27

(9)：9061 - 9066.

[21] BERMUDEZ V M. Study of oxygen chemisorption on the GaN(0001)-(1×1) surface [J]. Journal of Applied Physics，1996，80(2)：1190 - 1200.

[22] KHAN M A，KUZNIA J N，OLSON D T，et al. Deposition and surface characterization of high-quality single-crystal gan layers[J]. Journal of Applied Physics，1993，73(6)：3108 - 3110.

[23] GANGOPADHYAY S，SCHMIDT T，et al. Surface oxidation of GaN(0001)：Nitrogen plasma-assisted cleaning for ultrahigh vacuum applications[J]. Journal of Vacuum Science & Technology(a)，2014，32(5)：051401.

[24] HAO G H，ZHANG Y J，JIN M C，et al. The effect of surface cleaning on quantum efficiency in AlGaN photocathode[J]. Applied Surface Science，2015，324：590 - 593.

[25] LEE W，RYOU J H，YOO D，et al. Optimization of Fe doping at the regrowth interface of GaN for applications to III-nitride-based heterostructure field-effect transistors[J]. Applied Physics Letters，2007，90(9)：093509.

[26] CORDIER Y，AZIZE M，BARON N，et al. AlGaN/GaN HEMTs regrown by MBE on epi-ready semi-insulating GaN-on-sapphire with inhibited interface contamination [J]. Journal of Crystal Growth，2007，309(1)：1 - 7.

[27] CORDIER Y，AZIZE M，BARON N，et al. Subsurface Fe-doped semi-insulating GaN templates for inhibition of regrowth interface pollution in AlGaN/GaN HEMT structures[J]. Journal of Crystal Growth，2008，310(5)：948 - 954.

[28] LIU J P，RYOU J H，YOO D，et al. III-nitride heterostructure field-effect transistors grown on semi-insulating GaN substrate without regrowth interface charge[J]. Applied Physics Letters，2008，92(13)：327 - 329.

[29] XU X P，VAUDO R P，BRANDES G R. Fabrication of GaN wafers for electronic and optoelectronic devices[J]. Optical Materials，2003，23(1 - 2)：1 - 5.

[30] SCHAULER M，EBERHARD F，KIRCHNER C，et al. Dry etching of GaN substrates for high-quality homoepitaxy[J]. Applied Physics Letters，1999，74(8)：1123 - 1125.

[31] WEYHER J L，KAMLER G，NOWAK G，et al. Defects in GaN single crystals and homoepitaxial structures[J]. Journal of Crystal Growth，2005，281(1)：135 - 142.

[32] CHEN K M，WU Y H，YEH Y，et al. Homoepitaxy on GaN substrate with various treatments by metalorganic vapor phase epitaxy[J]. Journal of Crystal Growth，2011，318(1)：454 - 459.

[33] NAGAHAMA S，IWASA N，SENOH M，et al. High-power and long-lifetime InGaN multi-quantum-well laser diodes grown on low-dislocation-density GaN substrates[J]. Japanese Journal of Applied Physics Part 2 - Letters，2000，39(7A)：L647 - L650.

［34］ LI X，BOHN P W，COLEMAN J J. Impurity states are the origin of yellow-band emission in GaN structures produced by epitaxial lateral overgrowth［J］. Applied Physics Letters，1999，75(26)：4049 - 4051.

［35］ YANG W C，CHEN K Y，CHENG K Y，et al. Dislocation reduction in GaN grown on nano-patterned templates［J］. Journal of Crystal Growth，2015，425：141 - 144.

第 7 章

氮化镓单晶材料的应用
——光电器件

7.1 应用市场分析

氮化镓(GaN)作为研制微电子与光电子器件的新型半导体材料，与SiC、金刚石等半导体材料一起，被誉为是继第一代Ge、Si半导体材料，第二代GaAs、InP化合物半导体材料之后的第三代半导体材料。作为第三代半导体材料的代表，GaN基半导体材料是新兴半导体光电产业的核心材料和基础，不仅带来了IT行业数字化存储技术的革命，也彻底改变了人类传统照明的历史，并将推动通信技术的发展。GaN基半导体材料因具有高量子效率、高发光效率、高热导率及耐高温、抗辐射、耐酸碱、高强度和高硬度等特性，可制成高效蓝、绿、紫、白等颜色的发光二极管(LED)和半导体激光器(LD)，在光电领域具有广泛的应用前景和研究价值。

7.1.1 发光二极管(LED)应用领域

GaN基蓝、绿光LED产品的出现从根本上解决了LED三基色缺色的问题，是全彩显示不可缺少的关键器件。蓝、绿光LED都属于冷光源，具有体积小、响应时间短、发光效率高、防爆、节能、使用寿命长（使用寿命可达10万小时以上）等特点。因此GaN基LED在大屏幕彩色显示、车辆及交通、多媒体显像、LCD背光源、光纤通信、卫星通信和海洋光通信等领域大有用武之地。

在白光照明方面，相较于传统的荧光灯，LED灯更节能环保，亮度更大，使用寿命更长。目前，LED灯早已进入千家万户，在手机、相机、汽车、冰箱、灯具等日常设备中广泛应用，如图7-1所示。此外，有些建筑物外大型全彩显示屏也是由LED像元制成的。据统计，LED帮助全球超过15亿人告别了没有照明的时代[1]。由于全世界1/4的电量是用于照明用途，因此，用LED大幅替代传统光源在很大程度上节省了电力并减少了环境污染，在目前火力发电仍是最主要电力来源的情况下，相当于每年可减少数亿吨CO_2、SO_2等气体的排放。

2014年诺贝尔物理学奖颁给了日本科学家赤崎勇(Isamu Akasaki)、天野浩(Hiroshi Amano)和美籍日裔科学家中村修二(Shuji Nakamura)，以表彰他们发明了蓝色发光二极管(即蓝光LED)。3位诺贝尔物理学奖获奖者在蓝光LED中的开创性工作引发了照明技术的革命，深刻影响了人们的生活。诺贝尔物理学奖旨在嘉奖那些对自然规律的认识有突破和对人类生活产生重大改善的科技成果,此次诺贝尔物理学奖的实至名归,也充分体现了对于基础研究到产业应用这样有清晰链条的科技成果的肯定[2]。

图 7 - 1　LED 灯结构与应用场景

7.1.2　半导体激光器(LD)应用领域

GaN 基 LD 可以覆盖到很宽的频谱范围,涵盖蓝光、绿光、紫外等波长范围。GaN 基 LD 在增大信息的光存储密度、激光打印、深海通信、大气环境检测等领域有着广泛的应用前景和巨大的市场需求。紫色 LD 可用于制造大容量光盘,其数据存储盘空间比蓝光光盘高出 20 倍。此外,紫色 LD 还可用于医疗消毒、荧光激励光源等方面。蓝色 LD 可以和现有的红色 LD、倍频全固化绿色 LD 一起,实现全真彩显示,使激光电视有了广泛应用。深海在蓝光范围有一个窗口,GaN 基 LD 可以用来进行深海探测和通信,在国防应用领域具有深远意义。

本章将主要介绍 GaN 基 LED 和 GaN 基 LD 的基本原理、芯片结构,以及如何提高量子效率、制备过程中遇到的问题及解决方案等。

7.2 发光二极管(LED)

7.2.1 GaN 基 LED 介绍

LED 是半导体二极管的一种，如图 7-2 所示，其发光原理是：当电流流过 LED 时，电子与空穴在内部复合并将多余的能量以光子的形式释放出来，也称为电致发光效应。

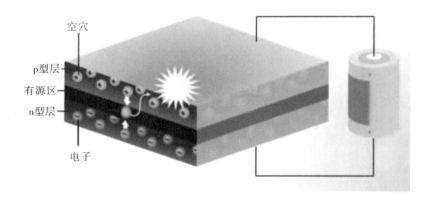

空穴

p型层
有源区
n型层

电子

图 7-2　LED 原理示意图[3]

1. GaN pn 结

采用不同的掺杂工艺，通过扩散作用，将 GaN-p 型半导体与 GaN-n 型半导体制作在同一块半导体基片上，在它们的交界面形成的空间电荷区称为 pn 结(pn junction)。pn 结具有单向导电性，这种单向导电性是电子技术中许多器件所利用的特性，例如半导体二极管、双极性晶体管。

对于 GaN pn 结二极管，n 型掺杂的主要掺杂剂为 Si，其电子浓度达到 $10^{15} \sim 10^{20}$ cm^{-3}，室温下迁移率超过 300 cm^2/(V·s)[4]。对于 p 型掺杂，典型的是在 H$_2$ 气氛下，采用 Mg 作为受主掺杂实现，MOCVD 工艺生长 Mg 掺杂 GaN 外延时，由于 Mg 与 Ga 相比具有较大的共价半径，且 Mg 是深受主，使得作为载气的 H$_2$ 及反应物 NH$_3$ 和有机源分解出的 H 与 Mg 结合成 Mg-H 复合体而钝化了 GaN 外延层中的 Mg 受主，因此直接掺杂 Mg 的 GaN 电阻率

高达 10^8 $\Omega \cdot cm$，呈现为 n 型。p 型 GaN 的发展不成熟，使 GaN 基光电子器件如发光二极管和激光二极管的性能受到严重影响，制约了此类器件的研究发展。通过研究发现，利用低能电子束辐射(LEEBI)处理掺 Mg 的 GaN，可得到低阻值的 p 型 GaN，低能电子束辐射使 GaN 内部产生大量电子空穴对，这些电子、空穴及其激子倾向于在 $H^+ - Mg^-$ 施主受主对处聚集[5]。间隙离子 H^+ 被电子中和形成中性 H 原子，其中一部分中性 H 原子扩散到 GaN 薄膜表面与其他中性 H 原子结合成 H_2 分子而逃逸出去，留下大量激活了的受主。这样可使电阻率降低几个数量级。通过 LEEBI 取得的低阻值掺 Mg p - GaN 要依靠 LEEBI 的穿透深度，只有在 GaN 薄膜表面很薄的区域才表现出较强的 p 型特性，因此商用的 GaN 晶圆，其 pn 结中的 p 型区域都非常薄，通常在几十至上百个纳米数量级。

2. GaN 多量子阱结构

量子阱(QW)是由两种不同的半导体材料按三明治样式生长成的结构，是利用带隙较宽层夹住带隙窄且极薄的层形成的构造。带隙较窄层的电势要比周围(带隙较宽的层)低，因此形成势阱。具有明显量子限制效应的电子或空穴的势阱，称作量子阱。量子阱的最基本特征是，由量子阱宽度(只有当阱宽尺度足够小时才能形成量子阱)的限制导致载流子波函数在一维方向上局域化，量子阱中因有源层的厚度仅在电子平均自由程内，阱壁具有很强的限制作用，使得载流子只在与阱壁平行的平面内具有二维自由度，在垂直方向导带和价带分裂成子带。在由两种不同半导体材料薄层交替生长形成的多层结构中，如果势垒层足够厚，以致相邻势阱之间载流子波函数之间耦合很小，则多层结构将形成许多分离的量子阱，称为多量子阱(MQW)。如果势垒层很薄，相邻阱之间的耦合很强，那么原来在各量子阱中分立的能级将扩展成能带(微带)，能带的宽度和位置与势阱的深度、宽度及势垒的厚度有关，这样的多层结构称为超晶格。具有超晶格特点的结构有时称为耦合的多量子阱。

3. GaN 基 LED 发光原理

在 GaN pn 结中，n - GaN 层的载流子(电子)迁移率要远高于 p - GaN 层(空穴)，根据费米能级，n 区中的电子能级高于 p 区中的空穴能级。常态下两者由于 pn 结阻挡层(空间电荷区形成的内建电场)的限制，无法自然复合。空间电荷区是由于 n 层和 p 层的载流子在向对方漂流时，会首先聚集在结区与 p

区和 n 区的交界面上，使得结区中会形成一个阻碍载流子漂移的内建电场 E；当 pn 结施加正向电压时，空间电荷区变窄，使载流子的扩散运动强于漂移运动，导致 p 区的价带（低能量）空穴注入 n 区，n 区的导带（高能量）电子注入 p 区，于是在 pn 结附近偏 p 区的地方，价带电子与导带空穴复合，将多余能量释放并以发光形式表现出来。之所以发光区域靠近 p 区，是由于 n 区的载流子迁移率远高于 p 区，n 区载流子扩散强于 p 区。

量子阱的作用则是将载流子限制在有源层内，减少少数载流子的活动范围以提高载流子的浓度，从而增强载流子的复合度，达到增加发光强度的效果。同时量子阱的能带宽度决定着最后 LED 器件的发光波长。

7.2.2　GaN 基 LED 发展历史

图 7-3 展示了 LED 的发展历程[6]。1962 年，J. N. Holonyak 等[7]人利用 $Ga(As_{1-x}P_x)$ 制备出 pn 结，实现了红光 LED 照明。1965 年，D. G. Thomas 等人[8]发现在 GaP 中掺杂 N 杂质，可有效改善晶体发光特性。1969 年，H. M. Manasevit 等人[9]利用 MOCVD 工艺生长制备出 GaN 化合物。1971 年，J. I. Pankove等人[10]在 Zn 掺杂 GaN 电致发光谱中观察到位于 2.6 eV 处的发光峰。随后，他们又制作了第一支 GaN 基蓝光二极管[11]。1977 年，R. D. Dupuis 等人[12]利用 MOCVD 工艺制备出了 GaAlAs/GaAs 异质结激光器。1985 年，J. S. Yuan 等人[13]利用 AlGaInP 制备出了四色系可见光 LED。在 GaN 发展的早期，GaN 基蓝光 LED 主要是通过掺杂 Zn 实现[14]。此类 LED 的发光波长一般在 485~520 nm 之间。1992 年，GaN 基 LED 取得突破性进展，低电阻 pn 结 GaN LED 被制作成功，效率达到 1.5%[15]。1994 年，S. Nakamura 等人[16]制备出了 GaInN/AlGaN 双异质结 LED。随后的几年时间，p-i-n 型 GaN LED、AlGaN/InGaN/GaN LED 等陆续被制备出来，外量子效率在 20 mA 时已达到 3.9%。20 世纪 90 年代，GaN 基量子阱因具有对温度和注入电流不敏感等优点，被广泛用于短波光电器件领域[17-19]。S. Nakamura 等人[19]也成功制备出了可以发蓝光、绿光、黄光的 GaN 基单量子阱。1997 年，K. H. Huang 等人报道了多量子阱[20]，此时的蓝、绿 MQW LED 外量子效率已分别达到 10% 和 7%。到 2000 年，使用倒装芯片的 LED 效率已高达 20%[21]。进入到 21 世纪后，蓝光 LED 的开发进入高峰期。通过红、绿、蓝三基色实现了白光照明，人类照明领域进入了一个新的阶段。

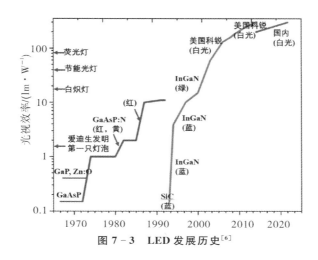

图 7 - 3　LED 发展历史[6]

7.2.3　LED 衬底材料与外延生长技术

GaN 基材料是指 GaN、AlN 和 InN 以及由它们组成的多元合金材料，如 $In_xGa_{1-x}N$ 和 $Al_xGa_{1-x}N$ 等材料。GaN 基材料的生长技术主要包括分子束外延（Molecular Beam Epitaxy，MBE）技术、金属有机化学气相沉积（Metal Organic Chemical Vapor Deposition，MOCVD）技术和氢化物气相外延（Hydride Vapor Phase Epitaxy，HVPE）技术。随着材料生长技术的进一步发展，又发展了横向外延过生长（Epitaxial Lateral Overgrowth，ELOG）技术[22]。

MBE 技术是在高真空环境下，将镓（Ga）、氮（N）或其他原子以原子束或分子束形式喷射到加热的衬底表面，在衬底表面发生复杂的物理和化学过程后形成 GaN 材料。该技术的优点是生长温度低、可获得高纯单晶且生长厚度可控的超精细结构；缺点是生长速率较慢，不能满足大规模生产的需求。

MOCVD 外延生长薄膜的主要过程是将气态物质输运到衬底表面，对衬底进行加热，使Ⅲ族金属有机物与 NH_3 发生化学反应形成具有一定晶体结构的薄膜。利用该方法生长的晶体薄膜的厚度容易控制，且大面积生长均匀性好，是生产 LED、LD、HEMT 的理想设备。此外，还可生长超晶格、量子阱等微结构材料。MOCVD 设备制造的关键技术和专利大部分被 Aixtron、Veeco 和 Nichia 三家公司掌握。

HVPE 技术是将 HCl 通入 Ga 舟反应生成 GaCl，将载气 H_2 或 N_2 送入加热的衬底附近与 NH_3 反应生成 GaN 并沉积在衬底上。该技术的优点是工艺简单，生长速率快，可达到 300 $\mu m/h$，是生长厚膜 GaN 甚至 GaN 晶锭的最常用也是最实用的方法，被许多 GaN 研究者所看好[23]。该方法的缺点是很难精确控制膜厚，反应气体对设备具有腐蚀性，会影响 GaN 材料的纯度，且外延生长重复性较差。目前国际上可以生产 GaN 衬底的公司基本都采用 HVPE 工艺，方法是先用 HVPE 设备在蓝宝石衬底上生长厚膜 GaN 单晶，然后再用激光剥离方法得到 GaN 自支撑衬底。

衬底材料对于外延生长的晶体材料质量和 LED 芯片性能有很大的影响，因此，在外延生长工艺中衬底的选择至关重要。在 LED 芯片外延生长工艺中，选择衬底时通常需要衬底材料与外延材料的晶体结构一致、晶格常数匹配、热膨胀系数匹配，且衬底材料具有较高的热导率和电导率、容易制作大尺寸以及价格适宜等条件。目前，用于外延生长 LED 芯片的衬底材料主要有蓝宝石（Sapphire）衬底、碳化硅（SiC）衬底、硅（Silicon）衬底和氮化镓（GaN）同质衬底。现有已商品化的高光效大功率 GaN 基蓝光 LED 芯片通常都生长在蓝宝石或 SiC 衬底上。由于蓝宝石衬底在 GaN 材料外延生长所需的高温下非常稳定，而且制备工艺成熟，成本相对较低，因此蓝宝石材料被广泛应用于 LED 芯片的衬底材料。日本日亚公司垄断了蓝宝石衬底上外延生长 GaN 基 LED 的专利技术，图 7-4 是分别在 2 英寸、4 英寸和 6 英寸蓝宝石衬底上生长的 LED 外延片。

图 7-4　不同尺寸蓝宝石衬底上生长的 LED 外延片[22]

从晶格匹配及导电、导热特性来看，蓝宝石材料并不是异质外延生长 GaN 材料最理想的衬底。与蓝宝石衬底相比，碳化硅（SiC）具有非常好的物理性能，高温稳定性好，晶体结构具有 4H、6H、3C 等多种构型，热导率达到 3.7 W·(cm·K)$^{-1}$，是蓝宝石的 10 倍之多，更适合做大功率 LED 的衬底。其中常用于 LED 外延衬底的 4H - SiC 晶格常数与 GaN 仅相差 3% 左右。同时 SiC 是半导体材料，通过掺杂可实现导电 n 型材料。该材料具有大禁带宽度，对可见光是透明的。因此，SiC 非常适于做垂直结构的 LED，而不必剥离衬底[3]。但是，高质量的 SiC 衬底材料难以获得。目前，市场上 SiC 衬底材料的提供商主要有美国 Cree 公司及日本少数几家公司。SiC 衬底的生长主要是利用 PVT 方法，需要很高的生长温度，生长速率小，晶体中的微观缺陷不易控制，因此高质量 SiC 衬底的价格较高。国内山东大学晶体材料国家重点实验室在 SiC 单晶生长技术的研发方面取得了一系列的成果[24-26]。目前，主流的 LED 厂商中仅有美国 Cree 公司利用 SiC 作为 LED 的外延衬底，公开报道的电光转换效能指标已经超过 300 lm·W^{-1}[27]。

与蓝宝石衬底和 SiC 衬底相比，硅衬底具有成本低、尺寸大、硅加工工艺成熟等优点，可以利用三维集成技术将 LED 驱动电路、芯片、散热结构、静电保护等在大尺寸硅上进行集成，提高硅衬底 LED 器件和应用系统的集成度。近年来，利用硅衬底外延生长 GaN 薄膜的研究得到了广泛的关注，国内南昌大学江风益教授课题组在硅衬底 LED 技术上率先取得突破，成功研发出硅衬底 LED 芯片[28-30]。目前，硅衬底 LED 芯片的发光效率要低于蓝宝石衬底 LED 芯片和 SiC 衬底 LED 芯片。在硅衬底上外延生长 GaN 材料的发光效率一旦取得突破，将极大地拓宽 GaN 基 LED 器件的应用领域。

一般来说，同质外延是器件外延生长的最佳选择[3, 31]。传统以 GaAs、InP 等材料为衬底的同质外延器件具有非常可靠的性能。同质体材料衬底的缺陷密度小，无晶格失配和热失配，外延材料具有很好的质量，进而可实现更好的器件性能。GaN 同质衬底上外延生长 GaN 基薄膜材料可以大大提高外延层的晶体质量，降低位错密度，为进一步提高 LED 发光效率和器件可靠性提供基础。GaN 同质外延的关键是 GaN 体材料生长。由于平衡态 GaN 和 N$_2$ 具有非常高的蒸汽压，如图 7-5 所示，因此用通常生长 GaAs 的直拉法或布里奇曼法来制备 GaN 晶体非常困难。生长体材料 GaN 的方法主要有高压氮气溶液（HPNS）法、助熔剂（Na - flux）法、氢化物气相外延（HVPE）法、氨热（Ammonothermal)法等（如表 7 - 1 所示），当前常用的 HVPE 法生长的 GaN 体材料位错密度通常在 10^6 cm^{-2}。

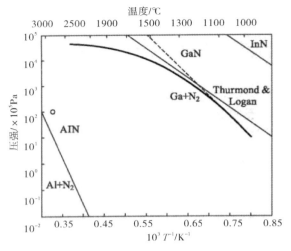

图 7-5   AlN、GaN、InN 平衡蒸气压[21]

表 7-1   GaN 体材料制备方法对比[32]

生长方法	生长压强/GPa	生长温度 /℃	生长速率 /(μm·h^{-1})	位错密度 /cm^{-2}
高压氮气溶液法	1~2	约 1700	1~3	10^2
助熔剂法	3~5	800	10~40	10^2~10^4
氢化物气相外延法	10^{-4}	1020~1050	100~200	10^4~10^6
氨热法	100~600	500~750	1~30	10^3

目前，市场上报道美国 Soraa 公司和韩国三星公司正在开发以 GaN 体材料作为衬底的 LED。Soraa 公司报道的采用 GaN 衬底制备的 MR16 型 LED，其出光功率比传统基于蓝宝石衬底的 LED 可提升 5~10 倍[33]，由于衬底位错密度低 3 个数量级，因此器件生热少，封装工艺也更简单。近年来，非极性/半极性 GaN 外延也获得了很多关注，主要用于消除或减弱极性 GaN 半导体中的内建极化电场。虽然利用 GaN 体材料作为衬底外延生长 LED 能够获得很好的器件性能，但在实际应用中，阻碍 GaN 衬底作为 LED 外延衬底产业化的依然是较高的价格。

另外，也有很多学者研究在 AlN、ZnO、MgO 和 MgAl$_2$O$_4$ 等衬底上外延生长 GaN 材料。表 7-2 列出了目前主流的用于制造蓝光 LED 芯片的衬底材料特性。除了上述常见的衬底材料，能够在文献上见到的氮化物外延衬底材料还有 $LiGaO_2$、$MgAlO_3$，以及金属衬底等，但这些衬底材料在实际生产中应用极少。近几年，有人探索在玻璃或金属衬底上外延 GaN 材料的可能性，期望进一步降低 LED 成本，但性能还不理想[22]。

表 7 - 2　蓝光 LED 芯片衬底材料的性质[22]

衬底材料	晶格常数 /nm	热膨胀系数 /K^{-1}	热导率 /[W/(cm · K)]
Sapphire	$a=0.4785$	$5.0×10^{-6}$	0.35
（六方晶系）	$c=1.2991$	$6.6×10^{-6}$	
SiC	$a=0.3073$	$4.3×10^{-6}$	4.9
（六方晶系）	$c=1.5118$	$4.7×10^{-6}$	
Si	$a=0.54301$	$3.59×10^{-6}$	1.5
（立方晶系）			
GaN	$a=0.3189$	$5.59×10^{-6}$	2.2
（六方晶系）	$c=0.5185$	$7.75×10^{-6}$	

7.2.4　LED 芯片结构

1. 水平结构

LED 芯片的水平结构是指 GaN 基 LED 芯片的正、负电极均位于外延同一侧。图 7-6 为水平结构 LED 芯片的示意图。在芯片制造过程中，p 型电极

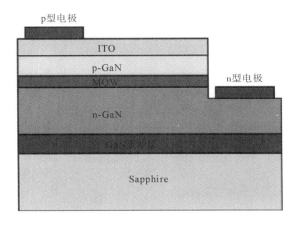

图 7 - 6　水平结构的 LED 芯片[22]

是直接在 p‐GaN 外延层的表面蒸镀欧姆接触金属，而 n 型电极则采用 ICP 刻蚀掉外延片直至露出 n‐GaN 材料，然后再蒸镀欧姆接触金属[22]。

在此种结构中，电流横向流动，在芯片台阶处会产生电流聚集效应；正面出光一部分被 p 型欧姆接触电极、n 型欧姆接触电极以及电极焊盘所吸收；蓝宝石材料的热导率较低，影响器件的热可靠性，对于大功率 LED 芯片而言，会限制注入电流的进一步提高。

2. 倒装结构

LED 芯片的倒装结构就是将水平结构的 LED 芯片进行倒置，p 型电极采用具有高反射率的金属薄膜，使光从蓝宝石衬底出射，避免 p 型电极金属对光的吸收[22]。倒装技术可以借助电极（或微凸点）与封装的 Si 基板直接接触，从而可降低热阻，提升芯片的散热性能。J. J. Wierer 等人[34]在 2001 年首次提出 AlGaInN 倒装结构 LED 芯片，该技术首先将 LED 倒装键合到导热性能良好的金属衬底上，使光从蓝宝石衬底面出射，结果表明倒装结构 LED 芯片的取光效率是普通水平结构 LED 芯片的 1.6 倍，蓝宝石的折射率为 1.78，相当于在高折射率的 GaN 和空气之间增加了一层折射率缓冲层，增加了光子出射到空气的概率，同时倒装结构 LED 芯片避免了水平结构 LED 芯片的电极、透明导电层等对光的吸收。2006 年，O. B. Shchekin 等人[35]在倒装 AlGaInN LED 芯片的基础上，通过采用激光剥离技术去除蓝宝石衬底并减薄 n‐GaN 下方的本征 GaN 材料制作出薄膜倒装结构 LED 芯片，使 LED 芯片的光功率是普通倒装结构 LED 芯片的两倍，在 350 mA 电流驱动下薄膜倒装结构 LED 芯片的外量子效率达到 36%。图 7‐7 是 Lumileds 公司生产的倒装结构 LED 芯片的示意图。国内，晶科电子有限公司利用金凸点技术将大功率蓝光 LED 芯片倒装键合到硅衬底上，在 350 mA 电流驱动下，倒装结构 LED 芯片输出的光功率达到 370 mW。

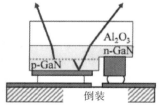

图 7‐7　Lumileds 公司生产的倒装结构 LED 芯片[22]

3. 垂直结构

垂直结构 LED 芯片[22]如图 7-8 所示。美国 Cree 公司采用 SiC 作为衬底制造出了垂直电极结构的 GaN 基 LED 芯片，通过 n 面出光，有效地解决了散热和挡光的问题，而且垂直电导有利于载流子的注入，提高载流子的复合效率。但是，由于 SiC 衬底比较昂贵，加工也更加困难，因此在 SiC 衬底上制造的 LED 芯片价格较贵。目前，学术界和工业界主要采用晶圆键合技术和激光剥离技术相结合将 GaN 外延片从蓝宝石衬底转移到具有良好电学和热导特性的衬底材料上（如 Si、ZnO 等衬底），器件电极上下垂直分布，从而彻底解决了正装、倒装结构 GaN 基 LED 芯片中因为电极平面分布和电流侧向注入导致的散热、电流分布不均匀、可靠性等一系列问题[36-40]。

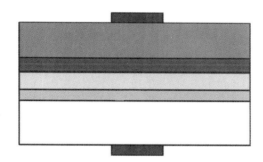

图 7-8　垂直结构 LED 芯片的示意图[22]

晶圆键合技术是将在蓝宝石衬底上生长的 LED 外延片与其他导电性能和散热性能好的材料结合，键合工艺的关键参数在于键合时的温度和压力。垂直结构 LED 芯片制备常采用金属共晶键合，常用的金属共晶键合有 Au-Sn、Au-Si、Au-In、Pb-Sn、Au-Ge 和 Pd-In 等金属合金。采用金属共晶键合，必须控制晶圆表面粗糙度和晶圆翘曲。金属共晶合金需要的键合温度通常分布在 250～390℃之间[22]。

激光剥离技术是使用大功率的激光将蓝宝石衬底与在其上生长的外延层剥离。在实验制作过程中，先将 LED 外延片键合到导电和导热性能良好的衬底材料上，然后利用 KrF 脉冲准分子激光器辐照蓝宝石衬底底面，由于蓝宝石衬底对 KrF 脉冲准分子激光具有透光性，而 GaN 材料会吸收 KrF 脉冲准分子激光，从而导致在蓝宝石和 GaN 界面处的 GaN 材料因吸收激光的能量而发生热分解的现象，最后加热使蓝宝石衬底和 GaN 外延层发生脱离，从而实现对蓝宝石衬底的剥离[41-43]。在激光剥离工艺中，能否成功地将 GaN 外延层完整无缺地转移到其他衬底材料上取决于剥离工艺参数以及 GaN 外延层的物理和几何参数。如果剥离工艺参数使用不当，就会在 GaN 外延层和蓝宝石衬底的界面处存在很大的热应力，从而导致在剥离工艺完成后 LED 晶圆出现严重的翘曲、裂纹甚至破裂[44]，如图 7-9 所示。

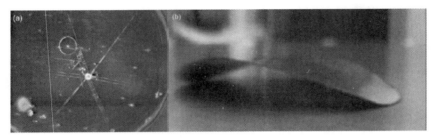

图 7-9　激光剥离工艺产生的缺陷和翘曲[22, 42, 44]

4. 交流 LED 芯片

常规的直流驱动 LED 芯片无法在高压交流下直接使用，必须经过变压器和开关电源降压，将交流电（Alternating Current，AC）变换成直流电（Direct Current，DC），然后再变换成直流恒流源，这样才能驱动 LED 光源。开关电源的寿命一般只有 2 万小时，但是 LED 芯片的寿命却长达 5 万～10 万小时。因此，直流驱动的 LED 光源在使用过程中通常是由于电源失效而导致 LED 光源不能正常工作，这成为制约 LED 光源产品寿命的瓶颈，无法体现 LED 长寿命的特点[22]。

与 DC-LED 芯片相比，AC-LED 芯片无需经过 AC/DC 转换，可直接使用 220 V（或 110 V）交流电对其进行驱动。目前，韩国首尔半导体公司、中国台湾的工业技术研究院和晶元光电股份有限公司以及美国的 3N 技术公司在 AC-LED 芯片技术的研究方面走在了前列。2008 年，中国台湾的工业技术研究院及其合作单位晶元光电股份有限公司提出了实际应用系统方案，开发出了 AC-LED 产品，可直接插在交流 110 V 下工作。韩国首尔半导体公司在 2010 年第一季度开始量产光效为 100 lm·W^{-1} 的 AC-LED 产品。J. Jung 等人[45]采用封装技术将倒装结构 LED 芯片集成在制作有桥式整流电路的硅衬底上，从而形成了 AC-LED 模块，当输入的电功率为 8.3 W 时，AC-LED 模块输出的光功率达到 830 mW。G. A. Onushkin 等人[46]采用微加工工艺制造出尺寸为 4.2 mm× 4.2 mm的 AC-LED 芯片并在其上涂覆黄色荧光粉使其发射白光，在 220 V 交流电驱动下，消耗的电功率为 4 W，输出的光通量为 320 lm。H. H. Yen 等人[47]在一颗单芯片上集成了 34 颗微芯片，制作成 AC-LED 芯片，在 220 V 交流电驱动下的光输出功率达到 388 mW，如图 7-10 所示。

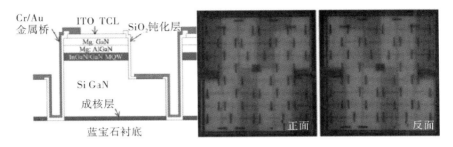

图 7-10　在一颗单芯片上集成微芯片阵列的 AC-LED 芯片[47]

AC-LED 的制作是通过微加工工艺将多个微芯片集成在一颗单芯片上，即高功率单芯片 LED 技术，并采用交错的矩阵式排列工艺组成桥式电路。AC-LED 制造工艺中的关键技术包括 LED 微芯片相互隔离的低损伤 ICP 深槽刻蚀技术、LED 微芯片之间相互连接的高机械强度互连桥的制作以及集成阵列微芯片的电极结构设计。尽管 AC-LED 有其独特的优势，但是其制造工艺比直流驱动的 LED 芯片的制造工艺要复杂，因此 AC-LED 的大规模生产需要突破上述关键技术，以降低 AC-LED 制造成本，提高 AC-LED 芯片的可靠性[22]。

7.2.5　LED 芯片光效提取

影响 LED 芯片发光效率的因素主要有两个：一个是电子转化为光子的效率，称之为内量子效率；另一个是有源层产生的光子从 LED 内部出射的效率，称之为取光效率，两者共同决定 LED 芯片的发光效率。内量子效率通常与载流子的形态、输运（散射）及在一定注入电流水平下的复合机制有密切的关系，因此强烈依赖于材料的能带结构和工作条件。取光效率主要取决于光子传输过程中所受到的作用，特别是界面散射和折射。由于 GaN 材料的折射率与空气及蓝宝石衬底材料的折射率相差较大（GaN 的折射率为 2.5，空气的折射率为 1，蓝宝石的折射率为 1.78），当 LED 芯片有源层产生的光从芯片正面出射到空气中时，会在 GaN 材料和空气的界面处发生全反射现象，其全反射角为 23.6°，入射角小于全反射角的光子可以通过芯片的顶部出射到空气中，入射

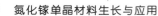
角大于全反射角的光子被重新反射到 LED 芯片内部，在 LED 芯片内部振荡，最终被有源层和电极吸收或者是通过芯片的侧边和底部出射到自由空间。当 LED 芯片有源层产生的光从芯片背面出射时，可能会在 GaN 材料与蓝宝石衬底材料的界面处发生全反射现象而不能被提取出来，从而导致光的损失。如果忽略芯片侧边和底部的出光，芯片有源层产生的光只有约 8% 能通过芯片正面被提取出来。使用各种技术打破 LED 芯片内的全反射界面是提高 LED 芯片光提取效率的有效途径，目前主要采用的方法有如下几种：图形化蓝宝石衬底（微米级图形和纳米级图形）技术、表面粗化技术、图形化 ITO 技术、光子晶体技术、全角反射镜技术、异形芯片技术以及表面微结构技术[22]。

1. 图形化蓝宝石衬底技术

蓝宝石材料是异质外延生长 GaN 基 LED 芯片最为常见的衬底材料。由于蓝宝石衬底材料和 GaN 外延层之间存在较大的晶格常数失配以及热膨胀系数不匹配，因此利用 MOCVD 外延生长技术在蓝宝石衬底上生长的 GaN 外延层中存在较大的应力和晶体缺陷，从而降低了 LED 芯片的性能[22]。图形化蓝宝石衬底技术是在蓝宝石衬底上制作出具有微米级或纳米级的周期性的微结构图形，该技术可以改善 GaN 外延层的晶体质量，减少缺陷，提高 LED 芯片的内量子效率，而且蓝宝石衬底上的凹凸图形会对入射光产生散射或折射，从而增加 LED 芯片的光提取效率[48-49]。H. Gao 等人[50]采用湿法腐蚀的方法在蓝宝石衬底上分别形成了微米结构和纳米结构的图形，并分析了图形尺寸的大小对 LED 芯片取光效率的影响，结果表明在蓝宝石衬底上形成的微米结构的图形可将 LED 芯片输出的光功率提升 29%，纳米结构的图形可将 LED 芯片输出的光功率提升 48%。C. T. Chang 等人[51]对光刻胶掩膜进行热回流工艺处理从而在光刻胶上形成了半球形的形状，然后采用干法刻蚀技术将图形转移到蓝宝石衬底上，从而在蓝宝石衬底上形成了周期性的半球形图形，接着在其上生长 LED 外延层，采用微加工工艺制作成芯片后发现 LED 芯片的光功率增强了 44%。Y. K. Su 等人[52]采用纳米压印技术在蓝宝石衬底上形成了周期性的纳米结构图形，并研究了图形的深宽比对芯片性能的影响，实验结果表明，当图形的深宽比为 2.0 和 2.5 时，芯片的光功率分别提升了 11% 和 27%，如图 7 - 11 所示。

在蓝宝石衬底上形成图形，通常有湿法腐蚀和干法刻蚀两种方法。采用湿法腐蚀技术对蓝宝石衬底进行图形化时，一般选用二氧化硅（SiO_2）或氮化硅（SiN_x）材料作为掩膜，使用 H_2SO_4 和 H_3PO_4 的混合溶液（H_2SO_4 : H_3PO_4 =

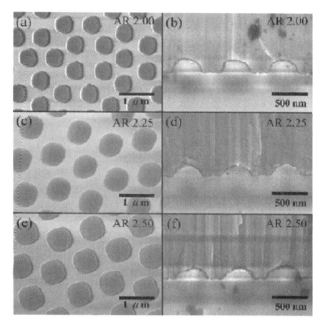

图 7 - 11　采用纳米压印技术制作的具有不同深宽比的图形化蓝宝石衬底[52]

3∶1)在高温下对蓝宝石衬底进行腐蚀,由于湿法腐蚀技术具有各向异性,因此采用湿法腐蚀技术在蓝宝石衬底上形成的图形与蓝宝石材料的晶体结构有关,其图形为三角形的金字塔结构。当采用干法刻蚀技术在蓝宝石上面形成图形时,通常选用基于 BCl_3 的电感耦合等离子体对蓝宝石进行刻蚀。刻蚀中的 B 原子可以与蓝宝石(Al_2O_3)中的 O 原子结合形成具有可挥发性质的 $BOCl_x$ 刻蚀产物[22]。

2. 表面粗化技术

表面粗化技术主要是在水平结构 LED 芯片的 p‑GaN 层、ITO 透明导电层以及垂直结构芯片的 n‑GaN 表面进行粗化处理,经过粗化后的表面可以有效地减小光子在芯片内传输过程中发生的全反射效应,使光子在粗化界面处发生散射从而被提取出来[22]。图 7‑12 所示为表面粗化技术提取光子的原理图。

对于水平结构 LED 芯片,可以对 p‑GaN 表面或 ITO 透明导电层进行粗化,以提高 LED 芯片的取光效率[53-54]。Z. J. Yang 等人[55]通过光电化学刻蚀(PEC)方法在 p‑GaN 表面上形成了多孔纳米结构的图形,将 LED 芯片的光功率提高了 26%。S. M. Pan 等人[56]通过光刻和干法刻蚀工艺对水平结构

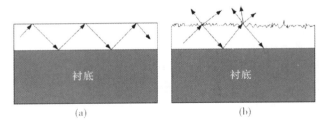

图 7－12　表面粗化技术提取光子的原理图[22]

LED 芯片的 ITO 透明导电层进行粗化，使芯片的光功率相对于没有粗化的普通芯片提升了 16％。对于垂直结构 LED 芯片，由于其顶部是 n-GaN 层，厚度约为2～3 μm，因此通常对 n-GaN 层进行粗化[57-58]。T. Fujii 等人[59]采用光电化学刻蚀技术对垂直结构 LED 芯片的 n-GaN 层进行粗化，使芯片输出的光功率增加了 2～3 倍。Y. J. Lee 等人[60]在其研究中提出在垂直芯片的p-GaN层下表面形成粗化的漫反射面后再与硅衬底键合，然后对芯片的上表面形成粗化的漫透射面，使 LED 芯片的外量子效率达到 40％，比未经粗化处理的 LED 芯片的外量子效率提升了 136％。R. H. Horng 等人[61]利用两面粗化技术来提高 LED 芯片的发光效率，即在 p-GaN 表面和 n-GaN 表面上均进行粗化处理，使采用两面粗化技术的 LED 芯片的光效相比单面粗化的 LED 芯片的光效提升了 77％。图 7-13 所示是在垂直结构 LED 芯片的 n-GaN 表面进行粗化处理之后的 SEM 图[62]。

国内，武汉迪源光电的董志江等人利用 ICP 干法刻蚀工艺和自然光刻技术对 LED 芯片表面的 ITO 层进行粗化，结果表明 ITO 表面粗化的 GaN 基 LED 芯片与传统的表面光滑的芯片相比，在 20 mA 的驱动电流下，发光强度提高了 70％[63]。华南师范大学何苗等人利用 Ni 纳米粒子掩膜，采用 ICP 干法刻蚀技术在 ITO 层上制作出了表面粗化的结构，实验结果表明，在 20 mA 工作电流下 ITO 表面粗化的 GaN 基 LED 芯片比未作粗化的 LED 芯片的发光强度提高了 30％[64]。中科院半导体照明研发中心的樊晶美等人用加热后的 KOH 溶液腐蚀垂直结构 LED 芯片的 n-GaN 面，使 GaN 基 LED 芯片的光提取效率增加了近 100％[65]。

尽管表面粗化技术可以有效地提高 LED 芯片的取光效率，而且工艺也比较简单，但是表面粗化技术也有其不足之处[22]。首先，现有的表面粗化技术不能有效地控制粗化后的表面形貌，从而不能对 LED 芯片内部提取的光的出射

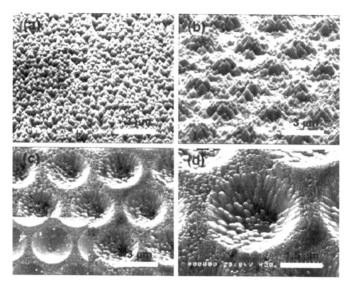

图 7 - 13　垂直结构 LED 芯片的 n - GaN 表面进行粗化后的 SEM 图[62]

方向进行控制，导致经过表面粗化后的 LED 芯片的出射光在空间的分布不符合朗伯分布。其次，对经过粗化后的 LED 芯片进行封装时，如果封装用的硅胶不能有效地填充经过粗化后的表面，将会导致在 LED 封装模块的硅胶和芯片之间出现空隙，从而会降低 LED 封装模块的光效和可靠性。南昌大学江风益教授课题组研究表明，LED 芯片经表面粗化后输出光功率平均提高 50%，而封装后的输出光功率只提高 15%[66]，这表明在 LED 芯片制造时必须同时考虑后续的封装工艺过程。另外，对于尺寸较大的大功率 LED 芯片，为了使 LED 芯片有源区内的电流分布更加均匀，通常在 p - GaN 表面沉积一层较薄的透明导电薄膜，以增强电流扩展能力。此时，如果对 p - GaN 表面进行粗化处理，将会影响透明导电薄膜与 p - GaN 表面之间的黏附性能，从而影响器件的长期可靠性。在水平结构芯片中，由于 p - GaN 层较薄（厚度通常为 $0.1 \sim 0.3\ \mu m$），采用湿法腐蚀或干法刻蚀技术对其进行粗化时很难控制刻蚀的深度。因此，对水平结构的芯片通常在 ITO 透明导电层上进行粗化。

3. 图形化 ITO 技术

在制造水平结构 LED 芯片时，为了改善电流的扩展能力，通常在 p - GaN 材料上采用电子束蒸发技术沉积一层 ITO 透明导电薄膜。由于 GaN 材料的折射率约为 2.48，ITO 透明导电层的折射率为 2.08，因此光在 GaN 材料和 ITO

的界面处会发生全反射现象，从而导致有源层产生的光不能被提取出来[22]。通过对 ITO 透明导电薄膜进行图形化可以打破 GaN 材料和 ITO 材料之间的全反射界面，从而提高 LED 芯片的光提取效率。S. Liu 等人[67]采用光刻与 ICP 干法刻蚀技术在 ITO 透明导电层上形成了周期性的六边形图形，使 LED 输出的光功率提高了 50%。S. J. Chang 等人[68]采用压印光刻技术在 ITO 透明导电层上形成周期性的图形，使 LED 芯片的光功率提高了 13.6%。K. J. Byeon 等人[69]采用纳米压印光刻技术在 ITO 薄膜上制作出了具有不同深度的锥形结构的图案，使 LED 芯片的光功率提高了 23%。图 7-14 所示是对 ITO 进行图形化后的 SEM 图。

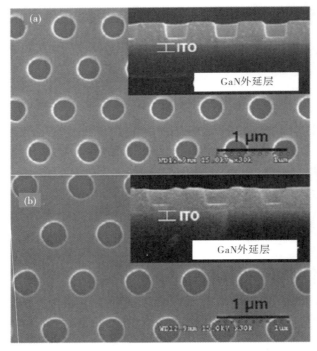

图 7-14 对 ITO 透明导电薄膜进行图形化后的 SEM 图[22]

由于采用图形化 ITO 技术可以有效地提高 LED 芯片的光提取效率，而且工艺比较简单，因此该技术被广泛地应用于 LED 芯片的实际生产中。

4. 光子晶体技术

由于 LED 外延层是一块具有高折射系数的薄膜材料，因此可以作为非常高效的波导，将波导中激发的光束缚在其中。为了从波导中提取光，研究人员采用光子晶体捕获从波导中出射的光子，其原理是如果波导具有尺寸合适的亚波长通孔阵列，那么没有光可以通过该波导，所有的光都只能通过垂直于波导的方向射出。将光子晶体与 LED 结合，可以通过光子晶体对光的衍射作用把限制在 LED 外延层内的光子有效地提取出来[22]。此外，光子晶体还可以调整 LED 芯片出射光的空间分布，改变光斑形状，使其分布满足不同的应用。由于光子晶体 LED 独特的优势，近年来学术界和产业界开始对光子晶体 LED 技术进行了广泛的研究。目前，在 GaN 外延层上制作光子晶体结构主要采用电子束光刻技术、激光全息技术和压印光刻技术三种方法。T. N. Oder 等人[70]利用电子束光刻和 ICP 干法刻蚀技术在 GaN 外延层上形成了直径为 300 nm、周期为 700 nm 的光子晶体结构图形，测试结果表明，在 20 mA 的驱动电流下，光子晶体蓝光 LED 芯片的输出光功率相比普通 LED 芯片提升了 63%。

美国飞利浦流明(Philips Lumileds Lighting)公司的 J. J. Wierer 等人[71]在垂直结构 LED 芯片上采用干法刻蚀的方法在 n - GaN 层上形成了深度为 100～300 nm 的光子晶体结构，将 LED 芯片的取光效率提升到 73%。尽管利用电子束光刻技术可以制造几十个纳米结构的图形，但是由于其产率低、成本高，而且只能在较小的面积内制作图形，导致电子束光刻技术不能大规模地应用于制造光子晶体 LED。相比电子束光刻技术，激光全息干涉技术可以在大面积的范围内制造光子晶体结构，产率也较高。D. H. Kim 等人[72]利用激光全息干涉技术在 GaN 外延层表面制作出了二维光子晶体结构，当图形周期为 500 nm 时，芯片的光功率是原来的 2 倍。利用纳米压印光刻技术制造纳米结构的图形，具有高分辨率、高产率、低成本等优点。因此，压印光刻技术可以大规模地应用于制造具有二维光子晶体结构的 LED。T. A. Truong 等人[73]利用纳米压印技术在 GaN 表面制作光子晶体，成功地将 LED 芯片出射的光功率提升了 80%，并同时在模拟中证实了其实验结果。2009 年，J. J. Wierer 等人[74]在 *Nature Photonics* 期刊上报道了利用光子晶体技术使 LED 芯片的取光效率达到 73%。图 7 - 15 所示是光子晶体 LED 的示意图及芯片点亮前后对比照片。

国内，北京大学的康香宁等学者研究了光子晶体 LED，采用不同技术制作出了光子晶体 LED 芯片，使光子晶体 LED 芯片的取光效率相比普通 LED 芯片提升了 40%～100%[75]。中科院半导体研究所胡海洋等人利用干法刻蚀工艺制备出了 GaN 基二维平板结构的光子晶体蓝光 LED 芯片，实验结果表明，光子晶体 LED 芯片的有效出光效率相比于普通芯片提升了 50% 以上[76]。华中科技大学文锋在其博士论文中对光子晶体 LED 进行了理论上的研究[77]。上海交

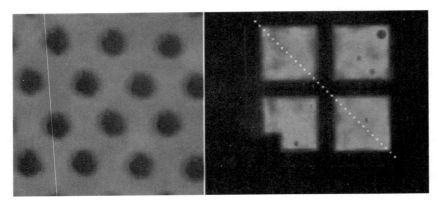

图 7 – 15　光子晶体 LED 结构示意图和芯片点亮前后对比图[74]

通大学李小丽通过实验表明采用光子晶体技术可以使 LED 芯片的光功率提升
36.65%[78]。目前光子晶体 LED 的专利主要掌握在几家公司，Luminus
Devices Inc. 是第一个销售带有光子晶体 LED 的公司，其产品广泛应用于投影
显示器市场。

尽管光子晶体 LED 有其独特的优势，但是光子晶体 LED 的大规模应用也
存在不少挑战。其原因在于，光子晶体 LED 的取光效率对光子晶体结构的几
何参数很敏感。然而，在蓝宝石或碳化硅衬底上外延生长 InGaN 半导体材料
时，其生长温度要高于 900℃。

由于衬底材料与外延材料的晶格常数、热膨胀系数不能完全匹配，因此在
外延层中存在较大的热应力，致使 LED 外延片不平整，存在晶圆翘曲，从而
导致在其上制作的光子晶体的结构参数会受到扰动，影响了 LED 芯片的取光
效率。热应力的存在也阻碍了 LED 芯片制造过程中使用更大尺寸的 LED 外延
片，从而无法有效地降低光子晶体 LED 芯片的成本。此外，LED 芯片的微加
工工艺中存在的误差会使光子晶体几何结构参数出现偏差，必然会对光子晶体
的光学特性参数产生影响，从而影响 LED 芯片的取光效率。另一方面，在光子
晶体 LED 芯片的封装过程中，涂覆荧光粉硅胶也会对光子晶体的结构参数造
成影响，从而导致光子晶体 LED 芯片经过封装之后其性能出现下降。因此如
何降低制造成本、减小晶圆翘曲以及探索适合于光子晶体 LED 芯片的封装结
构，是光子晶体 LED 芯片能否大规模应用的关键[22]。

5. 全角反射镜技术

对于高亮度的铝镓铟磷（AlGaInP）LED 芯片，采用 MOCVD 外延技术生长分布式布拉格反射镜(Distributed Bragg Reflector, DBR)层作为反射镜面可以使 LED 芯片的发光强度提升 30％～60％。但是，DBR 的反射率随着光子入射角的增加会迅速减少，因此，仍有较高的光损耗[22]。为此研究人员开发出与入射角无关的具有高反射率的全角反射镜(Omni-Directional Reflector, ODR)，可以对任何方向入射的光都具有较高的反射率。全角反射镜既可应用于水平结构 LED 芯片也可应用于倒装结构 LED 芯片。J. K. Kim 等人[79]在蓝光 LED 芯片的衬底上淀积具有导电性能的全角反射镜(GaN/ITO/Ag)，结果使芯片输出的光功率比只镀 Ag 反射层的普通芯片提高了 31.6％，而且降低了芯片的正向电压。2007 年，欧司朗(OSRAM)公司 R. Windisch 等人[80]利用干法刻蚀技术将 AlGaInP LED 芯片的外延层刻蚀成斜面，并在其上沉积 SiN_x 和金属材料，制作成掩埋式反射镜。在 20 mA 电流驱动下，LED 芯片在 650 nm 波段的外量子效率达到 50％，如图 7 - 16 所示。

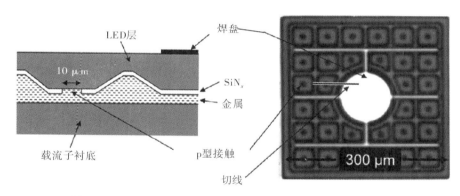

图 7 - 16　OSRAM 公司制作的微反射镜 AlGaInP LED 芯片[80]

国内，北京工业大学张剑铭等人[81]在(AlGaInP)薄膜发光二极管中制作了全角反射镜，使 LED 芯片的光输出功率提高到原来的 2 倍之多。

6. 异形芯片技术

常规芯片的外形为立方体，左右两面相互平行，在折射率不同的两种材料的界面处发生全反射的光会在两个端面之间振荡，直到被芯片吸收转化为热能，从而降低了芯片的出光效率[22]。1999 年，M. Krames 等人[82]将 AlGaInP LED 加工成倒金字塔(Truncated Inverted Pyramid, TIP)形状，使芯片的侧面与垂直方向呈 35°角。由于芯片的侧面不再相互平行，因此可以使射到芯片侧面的光经侧面反射到顶面，以小于全反射临界角的角度出射；同时，射到顶面大于临界角的光也可以从侧面出射，从而大大提高了芯片的出光效率，使外部量子效率达到 55％。图 7-17 所示是具有倒金字塔形状的 LED 芯片。

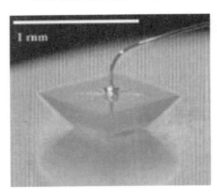

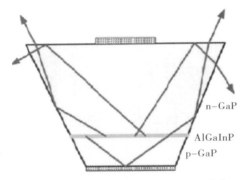

图 7-17   倒金字塔结构 AlGaInP LED 芯片[82]

2001 年，Cree 公司在 SiC 衬底上成功制作出具有相同结构形式的 GaN 基蓝光 LED 芯片，将 SiC 衬底制作成斜面使芯片的外部量子效率提高至 32％。图 7-18 所示是 Cree 公司制造的 LED 芯片的 SEM 显微图。

图7-18   Cree 公司制造的具有倾斜形貌的 LED 芯片 SEM 图

由于蓝宝石衬底材料的物理性质和化学性质很稳定，不管采用湿法腐蚀还是干法刻蚀工艺都无法对蓝宝石材料进行高效的加工，但是随着激光微加工技术的发展，人们开始使用激光微加工技术对蓝宝石衬底进行加工，将其侧壁加工成具有一定的倾斜角，以提高 LED 芯片的取光效率[83]，如图 7-19 所示。

图 7-19　具有倾斜侧壁的 LED 芯片光学显微图[83]

7. 表面微结构技术

采用 ICP 刻蚀技术对 GaN 外延层进行深刻蚀，在其上形成具有特定形貌的微结构可以有效地提高 LED 芯片的取光效率[22]。美国飞利浦流明公司在其专利中提出在芯片表面制作特殊结构的光学微结构以提高 LED 芯片的取光效率[84]。T. H. Hsueh 等人[85]在水平结构芯片的上表面制作微孔阵列以提高芯片取光效率，实验结果表明，当微孔直径为 7 μm 时，输出光功率提升了 28%。J. S. Lee 等人[86-87]通过在 LED 芯片表面旋涂一层厚度约为 7 μm 的光刻胶，然后对光刻胶在不同温度下进行回流，使光刻胶的侧壁具有不同的倾斜角，将回流之后的光刻胶作为刻蚀 GaN 的掩膜材料，采用 ICP 刻蚀技术将 LED 芯片的侧壁刻蚀成具有一定的倾斜角，使光经过侧壁反射之后改变反射方向，从而提高了 LED 芯片的取光效率。C. S. Chang 等人[88]将 LED 芯片的 GaN 外延层的侧壁制作成波浪形的曲线，将 LED 芯片的发光效率提高了 10%。H. W. Huang 等人[89]将 GaN 的侧壁刻蚀成向内倾斜 22°，形成具有底切角的刻蚀形貌，使 LED 芯片的取光效率提升了 70%，如图 7-20 所示。

国内，上海交通大学刘胜课题组采用 ICP 干法刻蚀技术将 GaN 外延层分离成微结构阵列以提高大功率 LED 芯片的取光效率，并通过理论分析得出将微结构侧壁加工成具有特定的倾斜角度可使芯片取光效率提高 280%，同时大

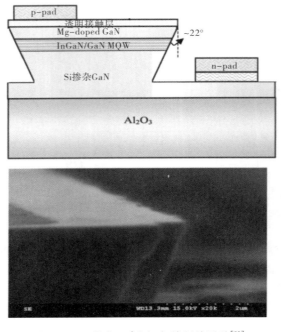

图 7 - 20 具有 22°底切角的刻蚀形貌[89]

大降低了芯片外延层应力[90]。清华大学罗毅课题组采用 ICP 刻蚀技术在 p - GaN 表面制作了周期性的二维圆孔微结构，使 LED 芯片正面出射的光功率增强了 38%[91]。基于表面微结构技术的 LED 芯片在制造过程中需要对外延层的特定部位进行深刻蚀，而且其刻蚀深度通常为几个微米。由于 GaN 材料的化学性质较稳定，对其进行刻蚀比较困难，因此这种结构的 LED 芯片能够大规模生产的关键是开发高速率、低损伤的 GaN 刻蚀技术。

7.2.6 非极性/半极性 LED

目前用于 LED 的 GaN 外延膜通常沿极性 c 轴生长，极性方向存在的自发极化和压电极化效应会产生强大的内建电场，从而对器件性能产生重要影响，例如，随着电流密度的增加，发光波长发生偏移。同时，辐射复合的概率降低，器件的发光效率会大大降低[92-93]，这在一定程度上限制了大功率、高效率白光 LED 的发展。使用生长方向垂直于 c 轴的非极性 GaN 外延层，可以消除极化效应对器件性能产生的不利影响[94-96]，使 LED 随着电流变化的波长偏移变小，并且器件发光效率得到提升。开发非极性 GaN 被国际产学界视为可使

LED 性能获得阶段性提高的重要方法，其在未来的半导体白光照明工程中具有重要的应用前景。因此，开发大尺寸、低成本和高性能的非极性 GaN 外延膜成为高亮度白光 LED 研究的重要趋势之一[97]。

GaN 属直接带隙材料，禁带宽度为 3.4 eV，常温下稳定的 GaN 是纤锌矿结构，没有中心反演对称性。GaN(0001)面是密排面，因而常规所制备的薄膜都是沿[0001]方向生长。GaN 体单晶材料的生长十分困难，目前在 LED 中应用的大多是 GaN 异质外延膜。在异质外延的情况下，薄膜和基片之间的晶格失配和热失配会引入应力，自发极化和压电效应共同作用会改变极性 GaN 薄膜和异质结内的载流子分布，导致 GaN 基器件有源层量子阱中出现很强的内建电场（量级为 MV/cm），从而使量子阱的能级发生倾斜，电子和空穴的波函数在空间上分离[93]，大大降低了其辐射复合概率，进而使得基于极性面 GaN 的 LED 量子效率降低。同时，随着激发功率的增大，发光光谱发生偏移。图 7 - 21 是纤锌矿 GaN 极性面、非极性面的示意图。从图中可以看出，非极性面 (11$\bar{2}$0) 和 (1$\bar{1}$00) 与极性面(0001)互相垂直，即非极性的 a 面和 m 面存在平行于表面的[0001]方向，沿生长方向来看金属 Ga 原子和 N 原子均匀分布在同一层晶面上，故在势阱和势垒的界面上不存在自发极化电场[97-98]。非极性量子阱的能带结构平坦并且具有很高的电子与空穴波函数的重叠度，故其载流子辐射复合效率很高，并且激发复合的时间常数很小。图 7 - 22(a)、(b)分别是存在极化电场和不存在极化电场的 InGaN/GaN 量子阱及其能带结构示意图。

1. 衬底的选择

最初由于没有可用的非极性、半极性 GaN 衬底，故非极性、半极性 GaN 基氮化物的生长都是在异质衬底上进行的。r 向蓝宝石和 a 向 SiC 首先被用作生长 a 向 GaN 的衬底[100-101]，并且有一些课题组得到了质量较好的 a 向 GaN。因为蓝宝石和 m 向 GaN 之间的晶格失配很大，所以 m 向 GaN 的生长大多选择 m 向 SiC[102]和(100)取向的 γ - LiAlO$_2$[103]作为衬底。m 向 SiC 衬底不仅具有导电导热性好、不吸收可见光、化学稳定性好等优点，而且和 m 向 GaN 外延层之间的晶格失配仅为 3.5％，因此使用 MOVPE 技术很容易在 SiC 衬底上得到高质量的 m 向 GaN 外延层。但考虑到 m 向 SiC 价格昂贵，而(100)取向的 γ - LiAlO$_2$ 在 GaN 的生长条件下不太稳定，因此最好的选择是采用 HVPE 系统在(100)取向的 γ - LiAlO$_2$ 上生长 m 向 GaN[104]。2004 年，A. Chakraborty 等人[105]制备出了第一个非极性 LED 器件，而半极性材料的特性相比于非极性材料更为复杂，相关研究较少。直到 2006 年，T. J. Baker 等人[106]第一次使用

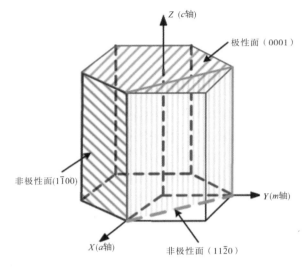

图 7-21　GaN 晶体中极性(0001)面和非极性($11\bar{2}0$)面、($1\bar{1}00$)面示意图[97]

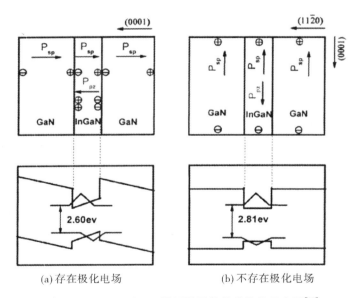

(a) 存在极化电场　　　　　　(b) 不存在极化电场

图 7-22　InGaN/GaN 量子阱及其能带结构示意图[99]

蓝宝石衬底获得了[$10\bar{1}\,\bar{3}$]和[$1\bar{1}22$]方向的半极性 GaN 薄膜。

　　近年来，非极性和半极性 GaN 同质衬底在制备非极性、半极性 GaN 基氮化物中得到了广泛应用，且效果较好。在生长条件合适的情况下，GaN 同质衬底和外延层之间基本不存在晶格失配和热失配，外延层中的位错和缺陷密度非常小，因而使用 GaN 同质衬底能够大大改善外延层的晶体质量，提高 LED 器件的发光效率。并且在使用 GaN 同质衬底时，不需要对衬底做氮化处理，更不需要生长成核层，大大简化了工艺流程。另外，GaN 衬底像 SiC 衬底一样导电导热，故可在 GaN 衬底上制作纵向结构的 LED 器件，有利于解决大面积大功率 LED 器件的散热问题[98]。GaN 衬底的制备一般是先采用 HVPE 技术生长得到 c 向 GaN，然后根据需求沿不同方向进行切割[107-119]。2006 年，T. Koyama 等人[107]在非极性 m 面同质衬底上做出了非极性 LED 器件。2010 年，T. Detchprohm 等人[117]在非极性 m 面 GaN 底板上生长出了非极性蓝光和绿光 LED 结构。即使当工作电流增大时，LED 的发光波长漂移也较小。表 7 - 3 总结了一些同质衬底生长的非极性与半极性 LED 外延结构与光电特性的关系。虽然采用 HVPE 技术得到的同质衬底适合用于非极性、半极性 GaN 基氮化物的制备，但不适于商业生产。因此，可用于非极性、半极性 GaN 基氮化物生长的衬底的制备，依然是一个亟待解决的难题。

表 7 - 3　同质衬底生长的非极性与半极性 LED 外延结构与光电特性关系

方向	结构	波长/nm	辐射通量/mW	电压/V	因电流增大引起的峰移
a	7 nm 5QW，无 EBL	450	—	4.4	无[108]
a	3 nm 5QW	522	0.07	—	由热效应引起红移[109]
m	8 nm 6QW，2.2～20 nm	407.4	23.7	5.2	轻微蓝移[110-111]
m	3 nm 5QW	435	1.79	5	蓝移[112]
m	8 nm 6QW	468	8.9	6.4	比 c 面 LED 偏移小[113]
m	2～4 nm 3QW	460～506	最大值 6	—	红移(机理尚不明晰)[114]
$[10\bar{1}\bar{1}]$	2.5 nm 6QW	412	20.58	3.93	由于压电场减小，位移很小[115]
$[10\bar{1}\bar{1}]$	3 nm 6QW	443.9	13.41	8.29	由于压电场减小，位移很小[116]

方向	结构	波长 /nm	辐射通量/mW	电压/V	因电流增大引起的峰移
$[11\bar{2}2]$	3 nm SQW	425，530，580	1.76，1.91，0.54	3.4，3.8，3.0	由态填充引起的蓝移[117]
$[11\bar{2}\bar{2}]$	4 nm 6QW	522.4	5.0	6.9	低能局域态填充[118]
$[11\bar{2}\bar{2}]$	3.5 nm SQW	562.7	5.9(脉冲)	—	局域能态填充[119]

注：除特别说明外，表中数据均是在 20 mA 工作电流条件下测试得到的，结构一栏给出的是量子阱厚度与层数[120]。

2. 外延生长

南卡罗来纳大学的 C. Q. Chen 等人[121]采用 MOCVD 工艺在 r 面蓝宝石基片上生长 a 面 GaN/AlGaN 量子阱结构，制备出第一支紫外 LED。实验结果表明，与生长在 c 面蓝宝石上的极性结构相比，非极性结构量子阱的 363 nm 紫外发射峰强度要高 30 倍，而且非极性量子阱发射峰峰位随驱动电流的增大能够保持稳定，而极性结构发生了 250 meV 的蓝移。

加州大学圣巴巴拉分校的 B. Imer 等人[122]报道了基于 GaN/AlGaN 量子阱结构的蓝光 LED，该结构采用了 HVPE 制备的低缺陷密度的 a 面 GaN 侧向外延过度生长模板，采用 MOVCD 制备量子阱结构，如图 7-23 所示，量子阱结构的电致发光峰位不依赖于驱动电流（峰位没有发生蓝移），这归因于非极性 a 面量子阱结构中不存在极化效应所导致的内建电场。图 7-24 显示的是在驱动电流为 20 mA 时生长在 c 面 GaN 的 LED 发光情况，以及采用侧壁外侧外延过生长的 a 面 GaN 的 LED 发光情况，测试结果显示 a 面生长的 LED 强度是 c 面 LED 强度的 15 倍。佐治亚理工学院 J. P. Liu 等人[109]在自支撑的 a 面 GaN 衬底上可以制备出无穿透位错和层错的 InGaN/GaN 多量子阱 LED 结构，蓝光发光波长不随驱动电流的变化而改变。这些 a 面 GaN 基量子阱 LED 的性能测试结果印证了非极性的特征，即外量子效率的提高及发光峰位不存在蓝移现象[97]。

在 m 面 GaN 基量子阱结构制作的 LED 研究中，包括基于图形化蓝宝石[123]或 γ-LiAlO₂[124] 等衬底的异质外延和自支撑 m 面 GaN 衬底[125]的同质外延，其中以 2007 年 5 月加州大学圣巴巴拉分校非极性 GaN 材料研究团队的成果最突出。他们采用阱层厚为 16 nm、垒层厚为 18 nm 的量子阱进行 6 次层

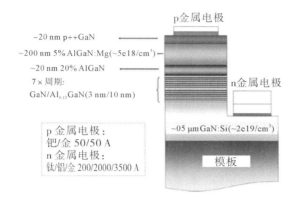

图 7 – 23　GaN/Al$_{0.15}$GaN LED 器件结构[122]

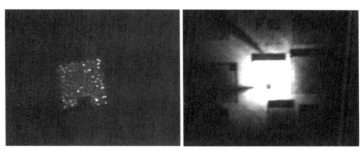

(a) 生长在 c 面 GaN 的 LED　　(b) 采用侧壁外侧外延过生长的 a 面 GaN 的 LED

图 7 – 24　驱动电流为 20 mA 时在显微镜下观察到的
LED 发光情况(400 μm×400 μm 结区)[122]

叠作为 LED 活性区，20 mA 工作电流时的光输出功率为 28 mW，外量子效率高达 45.4%，发光波长为 402 nm。当驱动电流增加到 200 mA 时，器件的光输出功率高达 250 mW，且仍能保持 41% 的高外量子效率，如图 7 – 25 所示。值得注意的是，此 LED 效率的显著提升得益于采用了高质量的 m 面 GaN 衬底（此衬底材料由日本三菱化学提供，对采用 HVPE 法生长的 c 面 GaN 进行切片得来）。这种基于非极性 m 面 GaN 的 LED，创造了历史性的突破，成为 GaN 蓝光 LED 未来的重要发展方向[97]。

此外，当前有关提高非极性、半极性 LED 器件外量子效率的方法并不多，由于非极性、半极性 LED 器件的外量子效率依然很低，因此提高非极性、半极性 LED 器件的外量子效率仍是一个亟待解决的难题。

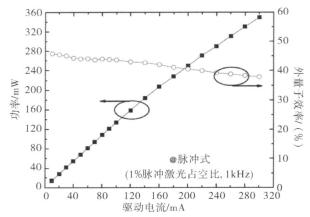

图 7-25 发光波长在 **402 nm** 的 *m* 面 **LED** 的输出功率(在积分球中测量)和外量子效率与驱动电流的关系

7.3 微型发光二极管(Micro-LED)

现代社会已经进入信息化并向智能化方向发展,显示是实现信息交换和智能化的关键环节。在众多显示技术中,微型发光二极管(Micro-LED)显示技术被认为是具有颠覆性的下一代显示技术。Micro-LED 是将 LED 显示屏微缩化到微米级的显示技术,与 LCD、OLED 相比,它具有自发光、效率高、功耗低(约为 LCD 的 10%,OLED 的 50%)、亮度高(为 OLED 的 30 倍以上)、解析度超高(超过 1500 PPI)、色彩饱和度高、响应速度快等优点,另外还具有对比度极高、可视角度宽以及无缝拼接可实现任意大小尺寸显示和使用寿命长达 10 万小时以上等优点。

Micro-LED 的技术来源于 1992 年的美国贝尔实验室微盘激光器技术[126]。2000 年,S. X. Jin 等人[127]首次制备了基于Ⅲ族氮化物的 Micro-LED。2001 年,H. X. Jiang 等人[128]报道了用于显示的芯片尺寸为 12 μm、10×10 阵列的蓝光 Micro-LED。2004 年,C. W. Jeon 等人[129]报道了芯片尺寸为 20 μm、64×64 阵列的紫外(UV)Micro-LED。2008 年,斯克莱德大学 M. Wu 等人首次在 32 μm 的 Micro-LED 阵列上喷墨打印有机发光材料并实现彩色显示[130-132]。香港科技大学 Z. J. Liu 等人[133-134]在 2012 年报道了 360 PPI 的 Micro-LED 显示原型机,并于 2014 年提升至 1700 PPI。2015 年,H. V. Han 等人[135]报道了采

用 UV 光激发量子点来实现颜色转换并制备出了芯片尺寸为 35 μm 的全彩 RGB Micro-LED。2017 年,F. Templier 等人[136] 报道了基于硅衬底的芯片尺寸约为 2 μm 的蓝光 Micro-LED。2020 年,J. Bai 等人[137] 报道了采用无需刻蚀的方法制备得到蓝宝石衬底上芯片尺寸为 3.6 μm 的绿光 Micro-LED;同年,香港科技大学制备出硅基 CMOS 驱动的 Micro-LED 阵列,并结合红绿量子点实现了 317 PPI 的全彩显示技术[138]。

　　Micro-LED 显示技术的广阔前景吸引了产业界的各大公司相继投入大量资源进行研发和布局。2012 年,索尼公司首次推出了 55 英寸(139.7 cm)全高清 Micro-LED 电视,包括了 600 万个独立的 Micro-LED 器件,分辨率为 1920×1080。2017 年,索尼公司又展出了 8K×2K 分辨率的大尺寸(970 cm× 270 cm)Micro-LED 显示屏。2018 年,三星公司推出了世界上第一台 146 英寸(370.84 cm)Micro-LED 电视(The Wall),见图 7 - 26(a)。同期 Lumens 也展出了 130 英寸和 139 英寸两款超大尺寸 Micro-LED 数码化广告牌,以及用来作抬头显示器的 0.57 英寸 Micro-LED 显示器。2019 年,索尼公司推出最大为 790 英寸的 Crystal LED 巨幕显示系统,该系统拥有 16K 分辨率,由一系列 Micro-LED 面板拼接到一起而成。深圳柔宇科技在 2021 年首次发布了 Micro-LED弹力柔性屏,该屏的弹性拉伸度为 130%,像素密度为 120。

　　此外,还有一些企业在 Micro-LED 显示应用上取得了成果。2019 年 7 月,雷曼光电公司推出了 324 英寸 8K 的 Micro-LED 显示屏,见图 7 - 26(b),10 月底康佳公司推出了 236 英寸 8K 的"SmartWall" Micro-LED 显示屏,11 月利亚德公司推出了 135 英寸 8K 的"The Great Space" Micro-LED 显示屏。

(a) 三星公司Micro-LED 电视(The Wall)　　　　(b) 雷曼光电公司Micro-LED 显示屏

图 7 - 26　**Micro-LED 显示技术的应用**

根据 LED 市场调研机构"LED 在线"预估,Micro-LED 市场规模将在

2025 年达到 28.91 亿美元，应用范畴包含手机、穿戴式手表、车用显示器、虚拟现实、电视等。尽管 Micro-LED 是当前光电产业炙手可热的新技术，但目前 Micro-LED 面临技术瓶颈，如磊晶与芯片、巨量转移、全彩化、电源驱动、背板及检测与修复技术等，短期之内还难以实现量产，而鉴于 Micro-LED 兼具 LCD 和 OLED 的优点，只是当前的 LCD 面板成本已经很有竞争力，现在新技术如何找到切入点会是很大的挑战。伴随着 5G 技术逐渐开始商用，5G 技术与 VR、AR 和 8K 超高清视频等显示技术的结合，将进一步推动 Micro-LED 的发展。下面将主要介绍 Micro-LED 显示在衬底技术、外延技术、芯片技术以及封装技术等方面的现状与发展趋势。

由于 Micro-LED 芯片尺寸已微缩到小于 50 μm，产品的良率、均匀性相较于传统 LED 更为严格。衬底材料以及外延技术对 Micro-LED 器件性能的影响至关重要。因此，对于衬底的选择和外延技术提出了更高的要求与挑战。用于显示技术时，Micro-LED 的注入电流密度非常低，由缺陷所导致的非辐射复合尤为突出，很大程度上会降低 Micro-LED 的光输出效率。要获得高质量的 Micro-LED，外延片则需要实现更低的缺陷密度[139]。

7.3.1 衬底材料

目前，GaN 基蓝绿光 LED 的衬底材料主要包括蓝宝石衬底、硅衬底和 GaN 衬底等[140-141]。

蓝宝石是制作 GaN 基蓝绿光 LED 最常用的衬底。蓝宝石作衬底的优点是：高温下（1000℃）化学性质稳定、耐腐蚀、透光性能好、容易获得大尺寸、价格便宜等[142-143]。其缺点是：与 GaN 之间存在着较大的晶格失配（16％）和热膨胀失配，热导率低。大晶格失配会导致在 GaN 外延层中产生高的位错密度，位错会降低载流子迁移率和少数载流子寿命，从而降低热导率。热失配则会在外延层冷却过程中产生应力，从而导致裂纹的产生，最终降低器件性能。蓝宝石的热导率很低，和其他衬底材料相比不容易散热。另外，蓝宝石衬底不导电，器件的电极不容易制作[144]。目前蓝宝石衬底外延生长 LED 是市场化程度最高、成本最低的技术。

硅(Si)衬底的优点是：低成本、大面积、高质量、良好的导电导热性能。由于硅的导热系数是蓝宝石的 5 倍，良好的散热性使硅衬底 LED 具有较高的性能和较长的寿命。同时，硅衬底可以实现无损剥离，消除了衬底和 GaN 材料层的应力。硅衬底 LED 与现有硅基集成电路兼容，这使得其具有向更加小型化、高集成化发展的优势。而且一旦技术获得突破，外延片生长成本和器件加工成本将大幅度下降。此外，硅衬底 LED 有望实现更高波长的黄红光 LED 器件。硅衬底的缺点是：Si 与 GaN 之间存在更大的晶格失配和热应力失配，使得生长过程中在外延层会产生更多缺陷，外延片容易发生翘曲，并容易造成表面龟裂[145-147]。此外，硅衬底还会吸收可见光，导致 LED 的外量子效率降低。

对 GaN 基 LED 来说，最理想的衬底就是 GaN 单晶材料，这样可以大大提高外延片的晶体品质，降低位错密度，提高器件工作寿命、发光效率和器件工作电流密度。GaN 衬底还具有良好的导电导热性能，可应用于一些高性能器件，如高分辨 AR/VR 显示等。

除了以上三种衬底外，用于生长和制备 Micro-LED 的衬底材料还有碳化硅、氧化锌、锗化锌等。

7.3.2　缺陷控制

位错作为非辐射复合中心和漏电通道，会显著影响 Micro-LED 芯片性能。Micro-LED 芯片要求注入电流密度低，对位错密度的要求也更为苛刻。以 $1\ \mu m \times 1\ \mu m$ Micro-LED 为例，若要使单个 LED 芯片位错数控制在 1 及以下，则要求位错密度达到 $10^7\ cm^{-2}$[148]。

目前，针对蓝宝石或硅衬底 GaN 的异质外延生长，用以降低位错密度和提高晶体质量的方法主要是图形化衬底技术和缓冲层技术[149]。缓冲层的插入可以为 GaN 生长提供成核中心，促进 GaN 的三维岛状生长转变为二维横向生长，降低 GaN 的位错密度。对于蓝宝石衬底，LED 外延生长中常用的是 GaN 和 AlN 等缓冲插入层[150]。对于硅衬底，LED 制备过程中的缓冲层通常有 AlGaN/GaN、AlN/GaN 超晶格等[151-152]。

图 7 - 27 展示的是北京大学宽禁带半导体研究中心通过纳米压印的方法制备出的纳米图形化蓝宝石衬底（Nanopatterned Sapphire Substrate，NPSS），并在 NPSS 衬底上生长 GaN[153]，通过此方法进行外延生长使得成核岛合拢时间大大降低，在生长的 GaN 薄膜中应力能够有效弛豫，位错密度降低到 $1.8\times 10^8\ cm^{-2}$，表面粗糙度降低到 0.1 nm 以下。

在硅衬底上通过缓冲层技术来降低位错密度并提高晶体与器件质量的方法主要是通过生长 AlN 缓冲层以及超晶格插入层来过滤位错，并且在插入层中缺陷位置附近引入 V 型坑，提高 In 组分以改善晶体质量，使有源区由平面结构变成立体结构，形成竖直、水平两个方向的 pn 结，再协调两者来控制载

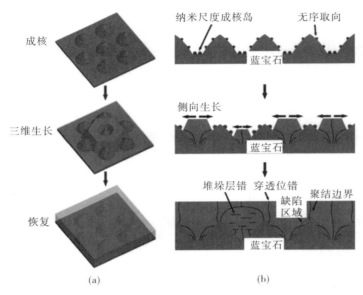

图 7 – 27　NPSS 衬底生长模式示意图[153]

流子输运路径以及复合位置，进而提高 LED 性能。南昌大学科研团队通过此方法将发光波长为 551 nm 的绿黄光 LED 外量子效率（EQE）提高到 37.7%（4 A/cm²）[151-152, 154-155]。其外延层结构和外量子效率变化曲线分别如图 7 – 28(a)、(b) 所示。图 7 – 28(c) 给出了典型 V 型坑截面图以及 V 型坑附近载流子的运输路径和重组位置。

　　利用高质量 GaN 衬底的同质外延技术可以得到低位错、高晶体质量的 LED 外延片，但受限于衬底价格成本，目前还难以得到大尺寸的外延片。未来随着大尺寸高质量 GaN 单晶衬底的不断发展与成本降低，有望在 Micro-LED 显示领域取得突破。

　　除生长过程中 LED 外延层存在的缺陷外，由于 LED 器件尺寸减小，侧壁所占器件总面积之比增大，刻蚀损伤所形成的缺陷占比升高，这些都导致非辐射复合比例上升，从而降低了发光效率，同时也引入了新的漏电通道，加重了器件反向漏电[149]。为了提高器件性能，需要有效抑制表面缺陷，一般可以通过优化刻蚀条件来实现低损伤刻蚀，如用 KOH 等溶液湿法腐蚀刻蚀后的侧壁，使刻蚀后的侧壁生长氧化硅、氮化硅、氧化铝等钝化层来实现刻蚀损伤的部分修复，以达到降低漏电从而提高发光效率的目的[156]。

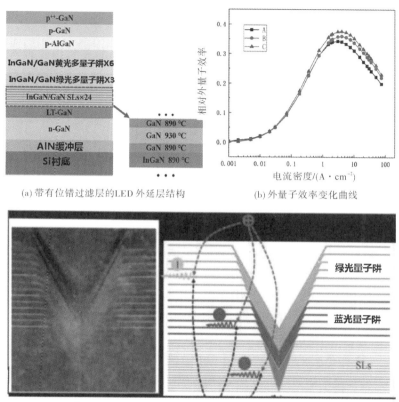

(a) 带有位错过滤层的LED外延层结构　　(b) 外量子效率变化曲线

(c) 典型V型坑截面图及V型坑附近载流子的运输路径和重组位置

图 7 - 28　利用缺陷引入 V 型坑实验结果[151-152, 154-155]

7.3.3　波长均匀性

在高分辨显示应用中，Micro-LED 的发射波长不均匀所导致的显色差别会极大影响显示效果。为保证显示效果，Micro-LED 外延片单片波长变化标准差需要控制在 0.8 nm 以内。当前，在市场及工艺成本驱动下，6 英寸(15.24 cm)及更大尺寸 LED 晶圆逐渐成为主流。随着衬底尺寸的加大，外延生长过程中的波长均匀性控制逐渐成为挑战。影响均匀性的因素主要包括衬底厚度、尺寸大小，以及在 MOCVD 外延生长 InGaN/GaN 量子阱过程中气流和温度均匀性的控制。一般说来，衬底越厚，均匀性越容易控制；尺寸越大，均匀性越难控制。对 LED 波长均匀性的提升起着至关重要作用的则是优化 MOCVD 外延生长过程中的气流均匀性。

1. 控制气流均匀性

2018 年，美国 Veeco 公司[157]报道采用 TurboDisc 技术可以改善外延生长过程中样品上方气流均匀性，并通过一系列应变调控工程实现了在 6 英寸蓝宝石衬底蓝光 LED 外延片（95％的区域）上使发光波长均匀性控制在 1～2 nm 内，在 8 英寸（20.32 cm）硅衬底蓝光 LED 外延片（90％区域）上使发光波长均匀性控制在 1～2 nm 内。

2. 控制温度均匀性

InGaN 中 In 组分变化对温度十分敏感，通常 1℃温差会导致发光波长偏移 1～3 nm[158]，所以提高外延生长过程中的温度均匀性非常重要，主要方式有增加衬底厚度、优化 MOCVD 托盘设计以及添加插入层等[159-160]。增加衬底厚度能有效改善生长过程中外延层翘曲，从而改善表面温度场分布。优化石墨托盘设计使其具有一定曲率能在外延生长过程中更加匹配外延片翘曲，以取得对温度均匀性控制的进一步提升。在外延生长中，引入插入层能有效提高外延片波长均匀性。

2013 年，A. Nishikawa 研究组[161]通过引入 AlGaN/AlN 缓冲层在 8 英寸硅衬底上实现了外延层厚度为 5.2 μm 的无龟裂蓝光 LED，波长变化标准差为 2.53 nm，发光峰波长为 445.2 nm。通过进一步优化生长条件，采用多插入层技术以及在生长过程中进行实时应变调节，2019 年该课题组[162]制备了 8 英寸（20.32 cm）硅衬底 LED，波长变化标准差为 0.854 nm，超过 85％的区域发光峰波长偏移小于 2.5 nm。对应的 PL 图谱与发光波长统计如图 7-29 所示，发光峰波长为 465.7 nm。

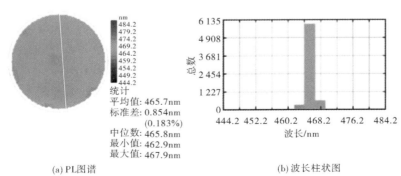

（a）PL图谱 　　　　　　　　　（b）波长柱状图

图 7-29　8 英寸 GaN-on-Si 基蓝光 LED 晶片的 PL 图谱与发光波长统计

7.3.4　Micro-LED 器件制备与效率衰减

目前，在高 PPI 分辨率的微显示应用中，Micro-LED 器件的尺寸需减小到 10 μm 以内。例如在增强显示/虚拟现实（AR/VR）应用中，较短的观看距离（60 mm）使其分辨率需达到 1455 PPI，对应 Micro-LED 器件的尺寸要小于 5 μm[163]。现有研究表明，Micro-LED 器件随尺寸减小，外量子效率显著衰减，且峰值效率向高电流密度方向移动[164]。如图 7 - 30 所示，Micro-LED 器件从 500 μm 减小到 10 μm，其外量子效率从 10% 衰减到 5%，此外，峰值效率对应的电流密度从 1 A·cm^{-2} 移动到 30 A·cm^{-2}[164]。而应用于微显示的 Micro-LED，其工作电流密度一般小于 5 A·cm^{-2}，因此峰值电流的移动进一步降低了 Micro-LED 器件工作的效率[165]。

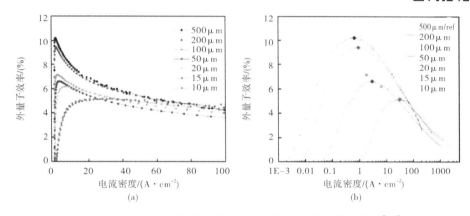

图 7 - 30　Micro-LED 器件外量子效率随尺寸的变化关系图[164]

随着 Micro-LED 尺寸减小，器件的面容比比值增加，因此与表面相关的非辐射复合导致的效率衰减在小尺寸 Micro-LED（小于 10 μm）中更为显著[166]。目前，针对表面非辐射复合，在 Micro-LED 器件制备工艺中引入表面化学处理与钝化工艺，可有效提高器件的外量子效率[167-173]。研究表明，经 ICP 刻蚀后，用 KOH 溶液对刻蚀侧壁进行化学处理，去除由 ICP 工艺引入的表面损伤区域，可有效改善器件工作特性[170]。经 KOH 处理后，由于 KOH 对 GaN 腐蚀的各向异性，使刻蚀侧壁暴露出完整的 GaN 非极性面，表明刻蚀损伤区域被去除，因此减少了表面非辐射复合中心的密度。进一步钝化侧壁，减小表面悬挂键密度，可提高 Micro-LED 器件工作效率。如图 7 - 31（a）所示，未经表面化学处理的 Micro-LED 器件，随着尺寸从 100 μm 减小到 10 μm，其外

231

量子效率从 23% 衰减到 15%。而对 Micro-LED 侧壁进行化学处理后，其 10 μm 器件的外量子效率获得了显著提升(23%)。此外，Micro-LED 器件峰值电流密度也没有产生显著移动，未呈现出尺寸依赖特性[170]。

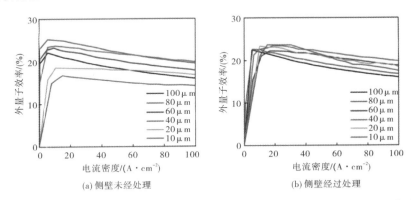

图 7 - 31 Micro-LED 器件经表面处理后的外量子效率随尺寸的变化关系图[170]

随着 Micro-LED 器件制备工艺的发展，目前采用自对准工艺已成功制备出尺寸范围在 1~10 μm 的蓝光和绿光 Micro-LED 器件。图 7 - 32 是利用自对准工艺制备出的直径为 1 μm 的 Micro-LED 结构的 SEM 照片。图 7 - 33 所示为 1~30 μm 尺寸范围内，蓝光和绿光 Micro-LED 器件外量子效率的变化关系图。研究发现，随着器件尺寸从 10 μm 减小到 1 μm，蓝光 Micro-LED 器件的外量子效率显著衰减，且伴随效率峰值向高电流密度方向移动。而绿光 Micro-LED 器件的外量子效率与峰值电流密度并未明显变化。此外需要指出的是，在尺寸从 1 μm 到 10 μm 范围内，绿光 Micro-LED 外量子效率要高于蓝光 Micro-LED。对于 GaN 基 LED 而言，其发光核心是 InGaN/GaN 量子阱。由于 III 族氮化物的极化特性，在 InGaN/GaN 量子阱中会产生较强的极化电场，使电子和空穴的波函数产生空间分离，从而降低量子阱中载流子的复合速率。而在绿光 LED 中，随着 In 组分的增加，量子限制斯塔克效应更严重。因此对于常规照明 LED 而言，绿光 LED 的外量子效率要低于蓝光 LED。而研究结果表明，在 LED 器件尺寸小于 10 μm 时，绿光 Micro-LED 外量子效率较蓝光高。目前，对此现象依然没有清晰明确的物理解释，需要进一步深入研究[139]。

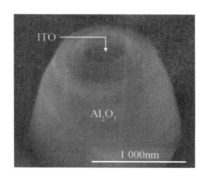

图 7-32　利用自对准工艺制备出的直径为 1 μm 的 Al₂O₃
钝化 Micro-LED 结构的 SEM 照片[174]

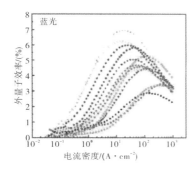
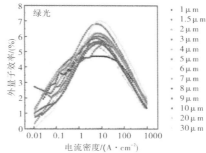

图 7-33　尺寸 1~30 μm 的 Micro-LED 器件外量子
效率在蓝绿波长范围的变化关系图[174]

c 面生长的 GaN 存在自发极化电场，同时有源区 InGaN 与 GaN 的晶格失配会导致压电极化电场[175]。极化电场的存在使得有源区的能带发生倾斜，电子和空穴波函数在空间上重叠减小，辐射复合概率下降，从而使得 Micro-LED 内量子效率下降，同时由于极化电场的存在，当电流变化时峰值波长会产生偏移导致显示色差[176-177]。为了减小有源区中的极化电场影响，增加电子空穴的波函数重叠，可以对极性 GaN 的有源区进行结构设计[178-190]，或者采用半极性 GaN 材料替代 c 面 GaN[191-195]。

有源区结构设计方法包括采用梯度生长温度法来调整 InGaN/GaN 量子阱能带形状[178-183]，或者采用 AlGaN[184-188]、AlInN[189] 和 InN[190] 插入层等方法进行极化匹配，来减小极化电场对 Micro-LED 内量子效率的影响。采用梯度生长温度的方法可以控制 InGaN 中的 In 组分，生长多层 In 组分不同的 InGaN

势阱，从而形成能带形状交错的 InGaN/GaN 量子阱，如图 7-34(a) 所示。2011 年，H. P. Zhao 等人[178] 系统地报道了能带形状交错的量子阱在提高 LED 发光效率方面的作用。对于发光波长为 520～525 nm 的三层交错 $In_yGa_{1-y}N$/ $In_xGa_{1-x}N$/ $In_yGa_{1-y}N$ 量子阱，其载流子辐射复合效率比传统的 InGaN/GaN 量子阱提高了 1.38～3.72 倍，这使得 LED 的光输出功率提高了 2.0～3.5 倍[180]，如图 7-34(b) 所示。AlGaN 插入层可以调整量子阱的能带结构，阻止 InGaN 中的 In 向外扩散，同时 AlGaN 层的存在可以弛豫 InGaN/GaN 间的压应力且有利于 GaN 势垒层生长温度提高，这些都有利于提高载流子辐射复合效率[184-187]。2014 年，J. I. Hwang 等人[188] 报道了采用 AlGaN 插入层的 AlGaN/InGaN/GaN 量子阱发光波长为 629 nm 时，对应的 EQE 为 2.9%，相比于常规的 InGaN/GaN 量子阱有明显提高，这表明引入 AlGaN 插入层可以提高 LED 在红光等长波长范围内的发光效率，有利于 Micro-LED 的全彩化。

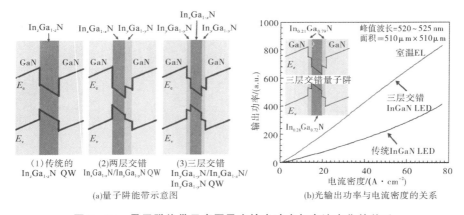

(a)量子阱能带示意图

(b)光输出功率与电流密度的关系

图 7-34 量子阱能带示意图及光输出功率与电流密集的关系

此外，采用半极性 GaN 替代 c 面 GaN 能够有效地减小极化电场，降低 Micro-LED 有源区的量子限制斯塔克效应(QCSE)，减小电流变化时峰值波长的偏移，并且能改善 GaN 基 LED 的光效下降现象效应[191]。半极性 GaN 相比于极性和非极性 GaN 具有更高的掺 In 能力，可以实现更长波长的光发射，因此应用于 Micro-LED 的全彩色显示有一定优势[192]。2015 年，J. Bai 等人[193] 报道了基于 $(11\bar{2}2)$ 半极性 GaN 的 LED，可以实现从绿色到琥珀色这一较宽波段的光发射，且当注入电流变化时峰值波长的偏移相比于极性 GaN 更小，同时也有效地缓解了 GaN 基 LED 的光效下降现象效应。2019 年，H. J. Li 等人[194] 在 2 英寸图形化蓝宝石衬底上外延 $(11\bar{2}2)$ 半极性 GaN，制备出了尺寸从 20 μm

到 100 μm 的一系列绿光的半极性 Micro-LED，尽管 EQE 在 2% 左右，远低于目前基于 c 面 GaN 的 Micro-LED，但在峰移效应、droop 效应和漏电流控制等方面相比于 c 面 GaN Micro-LED 更具有优势。2020 年，S. W. H. Chen 等人[195]在 4 英寸图形化蓝宝石衬底上生长半极性面为 $(20\bar{2}1)$ 的 GaN，并借助量子点技术制备了全彩 RGB 的半极性 Micro-LED，如图 7 – 35 所示，其峰值 EQE 能够达到对应的 c 面 GaN Micro-LED 的 60%，当电流密度从 1 A·cm^{-2} 变化到 200 A·cm^{-2} 时，$(20\bar{2}1)$ 半极性 GaN Micro-LED 峰值波长的偏移为 3.2 nm，而对应 c 面 GaN Micro-LED 的峰移达到 13.6 nm，这表明采用半极性 GaN 将有利于提高 Micro-LED 显示的色彩精准度。半极性 GaN 尽管在极化效应上相比于 c 面 GaN 具有优势，但面临着位错和层错密度难以有效控制的问题。由于晶格失配的影响，半极性 GaN 相比于 c 面 GaN 有更高的位错密度，这是因为 c 面 GaN 中的堆垛层错垂直于生长方向并被阻挡在生长界面，而对于半极性 GaN 材料，高密度的堆垛层错会一直穿透到器件表面，影响发光性能。目前通过缓冲层技术和侧向外延等手段可以将位错密度降低到 10^8 cm^{-2} 量级，同时将堆垛层错密度控制在 10^4 cm^{-2} 量级[196-197]，进一步采用取向控制外延（Orientation Controlling Epitaxy，OCE）等方法能够几乎消除堆垛层错[198-199]，

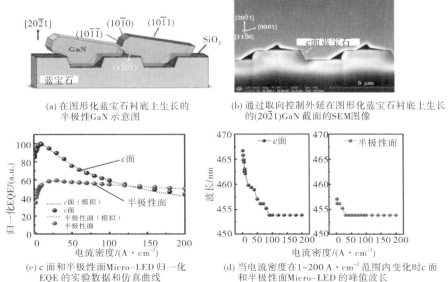

(a) 在图形化蓝宝石衬底上生长的半极性GaN示意图

(b) 通过取向控制外延在图形化蓝宝石衬底上生长的(20$\bar{2}$1)GaN 截面的SEM图像

(c) c 面和半极性面Micro-LED归一化 EQE 的实验数据和仿真曲线

(d) 当电流密度在1~200 A·cm^{-2} 范围内变化时c 面和半极性面Micro-LED 的峰值波长

图 7 – 35　图形化蓝宝石衬底上生长的半极性 Micro-LED 结构与光电特性[195]

但半极性 GaN 的尺寸、成本和晶体质量还难以同时达到器件应用的水平。而传统的通过斜切极性 GaN 来获取半极性 GaN 的方式成本过高，因此到目前为止依然缺乏低成本获取高质量半极性 GaN 的有效方法[175]。

7.3.5 Micro-LED 全彩显示技术

将 Micro-LED 用在显示上实现全彩化，首先需要解决 R、G、B 三基色的问题，目前 InGaN/GaN LED 可以在蓝光和绿光等波段实现高效发光，而对于 In 含量更高的红光波段则发光效率偏低，因此红光 LED 一般使用 AlGaInP 四元系材料。造成红光 InGaN LED 制备困难的原因主要有极化场导致的 QCSE 效应[200-201]、In 偏析导致的载流子局域化问题[202]、更严重的晶格失配和更低的 InGaN 生长温度导致的高缺陷密度问题。此外，利用 R、G、B 三色 Micro-LED实现全彩显示，需转移巨量的三种分立 Micro-LED 器件到同一驱动基板。转移过程中转移速率和良率是实现 Micro-LED 产业化的技术瓶颈。此技术方案存在的问题包括以下几点[139]：

（1）对于 R、G、B 三色 Micro-LED 器件，其中蓝光、绿光 Micro-LED 属于 InGaN 材料体系，器件开启电压为 2.5～3 V；红光 Micro-LED 属于 AlGaInP 材料体系，器件开启电压为 1.7 V 左右[203]。因此，R、G、B 不同电学特性给驱动电路设计带来更多的挑战。

（2）三色 LED 的电光转化效率随电流密度的变化趋势及器件的老化速率也不相同，因此容易在显示中引起视觉色差[203]。

（3）红光 AlGaInP 材料具有较大的扩散系数与表面复合速率，导致红光 Micro-LED 的外量子效率随尺寸减小会产生更显著的衰减，使其难以满足在 AR/VR 显示中的高亮度要求[204]。

（4）目前芯片尺寸小于 20 μm 的 Micro-LED 巨量转移技术，依然存在技术障碍[203]。

因此，对于高 PPI、高亮度的全彩显示应用来说，需采用单片集成全彩显示技术。单片集成全彩显示，是利用 GaN 基蓝光 LED 器件，激发红、绿量子点（QD）或荧光粉等颜色转换媒介，并以引线键合（wire bonding）或倒装芯片封装（flip - chip bonding）实现显示基板与驱动基板的电气互连，最终获得单片全彩显示[205-211]。

目前已有关于采用量子点单片全彩显示技术的相关报道。2015 年，H. V.

Han 等人[212]首次采用气溶胶喷印技术，将 RGB 量子点喷涂在紫外 Micro-LED 阵列表面，实现了单片全彩显示。紫外 Micro-LED 激发光源波长为 395 nm，芯片尺寸为 35 μm×35 μm。这项研究为后续单片全彩显示奠定了良好的研究基础，但存在的问题是像素之间的光串扰(32.8%)，导致相邻像素之间的边界模糊。2017 年，C. H. Lin 等人[213]通过在像素之间制备黑色的光刻胶模具(black matrix)，成功地消除了光学串扰。2020 年，香港科技大学采用 Si 基蓝光 Micro-LED，结合光刻工艺实现了量子点像素化，最终制备出了有源选址驱动的单片全彩显示样机[206]，如图 7－36所示。

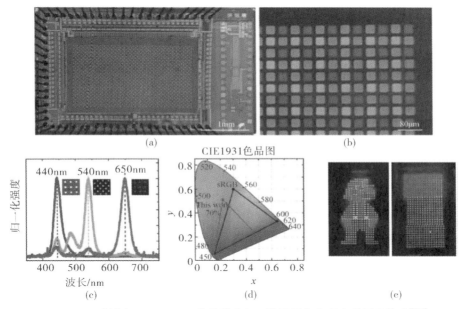

图 7－36　硅衬底 Micro-LED 芯片结合红、绿量子点实现全彩显示技术[206]

单片全彩显示技术存在的问题是如何从红绿子像素中消除未被量子点吸收的蓝色激发光。一种方法是在 QD 层的上方引入分布式布拉格反射镜(DBR)或彩色滤光片[214]，但此方法增加了全彩显示工艺的复杂性，并且增加了生产成本。另一种方法是提高 QD 对蓝光的吸收率，由于 QD 在 450 nm 以下的波长区域具有高吸收率，因此可以实现蓝光完全吸收。模拟结果显示，厚度为 5 μm、体积分数为 20%～30%的 CdSe /CdS 量子点薄膜就可以吸收 99%的蓝光[215]。但量子点薄膜厚度的增加，同时也增加了生产成本，且此技术路线是首先电泵浦蓝光 Micro-LED，其发出的蓝光被红、绿量子点吸收后转换成红光和绿光，在此过程中存在较多的能量损失通道，从而降低了颜色转换效率。为解决这一问题，可利用非辐射共振能量转移（NRET）的方式，将蓝光 Micro-LED 量子阱中激子的能量通过耦合的方式转移至 QD 中，从而产生红光和绿光[216]。NRET 是利用量子阱与 QD 中激子的共振实现能量转移，避免了光发射与再吸收的过程，从而可极大地提高颜色转换效率。然而 NRET 的能量转移速率与 R^{-c} 呈正比，其中 R 是能量施主与受主的间距，c 是常数[216]。为了提高 NRET 的能量转移速率，需减小量子阱与 QD 的间距（小于 10 nm），因此需用刻蚀的方式在 Micro-LED 中制备纳米孔，进一步以旋涂的方式将量子点填充在纳米孔中，从而提高颜色转换效率[217-218]。

2016 年，C. Krishnan 等人[219]在 LED 表面上制备出周期性纳米孔并填充量子点，使 QD 直接与 MQW 接触。得益于 NRET 高效的能量转移，其有效量子产率达到创纪录的 123%。时间分辨 PL 的快速衰减也证明了能量从量子阱激子有效转移至 QD 中。同年，南京大学也报道了利用 NRET 实现具有高显色指数的单片白光 LED 器件[218]。通过软紫外纳米压印，在 LED 表面引入周期性纳米孔并填充量子点，最终实现了 69% 的颜色转换效率和 93% 的有效量子产率，并通过计算得到量子阱激子与 QD 之间 NRET 的效率达到 80%。白光 LED 器件的显色指数达到 82，且相关色温（CCT）可在 2629 K 至 6636 K 范围内调节。

基于上述 NRET 高效的颜色转换效率，2017 年报道了一种结合 LED 纳米环与 QD 来实现单片全彩显示的技术[220]。该项研究中，在绿光 LED 外延片上刻蚀得到纳米环结构。通过控制环壁厚度可不同程度地释放由于应力在绿光量子阱中引入的量子限制斯塔克效应，从而实现发光波长从绿光向蓝光的转变。进一步利用改善的喷墨打印技术，在部分量子环中填充红色量子点，可以实现蓝光向红光的颜色转换[221]，其制备流程图如图 7-37(a) 所示。其中绿光 LED 发光波长为 525 nm，通过刻蚀得到的纳米环结构发光波长为 467 nm，红光量子点发光波长为 630 nm。以此方案制备出全彩显示 Micro-LED，单个像素尺寸为 10 μm×10 μm，单个 RGB 子像素尺寸为 3 μm × 10 μm。需要指出的是，传统用于喷涂量子点的喷墨打印工艺很难实现如此高 PPI 的线宽控制，该研究中利用改善的喷墨打印工艺，大幅改善了打印精度，可实现线宽为 1.65 μm 的打印精度。该研究中最终得到的全彩显示方案的 RGB 光谱图和 CIE 色域图如图 7-37(b)、(c) 所示，其色域面积可以达到 NTSC 色域的

104.8％和 Rec. 2020 的 78.2％，足以支持实际应用中的全色性能。

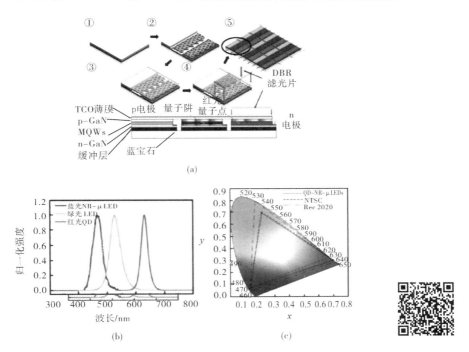

图 7-37 结合绿光 LED 纳米环结构与红光量子点实现单圈全彩显示技术方案[221]

Micro-LED 显示是一种新型自发光显示技术，被认为是下一代主流显示技术的重要选择。由于 Micro-LED 芯片远小于传统照明芯片，且其对器件良率、波长均匀性的要求苛刻，故对衬底选择及外延技术提出了新的挑战。此外，Micro-LED 器件的发光效率随尺寸减小产生显著衰减。目前通过优化的表面处理与钝化工艺，可缓解 10 μm 以上器件的效率衰减现象，但在 10 μm 以下的区间，依然没有有效的途径来改善器件的发光效率。目前研究表明，采用红、绿量子点作为颜色转换媒介，可实现单片全彩显示。但在此技术中，其量子点像素化工艺及颜色转换效率仍需进一步研究和优化。

Micro-LED 作为新一代的显示技术，在显示效果上有着 LCD 和 OLED 难以企及的优势。随着商用 5G 技术的推广，人们对于高度微型化和集成化的显示技术需求越来越强烈。目前 Micro-LED 显示技术经过长达二十年的技术积累，相关的技术难题正在逐步地被克服，一些 Micro-LED 显示产品初步走入大众的视野。Micro-LED 显示技术未来将在 VR/AR、智能手机、平板电脑、高阶电视和可穿戴设备等各个领域发挥不可替代的作用。现阶段在世界范围内越来越多的企业投身到 Micro-LED 显示的研发中，国内也有不少高校、企业等在这一领域做出了突出贡献，相信在不久的将来 Micro-LED 显示技术必定会走入大众生活，在显示领域占据至关重要的地位。

7.4　半导体激光器

7.4.1　GaN 基激光器应用

半导体激光器具有体积小、光谱半宽窄、光功率密度高、空间相干性好、效率高、寿命长和响应速度快等优点，在信息科技、生命科学等领域有广泛的应用，例如光纤通信、光盘存取、光谱分析、光信息处理、激光微细加工、激光打印机、高清晰度激光电视以及用于生命科学研究所使用的半导体激光的"光镊"等。GaN 基半导体激光器能实现的激光波长范围可以覆盖紫外到可见光波段，在激光显示、激光照明、存储与海底通信、原子钟与量子传感器等领域作为必不可少的光源使用，具有重要的应用前景与广泛的市场需求。

1. 激光显示

激光显示在技术上具有很多优点：光源谱宽窄（5 nm），可以实现 12 bit 颜色色阶编码不重叠；激光波长可控，依据 1952 年美国国家电视标准委员会制定的彩色电视广播标准（简称 NTSC 标准），可构成 150% NTSC 以上超大色域（见图 7 - 38）；激光亮度高，且可精确控制在人眼最佳视觉感知区（8K 几何高清）；激光色温精确可调，极易实现超大屏幕（百平方米级）无缝拼接显示；与全息技术结合，可再现物光波长（颜色）、振幅（强度）和相位（立体）的全部信息，实现真三维显示。激光显示是目前唯一能够实现 BT.2020 超高清国际显示标准的显示技术，可满足人类追求美好视觉效果的极致需求。激光显示甚至被称为"人类视觉史上的革命"，在电视、家庭影院和投影机等领域具有巨大的应用前景[222]。

激光显示具有轻薄、低成本、绿色制造等特点。功耗比同尺寸液晶电视节能 50%，寿命可达 2×10^4 h 以上，节能环保；产品体积小、重量轻，100 英寸激光电视质量约为 20 kg（同尺寸液晶电视质量约为 150 kg），容易投放于电梯间和进入寻常百姓家；激光显示采用反射式成像，观看舒适度好；激光显示属

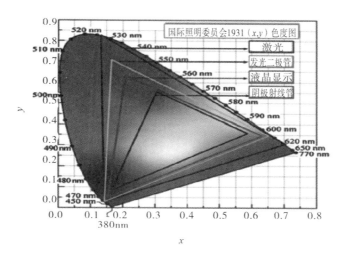

图 7 - 38　不同显示技术所能显示的色域范围对比图[222]

于绿色制造产业,不需要大型投资,相比于传统平板显示在大尺寸液晶面板上的巨大投资(显示面板领域累计投入超过 1.2 万亿元),激光显示制造流程工艺简单,符合新型显示柔性、便携、低成本、高色域、高光效的发展趋势。

激光显示可兼顾观赏/娱乐和信息两大市场,将是下一代电视机、电影机、超大屏幕显示产品的主流。激光显示作为新型显示技术的代表,与我国国家重大战略高度契合,已经成为我国影响国计民生以及后续发展的优势产业,是维护国家产业安全、体现国家信息技术智能化水平、促进产业转型升级的重要战略产业。

在 GaN 基蓝光和绿光激光器研制成功以前,激光显示采用的激光光源为全固态激光器。随着 GaN 基蓝光和绿光激光器的发展和成熟,凭借其自身优势,激光显示的激光光源正被直接半导体激光器所取代。三基色中的红光激光器采用 AlGaInP 红光激光器,而蓝光(445～450 nm)和绿光(520～530 nm)激光器则为 GaN 基激光器。2005 年,索尼公司开发出了以 GaN 基蓝光激光器为光源的背投电视。2007 年,上海三鑫科技发展有限公司采用 GaN 基蓝光激光器开发出了微型激光投影机。2014 年,海信集团推出了采用 GaN 基蓝光激光器的激光影院系统[222]。

近年来,国内激光显示技术和产业发展迅速,从"十五""十一五""十二五"的 863 计划、科技支撑计划,到"十三五"的重点研发计划,激光显示关键材料、器件与应用技术逐步取得突破,尤其是在激光显示产业核心——三基色

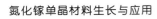
LD 以及整机设计制造方面进展明显，目前国内红光 LD 单管功率可达 2 W（寿命超过 1×10^4 h），蓝光 LD 单管最大输出功率为 2.8 W（寿命已超过 5000 h），绿光 LD 最大输出功率达到 500 mW；整机方面，我国在高功率激光模块、散斑抑制和集成制造关键技术等方面已经形成多项核心专利技术，总体已达国际领先水平。国家出台的一系列相关政策及项目支持，极大地推动了骨干企业在激光显示技术方面的投入和产业的快速发展，国内包括海信视像科技股份有限公司、四川长虹电器股份有限公司、杭州中科极光科技有限公司、深圳光峰科技股份有限公司、TCL 科技集团股份有限公司等数十家传统家电企业和互联网企业，围绕激光显示全链条开展产业布局，2019 年国内激光显示产值已经超过 125 亿元，近年来年复合增长率接近 100%，产业规模达到国际领先水平。

2. 光盘存储

GaN 基紫光激光器波长短，可以用在光盘存储领域，增加光盘的存储容量。以通用的 5 英寸双面光盘为例，采用波长为 670～690 nm 的红光半导体激光器，光盘存储容量为 2.6 GB。如采用波长为 405 nm 的 GaN 激光器，相同尺寸光盘存储容量可达 20 GB 以上。随着 GaN 基激光器输出功率的增加，光盘上数据层数也可相应地增加，其数据容量也可成倍地增加。Sanyo Electric 公司发布的激光二极管，其脉冲输出功率为 450 mW，激光器可以以 12 倍速写入 4 层数据，光盘存储容量可达 100 GB[222]。

3. 激光打印和印刷制版

GaN 基紫光激光器也可以在高分辨激光打印和印刷制版中大显身手。激光打印机可以直接从计算机中接收文字或图像，因此可以大大节省时间，加快速度，大幅度减少打印对环境带来的污染。目前激光打印机普遍采用红光激光器（808 nm）作为激光光源。相对于红光激光器，GaN 基紫光激光器（405 nm）具有更短的工作波长，可获得更小的衍射光斑，因此采用 GaN 基紫光激光器（405 nm）作为激光打印机光源，可以提高激光打印的分辨率，获得更高的印刷品质[222]。

4. 激光通信

GaN 基激光器中波长为 470～540 nm 的蓝绿光在海水中具有较低的吸收系数，因而具有较强的穿透能力，其传播距离可达 600 m，可用于深海探测和对潜通信。此外，有研究表明，烟雾对紫光激光和红光激光的散射比不同，因而 GaN 基紫光激光器还可以用作具有抗烟雾干扰能力的激光引信[222]。

随着 GaN 基激光器技术的日渐成熟、波长范围的不断扩展和输出功率的逐步增加，相信一定会开辟出越来越多的应用领域，其市场规模将会进一步扩大。

7.4.2　GaN 基激光器研究现状

国际上，自 1996 年 12 月日本日亚（Nichia）公司研制成功世界上第一只室温连续激射的 GaN 基紫光激光器以来，众多研究机构投入巨资进行 GaN 基激光器的研究。近几年，受激光显示巨大市场需求的推动，GaN 基激光器的研究重点转向蓝光和绿光激光器[222]。下面介绍 GaN 基紫光激光器、蓝光激光器、绿光激光器以及紫外光激光器的发展与研究进展。

1. 紫光激光器

波长为 405 nm 左右的紫光激光器是最早研制成功的 GaN 基激光器，其最大的应用是高密度光学存储。1995 年，日本 Nichia 公司研制出世界上第一个 GaN 基紫光激光器。1999 年 1 月 12 日，Nichia 公司宣布 GaN 基紫光激光器开始商品化，波长为 400 nm，工作电流为 40 mA，工作电压为 5 V，输出功率为 5 mW，室温连续工作寿命超过 10000 h[222]。

虽然紫光激光器的技术已经成熟，但激光器输出功率相对较小，效率较低。目前很多研究都是围绕提升激光器的输出功率和效率展开的。2003 年，Sony 公司报道了单管 GaN 基激光器连续工作输出功率高达 0.94 W，阵列功率高达 6.1 W。Nichia 公司的网站上亦销售连续工作输出功率达 10 W 的 GaN 基激光器阵列。GaN 基紫光激光器的另一个发展方向是在医学上有重要用途的皮秒激光器。2012 年，Sony 公司通过激光器锁模和光放大器，实现了405 nm、300 W 和 1 GHz 重复频率的脉冲激光。在国内，2004 年中科院半导体所和北京大学研制出 GaN 基紫光激光器。2010 年中科院半导体所采用自支撑 GaN 衬底，进一步提升了激光器性能，实现了阈值电流密度为 2.4 kA·cm^{-2}、阈值电压为 6.8 V、激射波长为 413.7 nm 的 GaN 基紫光激光器[222]。

2. 蓝光激光器

由于 GaN 基蓝光和绿光激光器在激光显示等领域具有巨大的应用前景，因此很多研究机构都致力于将激光器的激射波长扩展至蓝光和绿光范围。

GaN 基蓝光激光器的外延结构是使用 MOCVD 方法生长在 c 面 GaN 衬底上的，然后加工成脊型波导结构的 GaN 基激光器。外延结构的组成如图7-39

所示[223]，由下至上分别是沉积 Ti/Au 的 n 电极、Si 掺杂的 n 型 GaN 衬底、Si 掺杂的 n 型 AlGaN 下限制层、Si 掺杂的 n 型 GaN 下波导层、Si 掺杂的 n 型 InGaN 下波导层、蓝光 InGaN/GaN 量子阱有源区、非故意掺杂的 InGaN 上波导层、Mg 掺杂的 p 型 AlGaN 电子阻挡层、Mg 掺杂的 p 型 AlGaN/GaN 超晶格上限制层、重掺杂的 p 型 InGaN 接触层、p 电极（Pd/Pt/Au）。

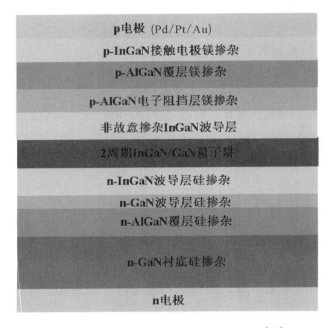

图 7 - 39 GaN 基蓝光激光器外延结构图[223]

生长蓝光 InGaN 量子阱所需温度为 700℃，p 型 AlGaN 上限制层的生长温度为 950～1000℃，高温生长可以提高 AlGaN 限制层的材料质量及电导率。但是高温会使生长完的 InGaN 量子阱发生热退化。热退化会导致 InGaN 量子阱中出现非辐射复合中心，在激光共焦显微镜（405 nm 激光光源）下可观察到非辐射复合中心为暗斑[224]。图 7 - 40 给出了不同限制层生长温度下，蓝光激光器外延片荧光显微镜图像。当生长温度从 960℃降低到 940℃时，暗斑消失。这表明适当降低 p 型 AlGaN 限制层的生长温度能够有效抑制量子阱的热退化，同时 p 型 AlGaN 限制层的电阻率也未明显提高。

减少激光器内部的光学损耗，可以提升激光器的斜率效率并且降低阈值电流。p 型层中掺杂的 Mg 离化率很低，大量未电离的受主杂质 Mg 是内部光学

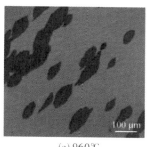
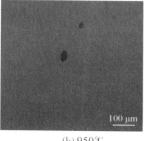

(a) 960℃　　　　　　　　(b) 950℃　　　　　　　　(c) 940℃

图 7-40　不同 **p-AlGaN** 限制层生长温度下蓝光激光器外延片荧光发光图[224]

损耗的主要来源[225-226]。针对该问题，增加非故意掺杂 InGaN 上波导层的厚度可以将内部光场更多地分布在上波导层，从而减少光场与波导层上方 p 型 AlGaN 电子阻挡层的交叠，也就减少了未电离的受主杂质 Mg 对光场的损耗[227]。实验证明将非故意掺杂 InGaN 上波导层的厚度从 20 nm 增大到 110 nm，内部光学损耗可从 60 cm^{-1} 减少到 10 cm^{-1}。

图 7-41(a)、(b)分别显示了不同的非故意掺杂 InGaN 上波导层厚度所对应的斜率效率和内部光学损耗以及描述输出光功率与电流关系的 $P-I$ 曲线。可以看出，随着 InGaN 上波导层厚度的增加，斜率效率有所增加而内部光学损耗逐渐降低。在 InGaN 上波导层厚度分别为 20 nm、70 nm、90 nm、110 nm 时，所对应的斜率效率分别为 0.36 W·A^{-1}、0.58 W·A^{-1}、1.1 W·A^{-1}、1.5 W·A^{-1}。所用的激光器采用了脊型波导结构，腔长为 400 μm，前后腔面反射率分别为 34% 和 95%。斜率效率的测试是激光器在室温下连续工作(CW)的条件下进行的，测试选取了 8 个激光器作为样品，斜率效率取 8 组数据的平均值[228]。

由于空穴在 GaN 基材料中有着很大的有效质量和较低的迁移率，这使得空穴注入 n 侧的量子阱变得困难[229-231]。形成激射的必要条件是在有源区形成粒子数反转，这要求有足够的空穴注入量子阱中来满足这一条件，所以提高空穴的注入效率是一项很重要的工作。经研究发现，在 GaN 蓝光 LED 中，当量子垒的厚度达到 13 nm 时，电注入的空穴几乎只分布在靠近 p 侧的量子阱中，而靠近 n 侧的量子阱中几乎没有空穴注入。减薄量子垒的厚度和降低量子垒的势垒高度都可以增加空穴的注入效率[223]。图 7-42 是制作的两个不同量子垒厚度的蓝光 LD 的输出光功率-电流($P-I$)曲线。

在图 7-42 中，较薄量子垒的蓝光激光器的阈值电流密度较低，为

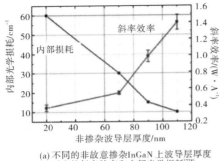

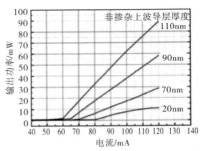

(a) 不同的非故意掺杂InGaN上波导层厚度
对应的斜率效率和内部光学损耗[228]

(b) 不同的非故意掺杂InGaN上波导层厚度
下的电流与输出功率关系图[228]

图 7 - 41　实验结果

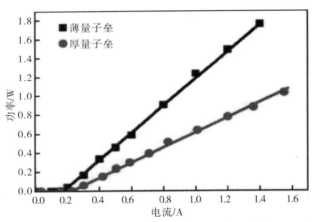

图 7 - 42　不同量子垒厚度的蓝光激光器的输出光功率-电流（P-I）曲线[224]

$1\ kA \cdot cm^{-2}$，且斜率效率较高，为 $1.5\ W \cdot A^{-1}$。较厚量子垒的蓝光激光器的阈值电流密度较高，为 $1.4\ kA \cdot cm^{-2}$，且斜率效率较低，为 $0.8\ W \cdot A^{-1}$。这是因为较薄量子阱的蓝光激光器中载流子的注入效率更高，量子阱内的空穴分布更均匀[223]。

1）蓝光激光器发展情况

1999 年 9 月，Nichia 公司首次报道了横向外延 GaN 衬底上生长的单量子阱蓝光激光器，其激射波长为 450 nm，阈值电流密度和电压分别为 $4.6\ kA \cdot cm^{-2}$ 和 6.1 V，室温下输出 5 mW 时寿命为 200 h。2001 年 3 月，Nichia 公司采用 InGaN 材料作为波导层，以增强光学限制；同时改善有源区的晶体质量，器件的阈值电流密度下降为 3.3 kA·cm^{-2}，阈值电压降低到 4.6 V，50℃输出 5 mW 时器件寿命达到 3000 h。随着外延、芯片和散热封装技术的不断提升，激光器的输出功率和寿命在不断增加。2013 年，Nichia 公司报道了连续输出 3.75 W 的蓝光激光器，激光器的阈值电流为 225 mA，阈值电流密度小于 1 kA·cm^{-2}。在市场上，Nichia 公司已推出 3.2 W 的蓝光激光器。Osram 公司蓝光激光器的研究相对较晚，但发展迅速。2013 年，Osram 公司报道了最大输出功率高达 4 W 的蓝光激光器。目前，Osram 公司已经在市场中推出了连续输出为 1.6 W 的蓝光激光器产品[222]。日本日亚化学工业株式会社[232]报道了斜率效率为 1.8 W·A^{-1}、光功率约为 5 W 的蓝光激光器；索尼有限公司[233]报道了斜率效率为 1.8 W·A^{-1}、光功率约为 5.2 W 的蓝光激光器；德国欧司朗集团[234]也报道了斜率效率为 1.6 W·A^{-1}、光功率为 4.5 W 的蓝光激光器。

在国内，中国科学院苏州纳米技术与纳米仿生研究所率先研制出 GaN 蓝光激光器，并制备、封装了大功率的 GaN 基蓝光边发射激光器[228]。激光器腔长为 1200 μm，脊型波导宽度为 45 μm。采用室温下脉冲电流测量激光器特性，脉冲宽度为 0.4 μs，频率为 10 kHz，激射波长为 445 nm，阈值电流密度为 1 kA·cm^{-2}，斜率效率为 1.65 W·A^{-1}。在连续工作条件下，因为散热性能不佳，斜率效率下降到 1 W·A^{-1}，在 6 kA·cm^{-2} 电流密度下输出光功率为 2.2 W。

2）边发射型 GaN 基蓝绿光激光器制备过程中的关键问题

GaN 基蓝绿光激光器在制备过程中主要解决以下几个关键问题：如何制备高质量 InGaN/GaN 多量子阱（MQWs），如何减少内部光学损耗，如何增加空穴注入效率以及如何有效消除量子限制斯塔克效应（QCSE）带来的影响[223]。

（1）InGaN/GaN 多量子阱（MQWs）质量问题。

InGaN/GaN 多量子阱作为 GaN 基激光器的有源区，生长质量对激光器性能非常重要。近年来，GaN 基激光器的激射波长范围逐渐增大，为了实现绿光激光器，InGaN 量子阱中的 In 组分约为 30%，但是外延生长高质量的高 In 组分 InGaN 量子阱比较困难。

首先，因为 In-N 的键能低，所以 InGaN 的生长过程就需要降低生长温度来保证掺入足够的 In。但在较低的生长温度下，表面原子的迁移速率低，迁移长度短，并且低温下 NH$_3$ 的裂解效率也较低，再加上 InN 与 GaN 的互溶隙比较大，容易造成 InGaN 量子阱出现晶体缺陷、组分波动、表面粗糙等问题[235]。In 组分偏析和 InGaN 量子阱表面粗糙还会造成光致发光

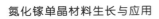
（Photoluminescence，PL）谱线的非均匀展宽。

其次，要获得高电导率的 p 型 AlGaN，其电子阻挡层和限制层的生长温度大约为 1000℃。但高温生长 p 型 AlGaN 层时，温度会导致 InGaN/GaN 量子阱有源区发生热退化，产生晶体缺陷，在高 In 组分的绿光 InGaN 量子阱中热退化现象更为显著[236-240]。

最后，InGaN 与 GaN 之间存在晶格失配，这种晶格失配随 In 组分的升高而愈发显著，在蓝光激光器中，InGaN 量子阱与 GaN 的晶格失配达到 1.6%，绿光激光器中则达到 3.3%。严重的晶格失配会导致 InGaN 量子阱中出现晶体缺陷，这会降低辐射效率，也会缩短激光器寿命[241-242]。

（2）内部光学损耗。

减少内部光学损耗可以降低阈值电流，增大斜率效率。p 型 GaN 中掺杂的 Mg 的电离能比较大（160 meV），随着 Al 组分的升高，Mg 的电离能将进一步升高[243-244]。实际中只有不到 10% 的受主杂质 Mg 电离出自由空穴，其余 90% 未能电离的 Mg 成了 GaN 基激光器内部光学损耗的主要来源[245-248]。较大的内部光学损耗会导致激光器的阈值电流增大，斜率效率降低。

（3）空穴注入效率。

多量子阱有源区的空穴注入常常是不均匀的，这不仅是因为空穴的有效质量大，也是因为在激光器多层结构中潜藏的势垒[249-251]。多量子阱有源区中靠近 n 侧的量子阱空穴注入数量往往是不足的，这是因为极化电场使得有源区多量子阱的能带发生倾斜，提高了空穴注入的势垒，从而使得空穴从 p 侧的量子阱区注入 n 侧的量子阱区变得困难[252]。这种空穴注入的不均匀同样会导致激光器阈值电流增大而斜率效率降低[253-254]。除了空穴注入的不均匀，还存在空穴溢出有源区的问题，即空穴从有源区溢出到下波导层中与电子复合[255-257]。

（4）量子限制斯塔克效应（QCSE）。

GaN 基激光器通常生长在 c 面 GaN 衬底上，InGaN 量子阱与 GaN 量子垒有一定的晶格失配，所以在界面处有一定的应力，从而导致界面处发生压电极化，InGaN 量子阱与 GaN 量子垒的界面上由于自发极化和压电极化引起了 InGaN 量子阱中的极化电场，从而引发量子限制斯塔克效应[258-263]。极化电场使得量子阱区域的能带发生倾斜，从而导致电子和空穴的波函数交叠减少，最终导致量子阱的发光波长红移、辐射复合速率减小、发光效率降低。能带结构变化如图 7-43(a)、(b)所示。目前常见的解决办法是换用半极性或非极性衬底来生长激光器结构。

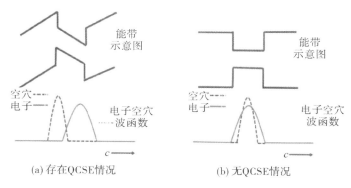

图 7 - 43　InGaN/GaN 量子阱区域能带示意图

3. 绿光激光器

绿光激光器是激光显示三基色光源之一，随着激光显示技术的发展和 GaN 基蓝光激光器在激光显示技术上的成功应用，对 GaN 基绿光激光器的需求变得更加迫切，GaN 基绿光激光器也是目前 GaN 器件研究领域的热点。实现 GaN 基绿光激光器存在两大难点：第一个难点是生长高量子效率的绿光 InGaN 量子阱有源区，要实现绿光激射，InGaN 量子阱的 In 组分需要达到约 33%，提升高 In 组分 InGaN 量子阱的发光效率难度很大，在激光器结构中尤其困难；第二个难点是 InGaN 量子阱组分和界面不均匀，导致发光非均匀展宽，激光器光学峰值增益下降。因此，GaN 基绿光激光器的制备相较于蓝光激光器更具有挑战性[222]。

高 In 组分绿光 InGaN 量子阱的生长温度通常低于 700℃。由于 In - N 的键能小，分解温度低，如果生长温度过高，则 InGaN 中 In 的掺入效率低；如果生长温度过低，则材料质量很差，常常出现二维岛状形貌和三维岛状形貌[264-270]，这会增加量子阱中的缺陷，导致 In 偏析，这也是层与层之间界面处粗糙的原因之一，同时会降低内量子效率（IQE）[266,271-273]。而台阶流生长 InGaN 量子阱可以获得良好的形貌和陡峭的界面[264]，因此要抑制界面处的缺陷形成，提高 InGaN/GaN 多量子阱的质量，就需要研究实现高 In 组分 InGaN 量子阱台阶流模式生长的方法[223]。

如果使用的衬底沿某一晶面有一定的斜切角，那么在斜切表面就会形成台阶，台阶的宽度和密度都与斜切角有关。斜切角较大时，原子台面的宽度较小；斜切角较小时，原子台面的宽度较大。在具有台阶结构的 GaN 上生长 InGaN 时，InGaN 形貌会受到生长温度和原子迁移能力的影响。图 7 - 44 所示为外延生长时原子扩散迁移示意图。

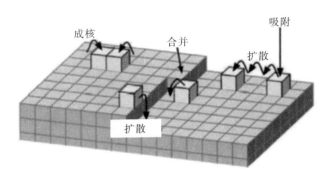

图 7 - 44　外延生长原子扩散示意图[274]

原子吸附到台面上之后开始向各个方向扩散迁移，落在台面上的原子倾向于在台阶边缘生长[275-279]。在具有台阶形貌的邻位晶面上生长 InGaN 时，假设台面宽度一定，如果原子的迁移能力足够使其扩散距离达到台面宽度，则原子就可以达到上方台阶的边缘，形成台阶流生长。但是如果原子的迁移能力不足，则无法扩散到上方台阶的边缘，而是在台阶表面被吸附，逐渐形成核，周围原子倾向于在核周围富集，所以形成了岛状生长模式。在生长温度低的时候，原子迁移能力常常不足，易形成岛状生长。

通过调节生长温度和生长速率来获得台阶流形貌的高 In 组分 InGaN 量子阱受到诸多限制，要增加原子迁移距离就要提升温度，但高温下 In 的掺入效率低，为掺入足够 In 需要同时提高生长速率，但实验证明在 710℃ 的高生长温度、0.06 nm/s 的高生长速率条件下，仍旧是二维岛状生长形貌[274]。因此，通过调节生长温度和生长速率来获得台阶流形貌并非有效手段[223]。

下面给出的是采用 GaN 单晶衬底进行实验的情况[223]，通过改变衬底斜切角来获得台阶流形貌。GaN 单晶衬底不仅具有较低的穿透位错密度，而且具有导热性好、易于解理、利于制作垂直结构等优点。当衬底的斜切角大于 0.48°时，就可获得台阶流生长的 InGaN 绿光量子阱[274]。图 7 - 45 所示为原子力显微镜（AFM）下的照片。实验在不同斜切角的自支撑 GaN 衬底上生长了单层的 InGaN 量子阱，厚度为 2.5 nm。可见当斜切角从 0.20°增大到 0.48°时，台阶宽度从 83.3 nm 缩小到 35.7nm。斜切角增大到 0.60°时，台阶宽度缩小到 30.3 nm。如图 7 - 45(b)所示，当斜切角增大到 0.48°时就形成了台阶流形貌。由于台阶流形貌的台阶宽度随着衬底斜切角增大而减小，因此，当衬底斜切角增大到一定程度后，会出现台阶的聚并而造成表面形貌的起伏。实验发现在斜切角增大到 0.60°时，已经出现台阶的聚并现象，所以根据实验选择斜切角为 0.48°的自支撑 GaN 衬底来生长 InGaN 绿光量子阱。采用变温光致发光方法测量了台阶流形貌和二维岛状形貌的 InGaN/GaN 绿光量子阱的内量子效率 (IQE)，发现前者比后者高一倍。从光致发光光谱的半高宽来看，二维岛状形貌量子阱为166 meV，大于台阶流形貌量子阱的 131 meV。

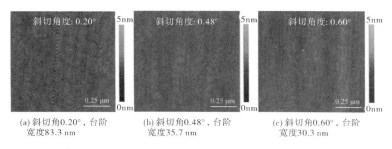

(a) 斜切角0.20°，台阶　　(b) 斜切角0.48°，台阶　　(c) 斜切角0.60°，台阶
　　宽度83.3 nm　　　　　　　宽度35.7 nm　　　　　　　宽度30.3 nm

图 7 - 45　在不同斜切角衬底上生长的 InGaN 绿光量子阱(AFM 照片)[274]

绿光 InGaN 量子阱的 In 组分高，与 GaN 的晶格失配大，导致受到较大的应力，从而产生高密度的界面缺陷，如图 7 - 46(a)所示。这些缺陷严重影响了 InGaN/GaN 绿光量子阱的发光效率。界面缺陷形成的主要原因通常认为是 InGaN 量子阱表面的 In 团簇，热处理和 H_2 处理是常用的去除富 In 团簇的方法[280-286]。两种方法都会有效去除富 In 团簇，从而降低 InGaN 量子阱的界面缺陷密度。加入一层薄的低温 GaN 盖层可以有效保护已经生长完成的 InGaN 量子阱，如图 7 - 46(b)所示。此外，将 V / Ⅲ比从 13000 提升到 26000，也可以在单温生长(量子阱与量子垒生长温度相同)的条件下得到界面缺陷密度较低的高质量 InGaN/GaN 绿光量子阱[287]。如图 7 - 46(a)、(c)所示，升高 V / Ⅲ比提升了单温生长 InGaN/GaN 量子阱的晶体质量。

p 型 A!GaN 上限制层的生长温度高，高温生长 AlGaN 易使有源区 InGaN 量子阱发生热退化，严重影响激光器性能[223]。如图 7 - 47(a)、(d)所示，荧光显微镜图像中有明显黑色区域，表明此处 InGaN 量子阱发生热退化从而破坏了原有的晶体结构。较低温度(900℃)下生长 p 型 AlGaN 限制层时，如图 7 - 47(b)、(c)所示，荧光显微镜图像各处发光均匀，可见低温下 InGaN 量子阱晶体质量好。低温生长 AlGaN 层时会难以避免地增大 AlGaN 层的电阻率，并且会引入更多 C 杂质。通过降低生长速率，提升生长压力，C 杂质的并入可以被有效抑制至杂质浓度低于 1×10^{17} cm^{-3}。

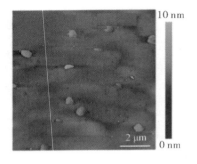

(a) 蓝宝石衬底上 V/Ⅲ 比为13000的 InGaN/GaN多量子阱

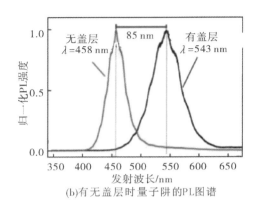

(b) 有无盖层时量子阱的PL图谱

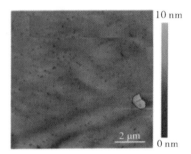

(c) 蓝宝石衬底上 V/Ⅲ 比为26000的 InGaN/GaN多量子阱

图 7 - 46　InGaN/GaN 量子阱的 AFM 照片及 PL 图谱[274]

　　此外，还可以通过设计 ITO 并减薄 p - AlGaN 上限制层的厚度来减轻热退化。图 7 - 48(a)所示为有 ITO 层的复合限制层绿光激光器结构[288]。ITO 具有良好的导电性和透光性，在 GaN 基 LED 中已经被广泛应用为电极材料。ITO 的吸收系数相较于电极常用的金属材料大约低两个数量级，因此插入 ITO 层并减薄 p 型 AlGaN 层不会引入额外的内部光学损耗，如图 7 - 48(b)所示。ITO 的折射率约为 2，小于 AlGaN 层，可以提供有效的光场限制作用。ITO 的生长温度低至 300℃，引入 ITO 层可以减少 AlGaN 层的高温生长时间，有效减少高温对 InGaN 量子阱的影响，减轻 InGaN 量子阱高温下的热退化。根据在室温下脉冲电流测试的结果[289]，相比于传统结构的绿光激光器，加入 ITO 层的复合绿光激光器的阈值电流密度从 5 kA·cm⁻² 下降到 1.6 kA·cm⁻²，斜率效率从 0.16 W·A⁻¹ 提升到 0.20 W·A⁻¹。如图 7 - 48(c)所示，在前腔面反射率为 40% 的条件下测试了加入 ITO 层的复合限制层绿光激光器的输出光

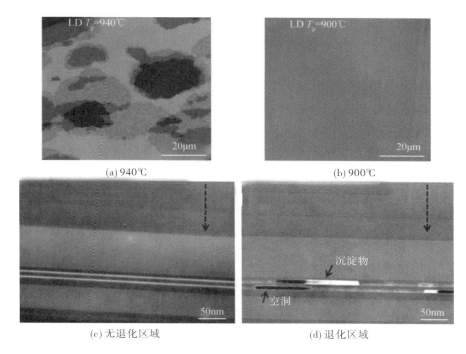

(a) 940℃

(b) 900℃

(c) 无退化区域

(d) 退化区域

图 7 - 47　绿光激光器结构中不同温度生长 p 型 AlGaN 的 Micro - PL 图像与 STEM 照片[239]

功率-电流(P-I)曲线,在工作电流为 1.6 A(电流密度为 9 kA·cm^{-2})的条件下,达到了 500 mW 的输出光功率。通过进一步优化,减少 ITO 的吸收系数和接触损耗,有望获得更高性能表现的复合结构绿光激光器[223]。

　　由于绿光激光器制备难度大,国际上的相关研究直到 2009 年才取得了突破,日本 Nichia 公司和德国 Osram 公司率先实现了绿光激光器的室温连续激射。

　　Nichia、Osram 等公司在研制成功蓝光激光器之后,开始致力于 GaN 基绿光激光器的研究。2009 年,Nichia 公司和 Osram 公司在 c 面 GaN 基绿光激光器的研究中取得突破。2009 年 1 月,Osram 公司率先实现了 c 面 GaN 衬底上激射波长大于 500 nm 的绿光激光器,阈值电流密度为 6.2 kA·cm^{-2},斜率效率为 0.65 W·A^{-1}。2009 年 5 月,Nichia 公司报道了激射波长为 510~515 nm 的绿光激光器,阈值电流密度为 4.4 kA·cm^{-2},阈值电压为 5.2 V,25℃连续输出 5 mW 时激光器推测寿命超过 5000 h。2010 年,Osram 公司报道了 c 面室

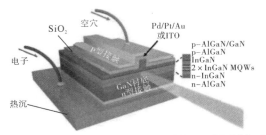

（a）加入ITO作为限制层的复合绿光激光器与传统绿光激光器结构图[288]

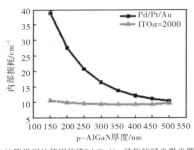

（b）计算得到的使用传统Pd/Pt/Au结构的绿光激光器与使用ITO结构的复合绿光激光器的内部损耗对比[288]

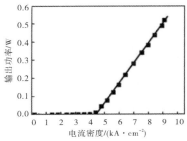

（c）加入ITO作为限制层的绿光激光器输出光功率-电流曲线，p型$Al_{0.035}Ga_{0.965}N$限制层厚度300 nm，前腔面反射率40%[288]

图7-48　复合绿光激光器与光电特性曲线图

温连续工作、激射波长为 524 nm 的绿光激光器，阈值电流为 97 mA，斜率效率达到 0.336 W·A^{-1}，输出 50 mW 时激光器电光转换效率为 2.3%。2012 年 2 月，Osram 公司报道了激射波长为 519 nm 的长寿命绿光激光器，其连续输出最大功率超过 100 mW，电光转换效率达到 6%，40℃输出 50 mW 时激光器寿命达到了 10000 h。2013 年，Osram 报道了 250 mW 激射波长为 520 nm 的绿光激光器。Nichia 公司在绿光激光器的研究方面亦进步迅速，2013 年报道了输出功率高达 1.01 W 的绿光激光器。2017 年索尼实现了世界上首个 530 nm、最大输出功率可达 2 W 的 GaN 基绿光激光器，在 1.2 A 条件下可实现输出功率为 1 W 的连续工作。2019 年日本日亚公司研制出波长为 532 nm 的绿光激光器，在电流为 1.6 A 时，其输出功率为 1.19 W，光电转换效率为 17.1%。在国内，中国科学院苏州纳米技术与纳米仿生研究所在 2014 年率先研制出 GaN 基绿光激光器，其光功率-电流曲线如图 7-49（a）所示，阈值电流密度为 8.5 kA·cm^{-2}，斜率效率为 0.22 W·A^{-1}。图 7-49（b）所示为其激射光谱，激射波长为 508 nm[222]。2021 年，该团队实现了斜率效率为 0.8 W·A^{-1}、输出功率达到 1.7 W 的 GaN 基绿光激光器。

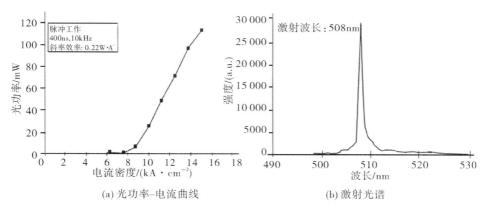

图 7 - 49　苏州纳米所研制的绿光激光器光功率-电流曲线

4. 半极性面和非极性面 GaN 基绿光激光器

由于 c 面为 GaN 的极性面，InGaN 量子中的极化电场高达每厘米几兆伏，随着激射波长的增加，量子阱 In 组分进一步增加，极化电场亦增加，在绿光波段，量子阱中的 In 组分高达 30％以上，QCSE 已严重影响了载流子的复合概率，限制了 GaN 基绿光激光器的发展[222]。半极性面或非极性面上的极化电场较小，QCSE 的影响较弱。另外，根据 Park 等人的报道，一些半极性面或非极性面上量子阱的重空穴带和轻空穴带分离，使量子阱具有更高的材料增益，因此加州大学圣芭芭拉分校（UCSB）、日本罗姆（Rohm）公司和住友电工（Sumitomo Electric）、美国索拉（Soraa）公司等机构致力于半极性面和非极性面 GaN 基绿光激光器的研究。2009 年，Rohm 公司率先报道了激射波长大于 500 nm 的非极性面 GaN 基激光器，阈值电流密度为 3.1 kA·cm^{-2}，连续输出 15 mW 时激射波长为 500.2 nm。Sumitomo Electric 公司后来居上，于 2009 年 7 月报道了激射波长为 531 nm 的绿光激光器，采用（20$\bar{2}$1）面自支撑 GaN 衬底，阈值电流密度为 15.4 kA·cm^{-2}。2010 年 7 月，该公司实现了半极性面（20$\bar{2}$1）面脉冲激射波长为 533.6 nm 的激光器和连续激射波长为 523.3 nm 的激光器。2012 年 6 月，该公司在半极性面（20$\bar{2}$1）面 GaN 衬底上实现了连续激射波长为 525 nm、输出功率为 50 mW 的长寿命绿光激光器。2010 年 11 月，Soraa 公司报道了激射波长为 521 nm 的绿光激光器，连续工作输出 60 mW 时，激光器电光转换效率为 1.9％。2017 年，索尼公司的 M. Murayama 等人[290]报道了（20$\bar{2}$1）面上生长的绿光激光器，在 1.2 A 电流下达到接近 1 W 的输出功率。

目前半极性面和非极性面上的 GaN 基材料质量没有 c 面 GaN 好，加上半极性面和非极性面 GaN 衬底尺寸较小，价格昂贵，这些都阻碍了半极性面和非极性面激光器的发展，因此半极性面和非极性面激光器还未实现商品化。

5. 紫外光激光器

紫外光激光器在生物和医学等方面存在很多应用。相对于紫光激光器，紫外光激光器的研究难度更大。随着激光器的波长向短波方向发展，激光器量子阱需要采用 AlGaN 材料，光学限制层中的 Al 组分需相应增加，高质量的 AlGaN 材料很难生长，因此 AlGaN 量子阱的效率较低，且 Mg 受主在 p - AlGaN 中的电离能随着 Al 组分的增加而增加，因此 p - AlGaN 的电阻率很大，加之激光器的工作电压非常高，这些都使得紫外光激光器很难实现激射[222]。

1996 年 6 月，日本的 I. Akasaki 等人采用分别限制结构成功实现了 376 nm 的单量子阱激光器室温脉冲激射，阈值电流密度为 3.0 kA · cm^{-2}，阈值电压为 16 V。2001 年 5 月，Nichia 公司报道了第一个连续工作的 GaN 基紫外光激光器。激光器的有源区为 AlInGaN 单量子阱，脉冲激射波长为 366.4 nm，室温连续工作的阈值电流密度为 3.5 kA · cm^{-2}，阈值电压为 4.8 V，输出 2 mW 时激光器的寿命估计为 500 h。2001 年 6 月，Nichia 公司报道了量子阱为 GaN 材料的单量子阱紫外光激光器，室温连续工作波长为 369 nm，阈值电流密度为 3.5 kA · cm^{-2}，阈值电压为 4.6 V，输出 2 mW 时激光器的寿命估计为 2000 h。为继续向短波方向拓展(小于 361 nm)，一部分学者采用 AlGaN 材料作为量子阱。2008 年 12 月，Hamamatsu Photonics 公司报道了电注入、工作波长为 336 nm 的紫外光激光器，其阈值电流密度为 17.6 kA · cm^{-2}，阈值电压为 34 V。另一部分学者采用窄 GaN 量子阱的方法来减小量子阱中的极化效应，减少能带弯曲，从而缩短激光器的工作波长。2013 年，Hamamatsu Photonics 公司采用 1~1.5 nm 的 GaN 多量子阱，实现了 340 nm 激光器的室温脉冲激射，激光器的阈值电流密度为 15.4 kA · cm^{-2}，阈值电压为 27.9 V。

2016 年，中科院半导体所集成光电子学国家重点实验室与中科院苏州纳米技术与纳米仿生研究所合作，实现了 GaN 紫外光激光器的室温电注入激射。条宽为 10 μm、腔长为 600 μm 的激光器阈值电流密度为 1.6~2.0 kA · cm^{-2}，激射波长为 392~395 nm，连续激射输出光功率可达 80 mW。图 7 - 50(a)所示为紫外光激光器的激射光谱，图 7 - 50(b)所示为 $P - I$ 曲线，图 7 - 51 所示为紫外光激光器激射时照到复印纸上形成的蓝色荧光光斑(紫外光人眼看不见,紫外激光照到复印纸上会发出蓝色荧光)。

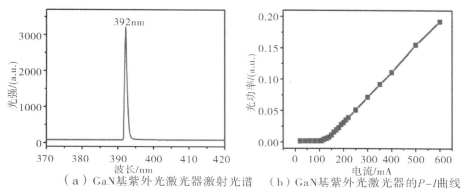

（a）GaN基紫外光激光器激射光谱　（b）GaN基紫外光激光器的P–I曲线

图 7 – 50　GaN 基紫外光激光器的激射光谱和 _P – I_ 曲线

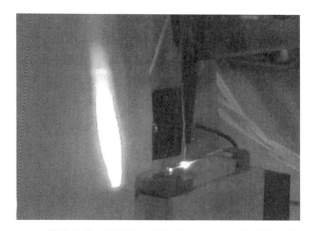

图 7 – 51　紫外光激光器激射时照到复印纸上形成的蓝色荧光光斑

7.5　GaN 基垂直腔面发射激光器(VCSEL)

传统的边发射激光器(Edge-Emitting Laser，EEL)是从芯片边缘发射激光，垂直腔面发射激光器(Vertical-Cavity Surface-Emitting Laser，VCSEL)是从芯片表面出射激光。EEL 的光发射窗口是微米级的矩形口，由于衍射效应，出射光束呈椭圆形；而 VCSEL 的光发射窗口是圆形的，发射光束具有圆形发散角，用于光纤耦合时比 EEL 耦合效率要高。VCSEL 不需要分割就可以简单实现二维集成，不仅可用于晶圆级测试，而且可以提供更高的输出功率。得益于短腔长和小尺寸的有源区，VCSEL 具有更低的阈值，激射波长的温度稳定性更好，调制速度也比 EEL 高得多[291-292]。由于 $In_xGa_{1-x}N$ 的禁带宽度在 $0.7 \sim 3.5$ eV 范围内连续可调[293]，因此，GaN 基 VCSEL 可以覆盖紫外到可见光波段。

7.5.1 GaN 基 VCSEL 应用

氮化镓(GaN)基垂直腔面发射激光器(VCSEL)在高分辨率打印、固态照明、可见光通信、微型原子钟及传感器等方面具有巨大的应用前景和市场需求[294]。

1. 高分辨率打印

VCSEL 具有均匀的性能、稳定的发散角和输出功率。GaN 基材料的发射波长较短，因此可以获得较小的衍射点，从而可以提高打印机的分辨率。将红外 VCSEL 与 GaN 基的蓝、绿 VCSEL 相结合，就可以实现全彩色打印。

2. 固态照明

在固态照明(SSL)中，可见光商用 LED 存在严重的效率下降现象[295]。而基于激光的光源可以在更高的电流密度下以峰值效率运行，并且可以规避效率下降的限制[296]。同时，VCSEL 体积小，可以定向提供对称的圆形光束，这种光束便于捕获和聚焦，有利于照明设备的小型化。另外，二维 VCSEL 阵列中的元件可以单独寻址，这一特性使其可以用于智能照明系统中动态发光模式的开发[297]。

3. 可见光通信

尽管 LED 的发展为可见光通信(Visible Light Communication，VLC)系统的商业化铺平了道路，但由于与自发发射过程相关的载流子的寿命较长，因此发射器的性能会受到频谱带宽和慢频率响应的限制[298]。与 LED 相比，VCSEL 可以提供光谱更窄、调制速度更高的光源，从而提升了可见光通信的响应速度，并且降低了能耗[294]。

4. 微型原子钟

微型原子钟可以分为微波原子钟和光学原子钟两种。理论上，光学原子钟具有更高的精度，这是因为它的频率比微波原子钟高 4 个数量级[299]。芯片级的光学原子钟需要模块化和小型化，因此需要小尺寸和低功耗的光源。2000年，J. Kitching 等人[300]报道了使用调制的 VCSEL 的全光原子钟，为大幅降低原子钟的尺寸和功耗铺平了道路。目前，低功率和稳定的 VCSEL 在芯片级光学原子钟中起着不可替代的作用[301]。

5. 传感器

VCSEL 可以方便地实现二维集成，温度稳定性高且能耗低，非常适合用于需要长时间工作的小型传感器中。2017 年，苹果公司首先在其产品 iPhone X 中引入了基于 VCSEL 阵列的红外传感器，在手机上实现了人脸识别功能，引领了三维传感市场。另外，更大的高功率 VCSEL 阵列也可以作为激光雷达应用于汽车上[302]。与红外 VCSEL 相比，利用波长较短的可见光 VCSEL 的传感器具有更高的空间分辨率。

7.5.2　GaN 基 VCSEL 发展历史

相较于 GaAs 基 VCSEL 的发展进程，GaN 基 VCSEL 的发展则比较慢，主要是因为当时生长高质量的 GaN 膜十分困难。1989 年，H. Amano 等人[303]在 GaN 中引入了 Mg 掺杂，首次成功实现了外延生长的 p-GaN 薄膜。1991年，S. Nakamura 等人[304]提出了两步生长法，解决了 GaN 中 p 掺杂的问题，为 GaN 基 VCSEL 的研究奠定了基础。GaN 基 VCSEL 的发展历史如图 7-52所示。

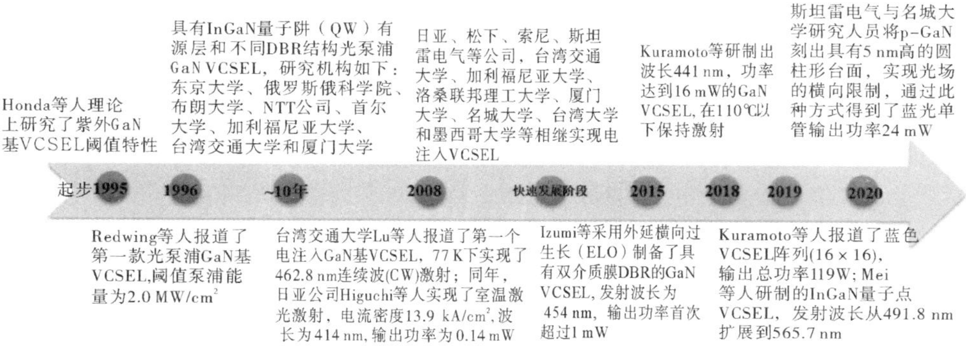

图 7-52　GaN 基 VCSEL 的发展历史

7.5.3 蓝紫光、绿光以及紫外 GaN 基 VCSEL 研究现状与存在问题

1. 蓝紫光 GaN 基 VCSEL

1999 年，俄罗斯科学院的 I. L. Krestnikov 等人[305]报道生长出了 37 个周期的 $Al_{0.15}Ga_{0.85}N/GaN$ 和 2λ 垂直腔，位于 2λ 腔中间的有源区是由超薄 InGaN 插层组成的 InGaN/GaN 多层结构（共 12 层），腔的另一侧是空气，不生长 DBR；在光泵浦下，垂直腔观察到了 401 nm 激光。同年，东京大学的 T. Someya 等人[306]报道了第一个蓝光双 DBR GaN 基 VCSEL，在染料激光器（$\lambda = 367$ nm）的照射下，VCSEL 在常温下于 399 nm 处激射，激射线宽小于 0.1 nm。这标志着有实用性的蓝色 VCSEL 可以在 GaN 材料系统中实现[294]。

蓝紫光 GaN 基 VCSEL 直到 2008 年才实现电泵浦主要是因为有两大困难[307]：

(1) $Al_xGa_{1-x}N$ 和 GaN 组成的 DBR 具有大的晶格失配和热膨胀系数差异，使得外延生长的 DBR 结构容易形成裂纹，裂纹会使其光反射率降低并增加散射损耗，并且有可能成为漏电流路径；而电介质 DBR 不导电，如何将电流有效地注入 GaN 基 VCSEL 是一个难题。

(2) 有效的电流注入需要低电阻和低光损耗的载流子注入路径，而 GaN 的 p 掺杂实现起来非常困难，因此，如何将电流有效注入量子阱有源区是另一个需要考虑的难题。

在多年光泵浦 GaN 基 VCSEL 研发的基础上，台湾交通大学的研究人员[307]于 2008 年制成了第一个电注入的 GaN 基 VCSEL；该器件采用外延生长的 AlGaN DBR 和 Ta_2O_5/SiO_2 电介质 DBR 的混合结构，腔长为 5λ，中间有 10 对 InGaN/GaN 多量子阱有源层；同时，该器件使用高度透明且导电的 ITO 作为电流扩散层；在 77 K 下，该器件在 462.8 nm 处实现了连续激射，阈值电流为 1.4 mA。

2008 年，日亚公司[308]报道了 GaN 基 VCSEL 的 RT-CW 工作性能：在 414 nm 处激射，阈值电流为 7 mA，阈值电压为 4.3 V。该器件采用了双电介质 SiO_2/Nb_2O_5 DBR，有源区由两对 InGaN(9 nm)/GaN(13 nm) 多量子阱组成。该器件能实现 RT-CW 工作主要归因于两点：一是通过激光剥离和晶圆键合将器件安装在高导热性的 Si 基板上，改善了散热；二是通过生长 Nb_2O_5 调整层来控制腔体的厚度，使得 ITO 层位于光场的波节处，有源区位于光场的波腹处，提升了增益，减小了损耗。虽然该器件的阈值电流密度较大，但其阈值

电压却偏小，这是因为器件的无 p 型台面垂直结构规避了电流拥挤效应。2009 年，日亚公司的 K. Omae 等人[309]用 GaN 衬底替换蓝宝石衬底，生长了高质量的外延层，将器件的输出功率从 140 μW 提升到了 620 μW。之后，经过两年的外延结构和工艺条件的优化，日亚公司的 D. Kasahara 等人[310]制成了阈值电流为 1.5 mA、激射波长为 451 nm、最大输出功率可达 700 μW 的蓝光电泵浦 GaN 基 VCSEL。

2012 年和 2014 年，美国加州大学分别研制了两个非极性的 VCSEL 器件[311-312]，他们制备该器件所用方法的不同之处是：在非极性 m 面而非通常的 c 面 GaN 衬底上进行外延生长，然后使用带隙选择性光电化学蚀刻替代激光剥离技术来去除基板。在 m 面衬底上进行外延生长，可使两个器件的发光偏振度分别达到 72% 和 100%。高的偏振度有利于制造偏振锁定的 GaN 基 VCSEL 阵列，在显示器、投影仪、传感器等的研制方面具有一定的应用价值[294]。

厦门大学微纳光电子研究室对电注入蓝光 GaN 基 VCSEL 进行了深入研究。2014 年，W. J. Liu 等人[313]通过两步衬底转移技术制造了 Q 值高达 3570 的高质量 VCSEL 器件，该器件具有由 12 对顶部和 17.5 对底部 ZrO$_2$/SiO$_2$ DBRs、5 对 InGaN 量子阱以及 GaN 阻挡层组成的耦合量子阱有源区。但使用胶键合的器件的散热能力较差，没有产生激射；改用金属键合后，得到了阈值电流低至 0.93 mA、激射波长为 424 nm 的 GaN 基 VCSEL。

2016 年，索尼公司的 S. Izumi 等人[314]报道了 GaN 基 VCSEL 在 RT–CW 条件下工作时，激射波长为 453.9 nm，输出功率达到了 1.1 mW，这是 GaN 基 VCSEL 输出功率首次达到了 mW 量级。该器件的主要特色是腔体两侧均有电介质 DBR，其中一侧的 DBR 嵌入通过横向外延过生长技术生长的 n 型 GaN 中。这种结构具有以下几个突出优点：① 可以在腔体两侧形成高反射率的电介质 DBR；② 通过外延生长很容易获得较短的腔体长度；③ 散热效率高。

2019 年，蓝紫光 GaN 基 VCSEL 在增大输出功率和减小阈值电流方面都取得了突破。斯坦雷电气公司[315]制造了一个 16×16 的二维 GaN 基 VCSEL 阵列，如图 7-53 所示，得益于高质量的 AlIn/GaN DBR 及 SiO$_2$ 埋入式结构，该阵列的总输出功率达到了 1.19 W。索尼公司[316]通过引入硼离子注入来进行横向电流限制，并使用曲面 DBR 进行横向光学限制，在 445.3 nm 处获得了激射。在衬底下方直接生长曲面 DBR 可以简化工艺，省去激光剥离和衬底转移的步骤，但却拉长了腔长，导致激射波长发生漂移。

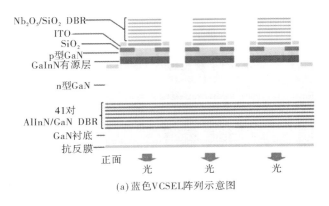

(a) 蓝色VCSEL阵列示意图

(b) 在低于阈值条件下工作的
蓝色VCSEL阵列的发射图像

图 7－53　蓝色 VCSEL 阵列[315]

2. 绿光 GaN 基 VCSEL

InGaN QW 已被成功用于蓝色 LED 和 LD，目前也已有很多关于以 InGaN QW 作为有源层的蓝紫光 GaN 基 VCSEL 的报道。从理论上讲，InGaN QW 可以覆盖到绿色及更长的波段，然而在绿色波段内，QW 结构通常会遭受低发射效率的困扰，这通常被称为"绿色间隙"[317]。为了将发射波长延长到绿色波段，必须增加 InGaN QW 层中 In 的含量，为此，通常需要在低温下生长量子阱，但这会导致晶体质量降低。同时，由于 GaN 和 InN 之间的晶格常数差较大，因此 In 含量升高将导致更多的缺陷和更大的应变感应电场[294]。

缺陷是非辐射复合中心，内置电场会导致量子限制斯塔克效应（QCSE），该效应将电子和空穴拉开到量子阱的不同侧面，从而降低了复合效率[318]。

另外，GaN 基材料系统中载流子的有效质量较大，从而导致了较高的透明载流子密度[319]，这是生产 InGaN QW 高性能绿色激光器的另一个障碍。然而，在量子点结构中，情况有所不同。众所周知，使用量子点作为有源区可以有效降低激光器件中的阈值电流[320]。GaN 基量子点是零维纳米级晶体，其中的电子和空穴被限制在很小的空间内，从而产生了具有 δ 函数态密度的离散态。而这种状态密度在量子点结构中有达到很高增益峰值的潜力。如果量子点足够小，则分立能级之间的能量差很大，电子往往集中在基态能级，因此可以忽略较高子带中的载流子，内部的载流子行为与单原子中的二能级系统相似。当量子点用作半导体激光器的增益介质时，激射性能最终与载流子的有效质量无关。除此之外，量子点中载流子的局域态可能会阻止它们被缺陷和位错捕获。

用作发光器件的有源区的量子点通常通过应变驱动的 SK 模式生长，与二维 QW 外延层的情况相比，可以显著减小残留在量子点中的应变。应变松弛能够减少 QCSE，从而降低辐射复合。这些特性表明，将 InGaN 量子点作为有源区，可以制造出在"绿色间隙"发射的 VCSEL[321]。2008 年，L. E. Cai 等人[322]通过优化 InGaN/GaN QW 的生长，首次实现了蓝绿色 GaN 基 VCSEL 的光泵浦；他们在室温下观察到了激射，激射波长为 498.8 nm，线宽为 0.15 nm。2016 年，G. E. Weng 等人[323]首次实现了电注入绿色 GaN 基 VCSEL 的连续激射，该 GaN 基 VCSEL 器件采用 InGaN 量子点作为增益介质，在 RT - CW 操作下激射波长为 560.4 nm，并且具有 0.61 mA 的低电流阈值。2017 年，Y. Mei 等人[324]同样使用 InGaN 量子点有源区器件，通过调节腔长将该器件的波长从 491.8 nm(蓝绿色)拓展到 565.7 nm(黄绿色)，覆盖了大部分的"绿色间隙"，如图 7 - 54 所示。同年，R. B. Xu 等人[325]通过使用量子阱有源区中的量子点(QD－in－QW)，实现了电注入下同时发射蓝光和绿光的 GaN 基 VCSEL，该器件首先在约 2 μA 的阈值电流处激射，发射波长为 545 nm 的绿光，然后随着电流的进一步增加，在 430 nm 处出现了另一个激射峰，阈值电流约为 5 mA。2018 年，R. B. Xu 等人[326]通过将通常发射蓝光的 InGaN/GaN 量子阱与微腔相结合，实现了基于量子阱中局域态发光的绿光 VCSEL。由于谐振腔效应，与腔模共振的局域态的发光效率大幅提升，使得在大注入电流下绿色(峰值在 493 nm 附近)发光得到迅速提升，实现了激射，图 7 - 55 给出了不同注入电流下的发光光谱[326-327]。以上研究为绿光 VCSEL 的设计和制造提供了思路。

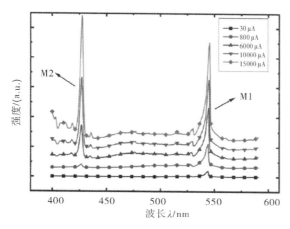

图 7 - 54　在室温下测量的各种注入电流下的激光发射光谱[325]

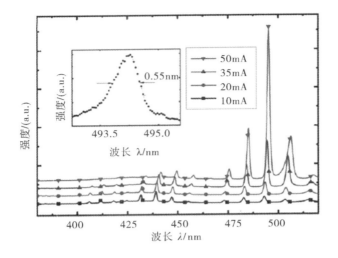

图 7 - 55　在不同电流下测得的 VCSEL 的 EL 光谱

（插图是高分辨率测量的发射峰线宽）[326-327]

3. 紫外 GaN 基 VCSEL

紫外 GaN 基 VCSEL 是最早报道的 GaN 基 VCSEL。1996 年，J. W. Redwing 等人[328] 报道的第一个光泵浦 GaN 基 VCSEL 的激射波长为 363.5 nm，激射阈值约为 2 MW·cm^{-2}。在此之后，GaN 基 VCSEL 发展迅速，20 年来，紫光、蓝光、绿光波段的 GaN 基 VCSEL 都实现了光泵浦激射和电泵浦激射，但是紫外 GaN 基 VCSEL 的发展却遭遇了瓶颈，至今鲜有人报道电泵浦的紫外 GaN 基 VCSEL。相较于其他波段的 GaN 基 VCSEL，实现紫外波段 VCSEL 的技术难度很大，面临着很多困难，其中最主要的两个困难是[329]：① 紫外发光波段，需要较高铝含量的 $Al_xGa_{1-x}N$，铝含量较大时，难以获得高电导率的 $Al_xGa_{1-x}N$；② III - N 型 DBR 在紫外光波段的反射率相对较低，并且存在晶格失配、热膨胀系数失配、面内组分变化和低折射率等问题，因此难以得到具有高反射率的 DBR。2010 年，南洋理工大学的 R. Chen 等人[330] 实现了由原位生长的底部 $Al_xGa_{1-x}N/Al_yGa_{1-y}N$ 分布式布拉格反射器和顶部 SiO_2/HfO_2 介电镜组成的垂直腔结构；该结构在 343.7 nm 处激射，激射阈值为 0.52 MW·cm^{-2}；他们采用纳米球光刻（NSL）制备了平均直径约为 500 nm 的纳米柱，可以提供优异的光学限制，因此激射阈值较低。2015 年，佐治亚理工大学的 Y. S. Liu 等人[331] 实现了具有导电性能的 UV n - DBR 的 GaN 基 VCSEL，其激射波长为 367.5 nm，激射阈值约为 1 MW·cm^{-2}；次年，他们[332]又实现了在 374.9 nm 处的激射，阈值功率密度为 1.64 MW·cm^{-2}。2018 年，台湾交通大学的 T. C. Chang 等人[333]演示了第一个采用高对比度光栅（HCG）作为顶部反射镜的光泵浦 GaN 基 VCSEL，其激射波长为 369.1 nm，并具有 0.69 MW·cm^{-2} 的低阈值。

目前，HCG 已经在长波长的 VCSEL 中得到了广泛研究，它具有小厚度、高反带宽以及允许通过光栅参数设置谐振波长等优点，但其制造工艺特别复杂。2019 年，佐治亚理工大学的 Y. J. Park 等人[334]通过引入气隙/Al$_{0.05}$GaN$_{0.95}$N DBR 来增大折射率差，进而实现了具有高反射率的 DBR；该器件在光泵浦下于 375 nm 处激射，阈值功率密度低至 270 kW·cm^{-2}。

当将波段延伸至深紫外（DUV）波段时，GaN 基 VCSEL 的激射就变得更加困难，其腔体中有很高的光学损耗。Z. M. Zheng 等人[335]详细分析了氮化物 DUV 微腔中的光损耗，并成功制作了具有 AlGaN 量子点有源层和双面 HfO$_2$/SiO$_2$ DBR 的 DUV 氮化物法布里-珀罗（F-P）微腔；室温下该微腔的发射光谱如图 7-56 所示，由腔模的 Q 值可以推导出腔内的光学损失为 10^3 cm^{-1}。通过计算，他们认为光学损耗的主要来源是界面散射损耗，而决定界面损耗的两个关键参数是激光剥离后的界面粗糙度以及粗糙界面与驻波的重叠。这一研究成果为改善 DUV VCSEL 器件和降低其腔内损耗提供了有用的信息。

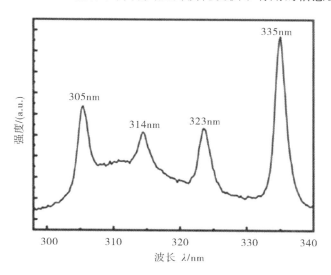

图 7-56　室温下微腔的发射光谱[335]

基于 GaAs 材料系统的 VCSEL 早已发展成熟，并走向了市场，而基于

GaN 材料系统的 VCSEL 如今正在迅速发展。据报道，单管蓝光 VCSEL 的输出功率已达到几十毫瓦，阵列蓝光 VCSEL 的输出功率达到了瓦量级，可以预计在不久的将来会有蓝光 VCSEL 产品问世。此外，利用量子点可以在极大程度上排除量子阱结构中存在的由电场和缺陷造成的影响，消除较大载流子有效质量带来的较高透明载流子浓度的问题；同时，量子点具有很强的载流子局域作用，可以突破传统的"绿色间隙"的限制，获得很低阈值电流的绿光 VCSEL[294]。

另一种制作绿光 VCSEL 的方法是采用蓝光量子阱中的局域态，加以谐振腔的共振作用来提高其辐射效率，在大注入下实现绿光激光，这种方法有利于获得高的输出功率。然而，要实现产品化，还要进一步提高绿光 VCSEL 的性能，特别是提高其输出功率，可能的途径包括阵列化、利用量子阱中的局域态、利用 QD－in－QW 有源区结构、优化 DBR 结构等方法。将 GaN 基 VCSEL 覆盖的发光波段向更长波长（如红光）和更短波长（如深紫外）延伸是该领域重点的研究方向，这就要求根据设计波段来生长不同组分、不同结构的有源区，同时也要制备出相对应波长的高质量反射镜。无论从产业化看，还是从科研方面看，基于 GaN 的 VCSEL 比基于 GaAs 的 VCSEL 具有更大的挑战性。实现前者的技术瓶颈之一是材料问题[294]：

（1）为了降低材料中的缺陷密度，需要使用高质量的 GaN 衬底，但其生长依然十分困难，价格仍然昂贵。

（2）在蓝宝石或者硅衬底上进行外延生长的技术也需要改进，以获得高质量的外延材料和器件。

（3）在富 In 的 InGaN 中存在高密度缺陷和较大的极化场，QCSE 在空间上将空穴与电子分开，导致内量子效率降低和阈值电流增大。

（4）在深紫外波段，材料的掺杂和 DBR 的吸收损耗仍然是需要解决的关键问题。

另一方面的瓶颈在于器件结构的设计[294]：

（1）设计良好的电流扩展与接触结构，以减少载流子注入过程中的损耗。

（2）设计良好的光学限制结构，以减少光的损失。

（3）设计良好的散热结构，如拉长腔长、转移衬底，同时要权衡由此带来的波长热稳定性的损失和工艺实现的困难。

虽然存在着不少技术困难，但 GaN 基 VCSEL 的未来仍充满机遇，在数据传输及智能传感领域，它将成为支持未来信息社会必不可少的关键组件。

7.6　发展趋势

7.6.1　LED 发展趋势

1. 智慧照明

未来 LED 照明将继续成熟，不断降低成本、提高性能，在照明、显示等领域的渗透率不断增长；并且随着性能的提高和对 LED 理解的深入，新的应用领域将不断涌现。新型的具有智能控制接口或功能的智慧照明技术将不断发展，如室内室外智慧照明在智能家居、智能建筑中的应用。另一方面，诺贝尔奖获得者中村修二认为激光是照明的未来，他于 2016 年预测未来 10 年激光照明将替代 LED 照明。激光照明的体积更小、结构更紧凑。除激光照明以外，激光显示在电视、投影仪、汽车等多个领域都将有更为广阔的应用，目前部分高档轿车已经将激光照明技术用于前照灯中。中村修二指出，目前激光照明价格还太高，但随着成本的逐步降低，未来激光照明是一个大趋势。

LED 光源在农业中将完全可以替代自然照明和传统人工照明，在推进现代农业分散化、城市化、规模化、自动化运营方面意义重大。LED 光照条件对农作物种苗、叶菜、果菜、菌藻等的生长有重大影响，LED 可用于畜牧业家禽养殖及繁育、水产养殖等方面，同时可完善防虫害、消毒杀菌 LED 装备并结合人工智能等智慧照明新技术形成一体化智能照明方案。目前该技术的瓶颈在于对光照条件的系统研究不足，要求对各种农作物、家禽、水产的适宜光谱条件和培养环境等有系统清晰的认识，在补光灯设计上，要根据这些知识，进行专门的优化。无论从促进现代农业发展的角度，还是从节能环保的角度，LED 应用于农业都是未来大势所趋。随着中国农业照明技术的不断提升，其成本将会逐渐降低，而中国作为农业大国也为农业照明提供了广阔的发展空间。

2. 可见光通信

随着当前 LED 灯的普及和成本的大幅降低，可见光通信逐渐兴起。LED 灯通过芯片的控制可以实现极快的频闪，足以支撑比传统光源更快的开关切换速度，而开关的切换意味着 0 和 1 的逻辑信息切换，即可以实时传输数据。该通信方式省去了传统实体光纤的铺设，可以节省成本；同时也避免了无线电、微波等电磁污染，更节能环保；而且随着传输速率不断提高，未来应用体验可

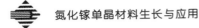

以超过 WiFi 信号。目前可见光通信还存在一些技术难题,例如上传数据瓶颈、LED 灯信号调制频率、高速白光收发模块、降低远距离通信误码率等,这些难题都需要进一步解决。

3. 紫外探测

GaN 是制备紫外光器件的良好材料,紫外光电芯片在军事及民用领域均有广阔的应用场景。典型的军事应用有灭火抑爆系统(地面坦克装甲车辆、舰船和飞机)、飞机着舰(陆)导引、空间探测、核辐射和生物战剂监测、爆炸物检测等;典型的民用应用有火焰探测、电晕放电检测、医学监测诊断、水质监测、大气监测、刑事生物检测等。

4. 紫外杀菌

基于 GaN 半导体的深紫外发光二极管(LED)是紫外消毒光源的主流发展方向,其光源体积小、效率高、寿命长,仅仅是拇指盖大小的芯片模组,就可以发出比汞灯还要强的紫外光。由于其具备 LED 冷光源的全部潜在优势,故深紫外 LED 是公认的未来替代紫外汞灯的绿色节能环保产品。但深紫外 LED 技术门槛很高,目前还处于发展阶段,在光功率、光效、寿命、成本等方面还有待提升。近年来,深紫外 LED 的技术水平和芯片性能进步很快,在一些高端领域已经得到批量应用,未来预计会得到更加广泛的应用。

目前市场上高端的深紫外 LED 产品仍主要以日本、韩国厂商为主,不过越来越多的国内半导体公司开始关注深紫外行业,进行了深度布局。如布局深紫外芯片—封装—模组产业链的青岛杰生(圆融光电),深紫外 LED 芯片的三安光电、湖北深紫、中科潞安、华灿光电、鸿利秉一,以及高性能紫外传感芯片的镓敏光电。目前,镓敏光电是国内唯一拥有紫外传感芯片技术的公司,其所开发的高端氮化镓和碳化硅紫外传感芯片已投入大批量生产,在饮用水、空气、食品、衣物和医疗器械等紫外净化领域得到了规模应用。

7.6.2 Micro-LED 显示技术发展趋势

Micro-LED 作为新一代显示技术,立足于与当前 LCD 和 OLED 形成优势互补的新格局,充分发挥其不可替代性的优势,聚焦高阶高端显示应用,在超大尺寸和微小尺寸两个方向开拓其商业化进程,推动 Micro-LED 显示技术产业化发展。

关于 Micro-LED 超大尺寸显示器,近年来,随着 Micro-LED 大尺寸显示制备技术不断取得进展,超大尺寸 Micro-LED 显示器商用化进程加快,开始逐步进入市场，成为当前 Micro-LED 产业化发展的重要方向。我国已拥有较完整的产业链，同时又有巨大的市场需求，有望构建以国内大循环为主体、国内国际双循环发展超大尺寸 Micro-LED 显示产业的格局。

Micro-LED 微小尺寸应用目前主要聚集在 AR 眼镜显示上，因为 AR 眼镜最能发挥 Micro-LED 不可替代性的优势，可以支撑 AR 眼镜近眼显示屏对高亮度、高对比度、高分辨率、高刷新率、极低时延的要求，将推动 AR 眼镜产业高质量发展。

在 5G 信息时代，AR 是继智能手机之后要发展的新一代可携带智能终端设备，面广量大，有广阔的应用前景和巨大的市场空间，比如应用在医疗保健、建筑、教育和产品设计等领域。

7.6.3　半导体激光器发展趋势

半导体激光器是光通信、激光传感、激光加工、激光泵浦的核心元器件，还可以直接应用于激光雷达、激光测距、激光武器、导弹制导、光电对抗等领域。目前已广泛应用于材料加工与光刻领域、通信与光存储领域、医疗与美容领域、仪器与传感器领域及娱乐、显示与打印领域。

物联网和人工智能的兴起，已促使工业领域开始出现新的模式转变。由于激光加工技术具有融合数控技术和远程处理等天然优势，且无需更换工具，因此将在下一代智能制造领域里发挥主导作用。高功率蓝光半导体激光的兴起，给激光技术带来了又一个惊喜。2 kW 蓝光半导体激光器已经在金属加工，特别是高反射金属材料加工中显示出了它的优势。蓝光半导体激光器的亮度和功率还在不断提高到新的界限，这也将导致更多更广的应用范围。例如，蓝色激光的增材制造能力正在继续探索中。此外，除了高效的金属材料加工外，蓝光半导体激光器也正在期待跨部门的应用，特别是机械工程部门将能够在水下用蓝光进行激光材料加工。对于制造业来说，这是一个巨大的优势。虽然基于高功率蓝光半导体激光的加工应用才刚刚起步，但随着未来技术和工艺的发展和进步，半导体激光器有可能成为下一代尖端智能制造的核心工具之一。

半导体激光监测技术能显著提高医学监测技术的精准性和效率，也推动着医学监测设备往精准化、智能化方向发展。激光医疗正发展为一个大的产业，随着人民生活品质的提高，产业规模还会不断扩大。

半导体激光技术还能应用于测距、成像、指向、制导、通信及对抗等，在改善装备性能的同时，也在一定意义上改变着战争的面貌。特别是高能激光正在进入装备研发领域，它在军民融合方面的天然本性可以用于救灾，比如激光灭蝗虫、激光除冰等领域。

激光军民融合的研究有力带动着许多光学分支学科的发展，比如量子光学、强光光学、非球面光学、大气光学、自适应光学、光学材料、瞬态光学、纳导星技术等，各种应用催生了多种激光产业，带来了巨大的经济和社会效益。激光技术的发展具有全局性和战略性，是科技强国不可或缺的核心关键技术领域和战略性新兴产业。

参考文献

［1］ Popular Information on the Noble Prize in Physics 2014 ［EB/OL］. ［2017－06－26］. http：//www. nobleprize. org.

［2］ 葛惟昆. 2014 年诺贝尔物理学奖的启示［J］. 物理与工程，2014，24(6)：3－8.

［3］ 荣新，李顺峰，葛惟昆. 第三代半导体 Ⅲ 族氮化物的物理与工程［J］. 物理与工程，2017，27(6)：4－19.

［4］ ELIASHEVICH I，LI Y，OSINSKY A，et al. InGaN blue light－emitting diodes with optimized n－GaN layer［C］. Light－Emitting Diodes：Research，Manufacturing，and Applications Ⅲ. Society of Photo － Optical Instrumentation Engineers，1999，3621：28－36.

［5］ AMANO H，KITO M，HIRAMATSU K，et al. P-type conduction in Mg-doped GaN treated with low-energy electron beam irradiation（LEEBI）［J］. Japanese Journal of Applied Physics，2014，28(12)：L2112－L2114.

［6］ 牟奇. GaN 基 LED 光电特性的研究［D］. 济南：山东大学，2016.

［7］ HOLONYAK J N，BEVACQUA S F. Coherent（visible）light emission from Ga（As$_{1-x}$P$_x$）junctions［J］. Applied Physics Letters，1962，1(4)：82－83.

［8］ THOMAS D G，HOPFIELD J J，FROSCH C J. Isoelectronic traps due to nitrogen in gallium phosphide［J］. Physical Review Letters，1965，15(22)：857.

［9］ MANASEVIT H M，SIMPSON W I. The use of metal－organics in the preparation of semiconductor materials：I. Epitaxial gallium － V compounds［J］. Journal of the Electrochemical Society，1969，116(12)：1725.

［10］ PANKOVE J I，MILLER E A，BERKEYHEISER J E. GaN electroluminescent diodes ［C］. 1971 International Electron Devices Meeting，Institute of Electrical and Electronics Engineers，1971：78－78.

［11］ PANKOVE J I，MILLER E A，BERKEYHEISER J E. Electroluminescence in GaN［M］.

Luminescence of Crystals, Molecules, and Solutions. Springer, Boston, MA, 1973: 426－430.

[12] DUPUIS R D, DAPKUS P D. Room－temperature operation of $Ga_{1-x}Al_xAs/GaAs$ double－heterostructure lasers grown by metalorganic chemical vapor deposition[J]. Applied Physics Letters, 1977, 31(7): 466－468.

[13] YUAN J S, HSU C C, COHEN R M, et al. Organometallic vapor phase epitaxial growth of AlGaInP[J]. Journal of Applied Physics, 1985, 57(4):1380－1383.

[14] KOIDE N, KATO H, SASSA M, et al. Doping of GaN with Si and properties of blue m/i/n/n＋ GaN LED with Si－doped n＋－layer by MOVPE[J]. Journal of Crystal Growth, 1991, 115(1－4): 639－642.

[15] AKASAKI I. GaN－based UV/blue light emitting devices[J]. Institute of Physics Conference Series, 1992:851－856.

[16] NAKAMURA S, MUKAI T, SENOH M. Candela－class high－brightness InGaN/AlGaN dcuble－heterostructure blue－light－emitting diodes[J]. Applied Physics Letters, 1994, 64(13):1687－1689.

[17] KHAN M A, SKOGMAN R A, VAN HOVE J M, et al. Photoluminescence characteristics of AlGaN－GaN－AlGaN quantum wells[J]. Applied Physics Letters, 1990, 56(13): 1257－1259.

[18] ITOH K, KAWAMOTO T, AMANO H, et al. Metalorganic vapor phase epitaxial growth and properties of $GaN/Al_{0.1}Ga_{0.9}N$ layered structures[J]. Japanese Journal of Applied Physics, 1991, 30(9R):1924.

[19] NAKAMURA S, MUKAI T, SENOH M, et al. $In_xGa_{(1-x)}N/In_yGa_{(1-y)}N$ superlattices grown on GaN films [J]. Journal of Applied Physics, 1993, 74(6): 3911－3915.

[20] HUANG K H, CHEN T P. Light emitting diode structure[P]. US Patent, 1997, 5(661):742.

[21] KOIKE M, KOIDE N, ASAMI S, et al. GaInN/GaN multiple quantum wells green LEDs[C]. Light－Emitting Diodes: Research, Manufacturing, and Applications, International Society for Optics and Photonics, 1997, 3002:36－39.

[22] 周圣军. 大功率 GaN 基 LED 芯片设计与制造技术研究[D]. 上海：上海交通大学, 2011.

[23] 马平, 魏同波, 段瑞飞, 等. 蓝宝石衬底上 HVPE－GaN 厚膜生长[J]. 半导体学报, 2007, 28(6): 902－908.

[24] HAN R, XU X, HU X, et al. Development of bulk SiC single crystal grown by physical vapor transport method[J]. Optical Materials, 2003, 23(2): 415－420.

[25] LIU J, LIU Z, XU P, et al. Fabrication and luminescent properties of 6H-SiC/3C-

SiC/6H-SiC quantum well structure[J]. Acta Physico-Chimica Sinica, 2008, 24(4): 571-575.

[26] QU S, LI S, XU X, et al. Influence of the growth temperature of AlN buffer on the quality and stress of GaN films grown on 6H - SiC substrate by MOVPE[J]. Journal of Alloys and Compounds, 2010, 502(2): 417-422.

[27] News on CREE website [EB/OL]. [2017-06-26]. http://www.cree.com/news-media/news/article/cree-first-to break-300-lumens-per-watt-barrier.

[28] 熊传兵, 江风益, 方文卿, 等. 硅衬底 GaN 蓝色发光材料转移前后应力变化研究[J]. 发光学报, 2008, 57(5): 3176-3180.

[29] 邝海, 刘军林, 程海英, 等. 转移基板材质对 Si 衬底 GaN 基 LED 芯片性能的影响[J]. 光学学报, 2008, 28(1): 143-145.

[30] MO C L, FANG W Q, JIANG F Y. Growth and characterization of InGaN blue LED structure on Si(1 1 1) by MOCVD[J]. Journal of Crystal Growth, 2005, 285 (3): 312-317.

[31] MORKO H. Handbook of Nitride semicondutors and devices[M]. Weiheim: Wiley-VCH, 2008.

[32] XU K, WANG J F, REN G Q. Progress in bulk GaN growth[J]. Chinese Physics B, 2015, 24(6): 1-16.

[33] MIKE K. GaN-on-GaN platform removes cost/performance tradeoffs in LED lighting [J]. Laser Focus World, 2013, 49(9): 37-40.

[34] WIERER J J, STEIGERWALD D A, KRAMES M R, et al. High-power AlGaInN flip-chip light-emitting diode [J]. Applied Physics Letters, 2001, 78 (22): 3379-3381.

[35] SHCHEKIN O B, EPLER J E, TROTTIER T A. High performance thin-film flip-chip InGaN-GaN light-emitting diodes [J]. Applied Physics Letters, 2006, 89 (7): 071109.

[36] CHU C F, LAI F I, CHU J T, et al. Study of GaN light-emitting diodes fabricated by laser lift-off technique[J]. Journal of Applied Physics, 2004, 95 (8): 3916-3922.

[37] WONG W S, SANDS T, CHEUNG N W, et al. $In_x Ga_{1-x} N$ light emitting diodes on Si substrates fabricated by Pd-In metal bonding and laser lift-off[J]. Applied Physics Letters, 2000, 77(18): 2822-2824.

[38] THOMPSON D B, MURAI A, IZA M. Hexagonal truncated pyramidal light emitting diodes through wafer bonding of ZnO to GaN, laser lift-off, and photo chemical etching[J]. Japanese Journal of Applied Physics, 2008, 47(5): 3447-3449.

[39] SUN Y, YU T, ZHANG G, et al. Properties of GaN-based light-emitting diode thin

film chips fabricated by laser lift-off and transferred to Cu[J]. Semiconductor Science and Technology, 2008, 23: 125022.

[40] 孙永健，陈志忠，齐胜利，等. 激光剥离转移衬底的薄膜 GaN 基 LED 器件特性分析 [J]. 半导体技术，2003，33：219 - 223.

[41] WONG W S, SANDS T, CHEUNG N W. Damage-free separation of GaN thin films from sapphire substrates[J]. Applied Physics Letters, 1997, 72(5): 599 - 601.

[42] TAVERNIER P R, CLARKEA D R. Mechanics of laser-assisted debonding of films [J]. Journal of Applied Physics, 2001, 89(3): 1527 - 1536.

[43] RYU J H, CHANDRAMOHAN S, KIM H G. Effect of ridge growth on wafer bowing and light extraction efficiency of vertical GaN-based light-emitting diodes[J]. Japanese Journal of Applied Physics, 2010, 49: 072102.

[44] HSU S C, LIU C Y. Stress analysis of transferred thin-GaN LED by Au-Si wafer bonding[J]. Proceeding of SPIE, 2005, 5941: 594116.

[45] CHO J, JUNG J, CHAE J H, et al. Alternating-current light emitting diodes with a diode bridge circuitry[J]. Japanese Journal of Applied Physics, 2007, 46(48): L1194 - L1196.

[46] ONUSHKIN G A, LEE Y J, YANG J J, et al. Efficient alternating current operated white light-emitting diode chip[J]. IEEE Photonics Technology Letters, 2009, 21 (1): 33 - 35.

[47] YEN H H, KUO H C, YEH W Y. Characteristics of single-chip GaN-based alternating current light-emitting diode[J]. Japanese Journal of Applied Physics, 2008, 47(12): 8808 - 8810.

[48] CHENG J H, WU Y S, LIAO W C. Improved crystal quality and performance of GaN-based light-emitting diodes by decreasing the slanted angle of patterned sapphire [J]. Applied Physics Letters, 2010, 96(5): 051109.

[49] PARK E H, JANG J, GUPTA S, et al. Air-voids embedded high efficiency InGaN light emitting diode[J]. Applied Physics Letters, 2008, 93(19): 191103.

[50] GAO H, YAN F, ZHANG Y. Enhancement of the light output power of InGaN/GaN light-emitting diodes grown on pyramidal patterned sapphire substrates in the micro- and nanoscale[J]. Journal of Applied Physics, 2008, 103(1): 014314.

[51] CHANG C T, HSIAO S K, CHANG E Y. 460-nm InGaN-based LEDs grown on fully inclined hemisphere-shape-patterned sapphire substrate with submicrometer spacing [J]. IEEE Photonics Technology Letters, 2009, 21(19): 1366 - 1368.

[52] KAO C C, SU Y K, LIN C L. The aspect ratio effects on the performances of GaN-based light-emitting diodes with nanopatterned sapphire substrates [J]. Applied

Physics Letters，2010，97(2)：0903115.

[53] HONG E J，BYEON K J，PARK H. Effect of nano-patterning of p-GaN cladding layer on photon extraction efficiency［J］. Solid-State Electronics，2009，53 (10)：1099-1102.

[54] HUANG H W，KAO C C，CHU J T，et al. Improvement of InGaN-GaN light-emitting diode performance with a nano-roughened p-GaN surface［J］. IEEE Photonics Technology Letters，2005，17(5)：983-985.

[55] LIN C F，ZHENG J H，YANG Z J. High-efficiency InGaN-based light-emitting diodes with nanoporous GaN：Mg structure［J］. Applied Physics Letters，2006，88 (8)：083121.

[56] PAN S M，TU R C，FAN Y M，et al. Improvement of In GaN-GaN light-emitting diodes with surface-textured Indium- Tin-Oxide transparent ohmic contacts［J］. IEEE Photonics Technology Letters，2003，15(5)：649-651.

[57] LIN C L，CHEN P H，CHAN C H，et al. Light enhancement by the formation of an Al oxide honeycomb nanostructure on the n-GaN surface of thin-GaN light-emitting diodes［J］. Applied Physics Letters，2007，90(24)：242106.

[58] KAO C C，KUO H C，YEH K F. Light-output enhancement of nano-roughened GaN laser lift-off light-emitting diodes formed by ICP dry etching［J］. IEEE Photonics Technology Letters，2007，19(11)：849-851.

[59] FUJII T，GAO Y，SHARMA R. Increase in the extraction efficiency of GaN-based light-emitting diodes via surface roughening［J］. Applied Physics Letters，2004，84(6)：855-857.

[60] LEE Y J，KUO H C，LU T C，et al. High light-extraction GaN-based vertical LEDs with double diffuse surfaces［J］. IEEE Journal of Quantum Electronics，2006，42 (12)：1196-1201.

[61] HORNG R H，ZHENG X，HSIEH C Y，et al. Light extraction enhancement of InGaN light-emitting diode by roughening both undoped micropillar-structure GaN and p-GaN as well as employing an omnidirectional reflector［J］. Applied Physics Letters，2008，93(2)：021125.

[62] KIM H，CHOI K K，KIM K K，et al. Light-extraction enhancement of vertical-injection GaN-based light-emitting diodes fabricated with highly integrated surfac textures［J］. Optics Letters，2008，33(11)：1273-1275.

[63] YAO Y，JIN C，DONG Z，et al. Improvement of GaN-based light-emitting diodes using surface-textured Indium-Tin-Oxide transparent ohmic contacts［J］. Chinese Journal of Liquid Crystals and Displays，2007，22(3)：273-277.

[64]　何安和，何苗，朱学绘，等. Ni 纳米粒子掩膜用于提高 GaN 基 LED 出光率的研究[J]. 光电子·激光，2010，21(7)：967－969.

[65]　樊晶美，王良臣，刘志强. 表面粗化对 GaN 基垂直结构 LED 出光效率的影响[J]. 光电子·激光，2009，20(8)：995－996.

[66]　国家半导体照明工程研发及产业联盟. 中国半导体照明产业发展年鉴(2006)[M]. 北京：科学出版社，2007.

[67]　WANG P, GAN Z, LIU S. Improved light extraction of GaN-based light-emitting diodes with surface-patterned ITO[J]. Optics & Laser Technology, 2009, 41(6)：823－826.

[68]　CHANG S J, SHEN C F, CHEN W S, et al. Nitride-based light emitting diodes with indium tin oxide electrode patterned by imprint lithography[J]. Applied Physics Letters, 2007, 91(1)：013504.

[69]　BYEON K J, HONG E J, PARK H, et al. Enhancement of the photon extraction of green and blue LEDs by patterning the indium tin oxide top layer[J]. Semiconductor Science and Technology, 2009, 24(10)：105004.

[70]　ODER T N, KIM K H, LIN J Y, et al. III-nitride blue and ultraviolet photonic crystal light emitting diodes[J]. Applied Physics Letters, 2004, 84(4)：466－468.

[71]　WIERER J J, KRAMES M R, EPLER J E. InGaN/GaN quantum-well heterostructure light-emitting diodes employing photonic crystal structures[J]. Applied Physics Letters, 2004, 84(19)：3885－3887.

[72]　KIM D H, CHO C O, ROH Y G. Enhanced light extraction from GaN-based light-emitting diodes with holographically generated two-dimensional photonic crystal patterns[J]. Applied Physics Letters, 2005, 87(20)：203508.

[73]　TRUONG T A, CAMPOS L M, MATIOLI E, et al. Light extraction from GaN-based light emitting diode structures with a noninvasive two-dimensional photonic crystal[J]. Applied Physics Letters, 2009, 94(2)：023101.

[74]　WIERER J J, DAVID J R A. III-nitride photonic-crystal light-emitting diodes with high extraction efficiency[J]. Nature Photonics, 2009, 3(3)：163－169.

[75]　KANG X, ZHANG B, DAI T, et al. Improvement of light extraction from GaN-based LED with surface photonic lattices[C]. 5th China International Forum on Solid State Lighting, 2008：195－200.

[76]　胡海洋，许兴胜，鲁琳，等. 利用常规工艺提高光子晶体 GaN LED 的出光效率[J]. 光电子·激光，2008，19(5)：569－572.

[77]　文峰. 白光发光二极管的理论与实验研究[D]. 武汉：华中科技大学，2010.

[78]　李小丽. 纳米压印技术制作光子晶体结构及其应用研究[D]. 上海：上海交通大

学，2009.

[79]　KIM J K，GESSMANN T，SCHUBERT E F. GaInN light-emitting diode with conductive omnidirectional reflector having a low-refractive-index indium-tin oxide layer[J]. Applied Physics Letters，2006，88(1)：013501.

[80]　WINDISCH R，BUTENDEICH R，ILLEK S，et al. 100-lm/W InGaAlP thin-film light-emitting diodes with buried microreflectors[J]. IEEE Photonics Technology Letters，2007，19(10)：774－776.

[81]　张剑铭，邹德恕，刘思南，等. 新型全方位反射铝镓铟磷薄膜发光二极管[J]. 物理学报，2007，56(5)：2905－2909.

[82]　KRAMES M，HOLCOMB M O，COLLINS D. High-power truncated-inverted-pyramid (Al_xGa_{1-x})0. 5In0. 5P/GaP light-emitting diodes exhibiting＞50％ external quantum efficiency[J]. Applied Physics Letters，1999，75(16)：2365－2367.

[83]　HUI K N，HUI K S，LEE H，et al. Enhanced light output of angled sidewall light-emitting diodes with reflective silver films[J]. Thin Solid Films，2011，519(8)：2504－2507.

[84]　DOUGLAS W P，MICHAEL D C，GLORIA E H. Forming an optical element on the surface of a light emitting device for improved light extraction. United States[P]. US 6987613B2，2006：1－18.

[85]　HSUEH T H，SHEU J K，HUANG H W，et al. Enhancement in light output of in GaN-Based microhole array light-emitting diodes[J]. IEEE Photonics Technology Letters，2005，17(6)：1163－1165.

[86]　LEE J S，LEE J，KIM S，et al. Fabrication of reflective GaN mesa sidewalls for the application to high extraction efficiency LEDs[J]. Physica Status Solidi（c），2007，4(7)：2625－2628.

[87]　LEE J S，LEE J，KIM S，et al. GaN light-emitting diode with deep-angled mesa sidewalls for enhanced light emission in the surface-normal direction[J]. IEEE Transactions on Electron Devices，2008，55(2)：523－526.

[88]　CHANG C S，CHANG S J，LEE C T，et al. Nitride-based LEDs with textured side Walls[J]. IEEE Photonics Technology Letters，2004，16(3)：750－752.

[89]　KAO C C，KUO H C，HUANG H W，et al. Light-output enhancement in a Nitride-based light-emitting diode with 220 undercut sidewalls[J]. IEEE Photonics Technology Letters，2005，17(1)：19－21.

[90]　TAN L X，LI J，LIU S. A light emitting diode's chip structure with low stress and high light extraction efficiency[C]. The 58th Electronic Components and Technology Conference，2008：783－788.

[91] 张贤鹏，韩彦军，罗毅，等. ICP 刻蚀 p-GaN 表面微结构 GaN 基蓝光 LED[J]. 半导体光电，2008，29(1)：6-15.

[92] ALIVOV Y A I. Forward-current electroluminescence from GaN/ZnO double heterostructure diode[J]. Solid-State Electronics，2005，49(10)：1693-1696.

[93] WALTEREIT P，BRANDT O，TRAMERt A，et al. Nitride semiconductors free of electrostatic fields for efficient white light-emitting diodes[J]. Nature，2000，406(6798)：865-868.

[94] KOUKSTIS E，CHEN C Q，GAEVSKI M E，et al. Polarization effects in photoluminescence of c- and m-plane GaN/AlGaN multiple quantum wells[J]. Applied Physics Letters，2002，81(22)：4130-4133.

[95] CHITNIS A，CHEN C Q，ADIVARAHAN V，et al. Visible light-emitting diodes using a-plane GaN-InGaN multiple quantum wells over r-plane sapphire[J]. Applied Physics Letters，2004，84(18)：3663-3665.

[96] PASKOV P P，SCHIFANO R，PASKOVA T，et al. Structural defect-related emissions in nonpolar a-plane GaN[J]. Physica B，Condensed Matter，2006，376：473-476.

[97] 陈金菊，王步冉，邓宏. LED 用非极性 GaN 外延膜的制备技术进展[J]. 半导体光电，2011，32(4)：449-454+516.

[98] 王翼. 非极性与半极性 GaN 基氮化物的外延生长及表征研究[D]. 南京：东南大学，2016.

[99] CHICHIBU S F，UEDONO A，ONUMA T，et al. Origin of defect-insensitive emission probability in In-containing (Al，In，Ga)N alloy semiconductors[J]. Nature Materials，2006，5(10)：810-816.

[100] CHICHIBU S F，ABARE A C，MINSKY M S，et al. Effective band gap inhomogeneity and piezoelectric field in InGaN/GaN multiquantum well structures[J]. Applied Physics Letters，1998，73(14)：2006-2008.

[101] CHOI C K，KWON Y H，LITTLE B D，et al. Time-resolved photoluminescence of $In_xGa_{1-x}N$/GaN multiple quantum well structures：Effect of Si doping in the barriers[J]. Physical Review B，2001，64(24)：245339.

[102] MILLER D A B，CHEMLA D S，DAMEN T C，et al，Band-edge electroabsorption in quantum well structures：the quantum-confined stark effect[J]. Physics Review Letters，1984，53(22)：2173-2176.

[103] WALTEREIT P，BRANDT O，TARAMPERT A，et al. Nitride semicondutors free of electrostatic fields for efficient white light-emitting diodes[J]. Nature，2000，406(6798)：865-868.

[104] HASKELL B A, CHAKRABORTY A, WU F, et al. Microstructure and enhanced morphology of planar nonpolar m-plane GaN grown by hydride vapor phase epitaxy [J]. Journal of Electronic Materials, 2005, 34(4): 357 – 360.

[105] CHAKRABORTY A, HASKELL B A, KELLER S, et al. Nonpolar InGaN/GaN emitters on reduced-defect lateral epitaxially overgrown a-plane GaN with drive-current-independent electroluminescence emission peak[J]. Applied Physics Letters, 2004, 85(22): 5143 – 5145.

[106] BAKER T J, HASKELL B A, WU F, et al. Characterization of planar semipolar gallium nitride films on sapphire substrates[J]. Japanese Journal of Applied Physics, 2006, 45(2L): L154.

[107] KOYAMA T, ONUMA T, MASUI H, et al. Prospective emission efficiency and in-plane light polarization of nonpolar m-plane $In_x Ga_{1-x} N$/GaN blue light emitting diodes fabricated on freestanding GaN substrates[J]. Applied Physics Letters, 2006, 89(9): 91906.

[108] YAMADA H, ISO K, SAITO M, et al. Comparison of InGaN/GaN light emitting diodes grown on m-plane and a-plane bulk GaN substrates[J]. Physica Status Solidi (RRL), 2008, 2(2): 89 – 91.

[109] LIU J P, LIMB J B, RYOU J-H, et al. Blue light emitting diodes grown on freestanding (11-20)-plane GaN substrates[J]. Applied Physics Letters, 2008, 92 (1): 011123.

[110] FUNATO M, KOTANI T, KONDOU T, et al. Tailored emission color synthesis using microfacet quantum wells consisting of nitride semiconductors without phosphors[J]. Applied Physics Letters, 2006, 88(26): 261920.

[111] YAMADA H, ISO K, SAITO M, et al. Compositional dependence of nonpolar m-plane $In_x Ga_{1-x} N$/GaN light emitting diodes[J]. Applied Physics Express, 2008, 1(4): 041101.

[112] SCHMIDT M C, KIM K C, SATO H, et al. High power and high external efficiency m-plane InGaN light emitting diodes[J]. Japanese Journal of Applied Physics, 2007, 46(7): L126 – L128.

[113] KIM K-C, SCHMIDT M C, SATO H, et al. Study of nonpolar m-plane InGaN/GaN multiquantum well light emitting diodes grown by homoepitaxial metal-organic chemical vapor deposition[J]. Applied Physics Letters, 2007, 91(18): 181120.

[114] ISO K, YAMADA H, HIRASAWA H, et al. High brightness blue InGaN/GaN light emitting diode on nonpolar m-plane bulk GaN substrate[J]. Japanese Journal of Applied Physics, 2007, 46(40): L960 – L962.

[115] SATO H, CHUNG R B, HIRASAWA H, et al. Optical properties of yellow light-

emitting diodes grown on semipolar (11-22) bulk GaN substrates[J]. Applied Physics Letters，2008，92(22)：221110.

[116] TYAGI A，ZHONG H，FELLOWS N N，et al. High rightness violet InGaN/GaN light emitting diodes on semipolar (10-1-1) bulk GaN substrates[J]. Japanese Journal of Applied Physics，2007，46(4)：L129－L131.

[117] DETCHPROHM T，ZHU M，LI Y，et al. Green light emitting diodes on a-plane GaN bulk substrates[J]. Applied Physics Letters，2008，92(24)：241109.

[118] FUNATO M，UEDA M，KAWAKAMI Y，et al. Blue，green，and amber InGaN/GaN light-emitting diodes on semipolar {11$\bar{2}$2} GaN bulk substrates[J]. Japanese Journal of Applied Physics，2006，45(24)：L659－L662.

[119] SATO H，TYAGI A，ZHONG H，et al. High power and high efficiency green light emitting diode on free-standing semipolar (11$\bar{2}$2) bulk GaN substrate[J]. Physica Status Solidi(RRL)，2007，1(4)：162－164.

[120] MASUI H，NAKAMURA S，DENBAARS S P，et al. Nonpolar and semipolar III-Nitride light-emitting diodes：achievements and challenges[J]. IEEE Transactions on Electron Devices，2010，57(1)：88－100.

[121] CHEN C Q，ADIVARAHAN V，YANG J-W，et al. Ultraviolet light emitting diodes using non-polar a-plane GaN-AlGaN multiple quantum wells[J]. Japanese Journal of Applied Physics，2003，42：L1039

[122] IMER B，SCHMIDT M，HASKELL B，et al. Improved quality nonpolar a-plane GaN/AlGaN UV LEDs grown with sidewall lateral epitaxial overgrowth (SLEO) [J]. Physica Status Solidi(a)，2008，205(7)：1705－1712.

[123] SAITO Y，OKUNO K，BOYAMA S，et al. M-plane GaNInN light emitting diodes grown on pattern a-plane sapphire substrates[J]. Applied Physics Express，2009，2：041001-041003.

[124] LIU B，ZHANG R，XIE Z L，et al. Nonplane m-plane thin film GaN and InGaN/GaN light-emitting diode on LiAlO(100) substrates[J]. Applied Physics Letters，2007，91(25)：253506.

[125] KIM K C，SCHMIDT M C，SATO H，et al. Improved electroluminescence on nonpolar m-plane InGaN/GaN quantum wells LEDs[J]. Physica Status Solidi (RRL)，2007，1(3)：125－127.

[126] MCCALL S L，LEVI A F J，SLUSHER R E，et al. Whispering-gallery mode microdisk lasers[J]. Applied Physics Letters，1992，60(3)：289－291.

[127] JIN S X，LI J，LI J Z，et al. GaN microdisk light emitting diodes[J]. Applied Physics Letters，2000，76(5)：631－633.

[128] JIANG H X, JIN S X, LI J, et al. III-nitride blue microdisplays[J]. Applied Physics Letters, 2001, 78(9): 1303 – 1305.

[129] JEON C W, CHOI H W, GU E, et al. High-density matrix-addressable AlInGaN-based 368-nm microarray light-emitting diodes [J]. IEEE Photonics Technology Letters, 2004, 16(11): 2421 – 2423.

[130] WU M, GONG Z, KUEHNE A J, et al. Hybrid GaN/organic microstructured light-emitting devices via ink-jet printing [J]. Optics Express, 2009, 17 (19): 16436 – 16443.

[131] MCKENDRY J J D, GREEN R P, KELLY A E, et al. High-speed visible light communications using individual pixels in a micro light-emitting diode array[J]. IEEE Photonics Technology Letters, 2010, 22(18): 1346 – 1348.

[132] ISLIM M S, FERREIRA R X, HE X Y, et al. Towards 10 Gb /s orthogonal frequency division multiplexing-based visible light communication using a GaN violet micro-LED[J]. Photonics Research, 2017, 5(2): A35 – A43.

[133] CHONG W C, CHO W K, LIU Z J, et al. 1700 pixels per inch (PPI) passive-matrix micro-LED display powered by ASIC [C]. IEEE Compound Semiconductor Integrated Circuit Symposium (CSICS), 2014: 1 – 4.

[134] LIU Z J, CHONG W C, WONG K M, et al. 360 PPI flip-chip mounted active matrix addressable light emitting diode on silicon (LEDoS) microdisplays[J]. Journal of Display Technology, 2013, 9(8): 678 – 682.

[135] HAN H V, LIN H Y, LIN C C, et al. Resonant-enhanced full-color emission of quantum-dot-based micro LED display technology[J]. Optics Express, 2015, 23 (25): 32504 – 32515.

[136] TEMPLIER F, BENAÏSSA L, AVENTURIER B, et al. A novel process for fabricating high-resolution and very small pixel-pitch GaN LED microdisplays[J]. SID Symposium Digest Technical Papers, 2017, 48(1): 268 – 271.

[137] BAI J, CAI Y, FENG P, et al. A direct epitaxial approach to achieving ultrasmall and ultrabright InGaN micro light-emitting diodes (μLEDs)[J]. ACS Photonics, 2020, 7(2): 411 – 415.

[138] ZHANG X, QI L H, CHONG W C, et al. Active matrix monolithic micro-LED full-color micro-display[J]. Journal of the Society for Information Display, 2021, 29(1): 47 – 56.

[139] 蒋府龙, 许非凡, 刘召军, 等. 氮化镓基 Micro-LED 显示技术研究进展[J]. 人工晶体学报, 2020, 49(11): 2013 – 2023.

[140] LI G, WANG W, YANG W, et al. GaN-based light-emitting diodes on various

substrates: a critical review[J]. Reports on Progress in Physics Physical Society (Great Britain)，2016，79(5)：056501.

[141] PONCE F A, BOUR D P. Nitride-based semiconductors for blue and green light-emitting devices[J]. Nature，1997，386(6623)：351 – 359.

[142] EGAWA T, OHMURA H, ISHIKAWA H, et al. Demonstration of an InGaN-based light-emitting diode on an AlN/sapphire template by metalorganic chemical vapor deposition[J]. Applied Physics Letters，2002，81(2)：292 – 294.

[143] ZHANG B, EGAWA T, LIU Y, et al. InGaN multiple-quantum-well light-emitting diodes on an AlN/sapphire template by metalorganic chemical vapor deposition[J]. Physica Status Solidi (c)，2003(7)：2244 – 2247.

[144] CHANG S J, LIN Y C, SU Y K, et al. Nitride-based LEDs fabricated on patterned sapphire substrates[J]. Solid-State Electronics，2003，47(9)：1539 – 1542.

[145] DADGAR A, BLÄSING J, DIEZ A, et al. Metalorganic chemical vapor phase epitaxy of crack-free GaN on Si (111) exceeding $1\mu m$ in thickness[J]. Japanese Journal of Applied Physics，2000，39：L1183 – L1185.

[146] KIKUCHI A, KAWAI M, TADA M, et al. InGaN/GaN multiple quantum disk nanocolumn light-emitting diodes grown on (111) Si substrate[J]. Japanese Journal of Applied Physics，2004，43(12A)：L1524 – L1526.

[147] ZHAO D G, XU S J, XIE M H, et al. Stress and its effect on optical properties of GaN epilayers grown on Si(111), 6H-SiC(0001), and c-plane sapphire[J]. Applied Physics Letters，2003，83(4)：677 – 679.

[148] HWANG D, MUGHAL A, PYNN C D, et al. Sustained high external quantum efficiency in ultrasmall blue III-nitride micro-LEDs[J]. Applied Physics Express，2017，10(3)：032101.

[149] LIU B, CHEN D J, LU H, et al. Hybrid light emitters and UV solar-blind avalanche photodiodes based on III-nitride semiconductors[J]. Advanced Materials，2020，32(27)：1904354.

[150] AMANO H, SAWAKI N, AKASAKI I, et al. Metalorganic vapor phase epitaxial growth of a high quality GaN film using an AlN buffer layer[J]. Applied Physics Letters，1986，48(5)：353 – 355.

[151] YANG X D, ZHANG J L, WANG X L, et al. Enhance the efficiency of green-yellow LED by optimizing the growth condition of preparation layer[J]. Superlattices and Microstructures，2020，141：106459.

[152] ZHANG J L, WANG X L, LIU J L, et al. Study on carrier transportation in InGaN based green LEDs with V-pits structure in the active region[J]. Optical Materials，

2018，86：46 - 50.

[153]　CHEN Y F，CHEN Z Z，LI J Z，et al. A study of GaN nucleation and coalescence in the initial growth stages on nanoscale patterned sapphire substrates via MOCVD[J]. CrystEngComm，2018，20(42)：6811 - 6820.

[154]　MO C L，FANG W Q，PU Y，et al. Growth and characterization of InGaN blue LED structure on Si（111）by MOCVD[J]. Journal of Crystal Growth，2005，285(3)：312 - 317.

[155]　QUAN Z J，WANG L，ZHENG C D，et al. Roles of V-shaped pits on the improvement of quantum efficiency in InGaN/GaN multiple quantum well light-emitting diodes[J]. Journal of Applied Physics，2014，116(18)：183107.

[156]　TIAN P F，MCKENDRY J J D，GONG Z，et al. Size-dependent efficiency and efficiency droop of blue InGaN micro-light emitting diodes[J]. Applied Physics Letters，2012，101(23)：231110.

[157]　MOUSTAKAS T D，PAIELLA R. Optoelectronic device physics and technology of nitride semiconductors from the UV to the terahertz[J]. Reports on Progress in Physics Physical Society（Great Britain），2017，80(10)：106501.

[158]　DUPRÉ L，MARRA M，VERNEY V，et al. Processing and characterization of high resolution GaN/InGaN LED arrays at 10 micron pitch for micro display applications[C]. Gallium Nitride Materials and Devices XII，San Francisco，California，USA，SPIE，2017：1010422. 1.

[159]　DING K，AVRUTIN V，IZYUMSKAYA N，et al. Micro-LEDs, a manufacturability perspective[J]. Applied Sciences，2019，9(6)：1206.

[160]　AIDA H，AOTA N，TAKEDA H，et al. Control of initial bow of sapphire substrates for III-nitride epitaxy by internally focused laser processing[J]. Journal of Crystal Growth，2012，361(15)：135 - 141.

[161]　NISHIKAWA A，GROH L，SOLARI W，et al. 200-mm GaN-on-Si based blue light-emitting diode wafer with high emission uniformity[J]. Japanese Journal of Applied Physics，2013，52(8S)：08JB25.

[162]　NISHIKAWA A，LOESING A，SLISCHKA B. Achieving high uniformity and yield for micro LED applications with precise strain-engineered large-diameter epiwafers[C]. SPIE Proceedings. Light-Emitting Devices，Materials，and Applications，2019，1094：109400Z.

[163]　WIERER J，TANSU N. III-nitride micro-LEDs for efficient emissive displays[J]. Laser & Photonics Reviews，2019，13(9)：1900141.

[164]　OLIVIER F，TIRANO S，DUPRÉ L，et al. Influence of size-reduction on the

performances of GaN-based micro-LEDs for display application[J]. Journal of Luminescence，2017，191：112 – 116.

[165]　JIA X T，ZHOU Y G，LIU B，et al. A simulation study on the enhancement of the efficiency of GaN-based blue light-emitting diodes at low current density for micro-LED applications[J]. Materials Research Express，2019，6(10)：105915.

[166]　OLIVIER F，DAAMI A，LICITRA C，et al. Shockley-read-hall and auger non-radiative recombination in GaN based LEDs：a size effect study[J]. Applied Physics Letters，2017，111(2)：022104.

[167]　KONOPLEV S S，BULASHEVICH K A，KARPOV S Y. From large-size to micro-LEDs：scaling trends revealed by modeling[J]. Physica Status Solidi (a)，2018，215 (10)：1700508.

[168]　WONG M S，HWANG D，ALHASSAN A I，et al. High efficiency of III-nitride micro-light-emitting diodes by sidewall passivation using atomic layer deposition[J]. Optics Express，2018，26(16)：21324.

[169]　KOU J，SHEN C C，SHAO H，et al. Impact of the surface recombination on InGaN/GaN-based blue micro-light emitting diodes[J]. Optics Express，2019，27 (12)：A643 – A653.

[170]　WONG M S，LEE C，MYERS D J，et al. Size-independent peak efficiency of III-nitride micro-light-emitting-diodes using chemical treatment and sidewall passivation [J]. Applied Physics Express，2019，12(9)：097004.

[171]　ZHU J，TAKAHASHI T，OHORI D，et al. Near-complete elimination of size-dependent efficiency decrease in GaN micro-light-emitting diodes[J]. Physica Status Solidi (a)，2019，216(22)：1900380.

[172]　LEE D H，LEE J H，PARK J S，et al. Improving the leakage characteristics and efficiency of GaN-based micro-light-emitting diode with optimized passivation[J]. ECS Journal of Solid State Science and Technology，2020，9(5)：055001.

[173]　LEY R T，SMITH J M，WONG M S，et al. Revealing the importance of light extraction efficiency in InGaN/GaN microLEDs via chemical treatment and dielectric passivation[J]. Applied Physics Letters，2020，116(25)：251104.

[174]　SMITH J M，LEY R，WONG M S，et al. Comparison of size-dependent characteristics of blue and green InGaN microLEDs down to 1 μm in diameter[J]. Applied Physics Letters，2020，116(7)：071102.

[175]　潘祚坚，陈志忠，焦飞，等. 面向显示应用的微米发光二极管外延和芯片关键技术综述[J]. 物理学报，2020，69(19)：198501.

[176]　FIORENTINI V，BERNARDINI F，DELLASALA F，et al. Effects of macroscopic

polarization in III-V nitride multiple quantum wells[J]. Physical Review B, 1999, 60 (12): 8849.

[177] AMBACHER O, MAJEWSKI J, MISKYS C, et al. Pyroelectric properties of Al(In) GaN/GaN hetero- and quantum well structures[J]. Journal of Physics Condensed Matter, 2002, 14(3): 3399.

[178] ZHAO H P, LIU G Y, ZHANG J, et al. Approaches for high internal quantum efficiency green InGaN light-emitting diodes with large overlap quantum wells[J]. Optics Express, 2011, 19(104): A991 – A1007.

[179] ZHAO H P, ARIF R A, EE Y K, et al. design analysis of staggered InGaN quantum wells light-emitting Diodes at 500 – 540 nm[J]. IEEE Journal of Quantum Electronics, 2009, 15(4): 1104 – 1114.

[180] ZHAO H P, LIU G Y, LI X, et al. Design and characteristics of staggered InGaN quantum-well light-emitting diodes in the green spectral regime [J]. IET Optoelectron, 2009, 3(6): 283 – 295.

[181] TSAI M C, YEN S H, KUO Y K. Investigation of blue InGaN light-emitting diodes with step-like quantum well[J]. Applied Physics Letters, 2011, 104(2): 621 – 626.

[182] ARIF R A, EE Y K, TANSU N. Polarization engineering via staggered InGaN quantum wells for radiative efficiency enhancement of light emitting diodes[J]. Applied Physics Letters, 2007, 91(9): 091110.

[183] YANG Z W, LI R, WEI Q Y, et al. Analysis of optical gain property in the InGaN/ GaN triangular shaped quantum well under the piezoelectric field[J]. Applied Physics Letters, 2009, 94(6): 061120.

[184] SHIODA T, YOSHIDA H, TACHIBANA K, et al. Enhanced light output power of green LEDs employing AlGaN interlayer in InGaN/GaN MQW structure on sapphire (0001) substrate[J]. Physics Status Solidi(a), 2012, 209(3): 473 – 476.

[185] KIMURA S, YOSHIDA H, UESUGI K, et al. Performance enhancement of blue light-emitting diodes with InGaN/GaN multi-quantum wells grown on Si substrates by inserting thin AlGaN interlayers[J]. Journal of Applied Physics, 2016, 120 (11): 113104.

[186] ALHASSAN A I, FARRELL R M, SAIFADDIN B, et al. High luminous efficacy green light-emitting diodes with AlGaN cap layer[J]. Optics Express, 2016, 24 (16): 17868 – 17873.

[187] ALMUYEED S A, SUN W, WEI X, et al. Strain compensation in InGaN-based multiple quantum wells using AlGaN interlayers[J]. AIP Advances, 2017, 7 (10): 105312.

[188] HWANG J I，HASHIMOTO R，SAITO S，et al. Development of InGaN-based red LED grown on（0001）polar surface[J]. Applied Physics Express，2014，7 (7)：071003.

[189] SUN W，ALMUYEED S A，SONG R，et al. Integrating AlInN interlayers into InGaN/GaN multiple quantum wells for enhanced green emission[J]. Applied Physics Letters，2018，112(20)：201106.

[190] ZHAO H P，LIU G Y，TANSU N. Analysis of InGaN-delta-InN quantum wells for light-emitting diodes[J]. Applied Physics Letters，2010，97(13)：131114.

[191] WANG T. Topical Review：development of overgrown semi-polar GaN for high efficiency green/yellow emission[J]. Semiconductor Science & Technology，2016，31(9)：093003.

[192] POYIATZIS N，ATHANASIOU M，BAI J，et al. Monolithically integrated white light LEDs on (11 - 22) semi-polar GaN templates[J]. Scientific Reports，2019，9 (1)：1 - 7.

[193] BAI J，XU B，GUZMAN F G，et al. (11-22) semipolar InGaN emitters from green to amber on overgrown GaN on micro-rod templates[J]. Applied Physics Letters，2015，107(26)：261103.

[194] LI H J，WONG M S，KHOURY M，et al. Study of efficient semipolar (11-22) InGaN green micro-light-emitting diodes on high-quality（11-22）GaN/sapphire template[J]. Optics Express，2019，27(17)：24154 - 24160.

[195] CHEN S W H，HUANG Y M，SINGH K J，et al. Full-color micro-LED display with high color stability using semipolar（20-21）InGaN LEDs and quantum-dot photoresist[J]. Photonics Research，2020，8(5)：630 - 636.

[196] ZHANG Y，BAI J，HOU Y，et al. Defect reduction in overgrown semi-polar (11-22) GaN on a regularly arrayed micro-rod array template[J]. AIP Advances，2016，6(2)：025201.

[197] MONAVARIAN M，RASHIDI A，FEEZELL D. A decade of nonpolar and semipolar III-Nitrides：a review of successes and challenges[J]. Physics Status Solidi(a)，2019，216(1)：1800628.

[198] SONG J，CHOI J，ZHANG C，et al. Elimination of stacking faults in semipolar GaN and light-emitting diodes grown on sapphire[J]. ACS Applied Materials&Interfaces，2019，11(36)：33140 - 33146.

[199] SONG J，HAN J. High quality mass-producible semipolar GaN and InGaN light-emitting diodes grown on sapphire[J]. Physics Status Solidi（b），2020，257 (4)：1900565.

［200］ FIORENTINI V，BERNARDINI F，DELLASALA F，et al. Effects of macroscopic polarization in III-V nitride multiple quantum wells［J］. Physics Review B，1999，60 (12)：8849.

［201］ 刘亚莹，蒋府龙，刘梦涵，等. InGaN 基 LED 中极化效应对发光特性的影响［J］. 微纳电子技术，2017，54(8)：509 – 513.

［202］ AUF DER MAUR M，PECCHIA A，PENAZZI G，et al. Efficiency drop in green InGaN/GaN light emitting diodes：the role of random alloy fluctuations［J］. Physical Review Letters，2016，116(2)：027401.

［203］ LIU Z，LIN C H，HYUN B R，et al. Micro-light-emitting diodes with quantum dots in display technology［J］. Light，Science & Applications，2020，9(1)：1 – 23.

［204］ BORODITSKY M，GONTIJO I，JACKSON M，et al. Surface recombination measurements on III-V candidate materials for nanostructure light-emitting diodes［J］. Journal of Applied Physics，2000，87(7)：3497 – 3504.

［205］ CHONG W C，CHO W K，LIU Z J，et al. 1700 pixels per inch (PPI) passive-matrix micro-LED display powered by ASIC［C］. 2014 IEEE Compound Semiconductor Integrated Circuit Symposium (CSICS)，2014，La Jolla，CA，USA，2014：1 – 4.

［206］ ZHANG X，QI L H，CHONG W C，et al. Active matrix monolithic micro-LED full-color micro-display［J］. Journal of the Society for Information Display，2021，29(1)：47 – 56.

［207］ LIOU J C，YANG C F. Design and fabrication of micro-LED array with application-specific integrated circuits (ASICs) light emitting display［J］. Microsystem Technologies，2018，24(10)：4089 – 4099.

［208］ GOU F W，HSIANG E L，TAN G J，et al. High performance color-converted micro-LED displays［J］. Journal of the Society for Information Display，2019，27(4)：199 – 206.

［209］ KIM H M，RYU M，CHA J H J，et al. 10 μm pixel，quantum-dots color conversion layer for high resolution and full color active matrix micro-LED display［J］. SID Symposium Digest of Technical Papers，2019，50(1)：26 – 29.

［210］ ZHANG X，LI P A，ZOU X B，et al. Active matrix monolithic LED micro-display using GaN-on-Si epilayers［J］. IEEE Photonics Technology Letters，2019，31(11)：865 – 868.

［211］ KANG J H，LI B J，ZHAO T S，et al. RGB arrays for micro-light-emitting diode applications using nanoporous GaN embedded with quantum dots［J］. ACS Applied Materials & Interfaces，2020，12(27)：30890 – 30895.

［212］ HAN H V，LIN H Y，LIN C C，et al. Resonant-enhanced full-color emission of quantum-dot-based micro LED display technology［J］. Optics Express，2015，23

(25)：32504 - 32515.

[213]　PAI Y M，LIN C H，LIN H Y，et al. Optical cross talk reduction in a quantum-dot-based full-color micro-LED display by a lithographic-fabricated photoresist mold[J]. Photonics Research，2017，5(5)：411 - 416.

[214]　SABNIS R W. Color filter technology for liquid crystal displays[J]. Displays，1999，20(3)：119 - 129.

[215]　OSINSKI J，PALOMAKI P. 4-5：quantum dot design criteria for color conversion in microLED displays［J］. SID Symposium Digest of Technical Papers，2019，50(1)：34 - 37.

[216]　CLAPP A R，MEDINTZ I L，MATTOUSSI H. Förster resonance energy transfer investigations using quantum-dot fluorophores[J]. ChemPhysChem，2006，7(1)：47 - 57.

[217]　CHANYAWADEE S，LAGOUDAKIS P G，HARLEY R T，et al. Increased color-conversion efficiency in hybrid light-emitting diodes utilizing non-radiative energy transfer[J]. Advanced Materials，2010，22(5)：602 - 606.

[218]　ZHUANG Z，GUO X，LIU B，et al. High color rendering index hybrid III-nitride / nanocrystals white light-emitting diodes［J］. Science Foundation in China，2016，24(3)：36 - 43.

[219]　KRISHNAN C，BROSSARD M，LEE K Y，et al. Hybrid photonic crystal light-emitting diode renders 123% color conversion effective quantum yield［J］. Optica，2016，3(5)：503 - 509.

[220]　WANG S W，HONG K B，TSAI Y L，et al. Wavelength tunable InGaN/GaN nano-ring LEDs via nano-sphere lithography[J]. Scientific Reports，2017，7(1)：1 - 7.

[221]　CHEN S W H，SHEN C C，WU T Z，et al. Full-color monolithic hybrid quantum dot nanoring micro light-emitting diodes with improved efficiency using atomic layer deposition and nonradiative resonant energy transfer[J]. Photonics Research，2019，7(4)：416 - 422.

[222]　刘建平，杨辉. 全球氮化镓激光器材料及器件研究现状[J]. 新材料产业，2015，10：44 - 48.

[223]　李方直，胡磊，田爱琴，等. GaN 基蓝绿光激光器发展现状与未来发展趋势[J]. 人工晶体学报，2020，49(11)：1996 - 2012.

[224]　胡磊，张立群，刘建平，等. 高功率氮化镓基蓝光激光器[J]. 中国激光，2020，47(7)：297 - 302.

[225]　KIOUPAKI S，EMMANOUI l. Auger recombination and free-carrier absorption in nitrides from first principles ［J］. American Physical Society，2010，81(24)：775 - 780.

[226] KIOUPAKIS E, RINKE P, DELANEY K T, et al. Indirect auger recombination as a cause of efficiency droop in nitride light-emitting diodes[J]. Applied Physics Letters, 2011, 98(16): 161107.

[227] FENG M X, LIU J P, ZHANG S M, et al. Design considerations for GaN-based blue laser diodes with InGaN upper waveguide layer[J]. IEEE Journal of Selected Topics in Quantum Electronics, 2013, 19(4): 1500705.

[228] LIU J, ZHANG L, LI D, et al. GaN-based blue laser diodes with 2.2 W of light output power under continuous-wave operation[J]. IEEE Photonics Technology Letters, 2017, 29(24): 2203 - 2206.

[229] KRAMES M R, SHCHEKIN O B, MUELLER M R, et al. IEEE /OSA status and future of high power light emitting diodes for solid state lighting[J]. Journal of Display Technology, 2007, 3(2): 160 - 175.

[230] VERZELLESI G, SAGUATTI D, MENEGHINI M, et al. Efficiency droop in InGaN/GaN blue light-emitting diodes: physical mechanisms and remedies[J]. Journal of Applied Physics, 2013, 114(7): 071101.

[231] WANG C H, KE C C, LEE C Y, et al. Hole injection and efficiency droop improvement in InGaN/GaN light-emitting diodes by band-engineered electron blocking layer[J]. Applied Physics Letters, 2010, 97(26): 261103.

[232] MASUI S, NAKATSU Y, KASAHARA D, et al. Recent improvement in nitride lasers[J]. Proceedings of SPIE, 2017, 10104: 101041H.

[233] MURAYAMA M, NAKAYAMA Y, YAMAZAKI K, et al. Watt-class green(530nm) and blue (465nm)laser diodes[J]. Physica Status Solidi(a), 2018, 215(10): 1700513.

[234] UWE S, THOMAS H, GEORG B, et al. Recent advances in c-plane GaN visible lasers[J]. Proceedings of SPIE, 2014, 8986: 898cb1L.

[235] MORISHITA Y, NOMURA Y, GOTO S, et al. Effect of hydrogen on the surface-diffusion length of Ga adatoms during molecular-beam epitaxy[J]. Applied Physics Letters, 1995, 67(17): 2500 - 2502.

[236] QUEREN D, SCHILLGALIES M, AVRAMESCU A, et al. Quality and thermal stability of thin InGaN films [J]. Journal of Crystal Growth, 2009, 311(10): 2933 - 2936.

[237] UWE S B, ADRIAN A, TERESA L, et al. Pros and cons of green InGaN laser on c-plane GaN[J]. Physica Status Solidi (b), 2011, 248(3): 652 - 657.

[238] DÉSIRÉE Q, AVRAMESCU A, SCHILLGALIES M, et al. Epitaxial design of 475 nm InGaN laser diodes with reduced wavelength shift[J]. Physica Status Solidi, 2010, 6(s2): s826 - s829.

[239] LI Z, LIU J, FENG M, et al. Suppression of thermal degradation of InGaN/GaN quantum wells in green laser diode structures during the epitaxial growth[J]. Applied Physics Letters, 2013, 103(15): 152109.

[240] LIU J, LI Z, ZHANG L, et al. Realization of InGaN laser diodes above 500 nm by growth optimization of the InGaN/GaN active region[J]. Applied Physics Express, 2014, 7(11): 111001.

[241] YANG J, ZHAO D G, JIANG D S, et al. Emission efficiency enhanced by reducing the concentration of residual carbon impurities in InGaN/GaN multiple quantum well light emitting diodes[J]. Optics Express, 2016, 24(13): 13824.

[242] FOLLSTAEDT D M, LEE S R, ALLERMAN A A, et al. Strain relaxation in AlGaN multilayer structures by inclined dislocations[J]. Applied Physics Letters, 2009, 105(8): 083507.

[243] LI J, ODER T N, NAKARMI M L, et al. Optical and electrical properties of Mg-doped p-type $Al_xGa_{1-x}N$[J]. Applied Physics Letters, 2002, 80(7): 1210 – 1212.

[244] TIAN A, LIU J, IKEDA M, et al. Conductivity enhancement in AlGaN: Mg by suppressing the incorporation of carbon impurity[J]. Applied Physics Express, 2015, 8(5): 051001.

[245] KURAMOTO M, SASAOKA C, FUTAGAWA N, et al. Reduction of internal loss and threshold current in a laser diode with a ridge by selective re-growth(RiS-LD)[J]. Physical Status Solidi(a), 2002, 192(2): 329 – 334.

[246] SCHMIDT O, WOLST O, KNEISSL M, et al. Gain and photoluminescence spectroscopy in violet and ultraviolet InAlGaN laser structures[J]. Physical Status Solidi (c), 2005, 2(7): 2891 – 2894.

[247] KIOUPAKIS E, RINKE P, SCHLEIFE A, et al. Free-carrier absorption in nitrides from first principles[J]. Physical Review B, 2010, 81(24): 241201.

[248] KIOUPAKIS E, RINKE P, VAN DE W C G. Determination of internal loss in nitride lasers from first principles [J]. Applied Physics Express, 2010, 3(8): 082101.

[249] DAVID A, GRUNDMANN M J, KAEDING J F, et al. Carrier distribution in (0001) InGaN/GaN multiple quantum well light-emitting diodes[J]. Applied Physics Letters, 2008, 92(5): 053502.

[250] MEYAARD D S, LIN G B, SHAN Q, et al. Asymmetry of carrier transport leading to efficiency droop in GaInN based light-emitting diodes[J]. Applied Physics Letters, 2011, 99(25): 251115.

[251] WANG C H, CHANG S P, KU P H, et al. Hole transport improvement in InGaN/

GaN light-emitting diodes by graded-composition multiple quantum barriers[J]. Applied Physics Letters, 2011, 99(17): 171106.

[252] IKEDA M, ZHANG F, ZHOU R, et al. Thermionic emission of carriers in InGaN/(In) GaN multiple quantum wells[J]. Journal of Applied Physics, 2019, 58(SC): SCCB03.

[253] LIU J P, RYOU J H, DUPUIS R D, et al. Barrier effect on hole transport and carrier distribution in InGaN/GaN multiple quantum well visible light-emitting diodes [J]. Applied Physics Letters, 2008, 93(2): 021102.

[254] ZHOU K, IKEDA M, LIU J, et al. Remarkably reduced efficiency droop by using staircase thin InGaN quantum barriers in InGaN based blue light emitting diodes[J]. Applied Physics Letters, 2014, 105(17): 173510.

[255] HAGER T, BINDER M, BRUEDERL G, et al. Carrier transport in green AlInGaN based structures on c-plane substrates[J]. Applied Physics Letters, 2013, 102 (23): 311.

[256] HAGER T, BRUEDERL G, LERMER T, et al. Current dependence of electro-optical parameters in green and blue (AlIn) GaN laser diodes[J]. Applied Physics Letters, 2012, 101(17): 4056.

[257] ZHANG S, XIE E, YAN T, et al. Hole transport assisted by the piezoelectric field in $In_{0.4}Ga_{0.6}N$/GaN quantum wells under electrical injection[J]. Journal of Applied Physics, 2015, 118(12): 125709.

[258] CHO Y H, GAINER G H, FISCHER A J, et al. "S-shaped" temperature dependent emission shift and carrier dynamics in InGaN/GaN multiple quantum wells[J]. Applied Physics Letters, 1998, 73(10): 1370 – 1372.

[259] BAI J, WANG T, SAKAI S. Influence of the quantum-well thickness on the radiative recombination of InGaN/GaN quantum well structures[J]. Journal of Applied Physics, 2000, 88(8): 4729 – 4733.

[260] SEO IM J, KOLLMER H, OFF J, et al. Reduction of oscillator strength due to piezoelectric fields in GaN $Al_xGa_{1-x}N$ quantum wells[J]. Physics Review B, 1998, 57(16): R9435.

[261] PENG L H, CHUANG C W, LOU L H. Piezoelectric effects in the optical properties of strained InGaN quantum wells[J]. Applied Physics Letters, 1999, 74(6): 795 – 797.

[262] CHANG S J, LAI W C, SU Y K, et al. InGaN-GaN multiquantum-well blue and green light-emitting diodes [J]. IEEE Journal of Selected Topics in Quantum Electronics, 2002, 8(2): 278 – 283.

[263] WANG T, BAI J, SAKAI S, et al. Investigation of the emission mechanism in InGaN/GaN-

based light-emitting diodes[J]. Applied Physics Letters, 2001, 78(18)：2617 - 2619.

[264]　OLIVER R A, KAPPERS M J, HUMPHREYS C J, et al. Growth modes in heteroepitaxy of InGaN on GaN[J]. Journal of Applied Physics, 2005, 97 (1)：013707.

[265]　OLIVER R A, KAPPERS M J, HUMPHREYS C J, et al. The influence of ammonia on the growth mode in InGaN/GaN heteroepitaxy[J]. Crystal Growth, 2004, 272 (1 - 4)：393 - 399.

[266]　TIAN A, LIU J, ZHANG L, et al. Green laser diodes with low threshold current density via interface engineering of InGaN/GaN quantum well active region[J]. Optics Express, 2017, 25(1)：415 - 421.

[267]　FLORESCU D I, TING S M, MERAI V N, et al. InGaN quantum well epilayers morphological evolution under a wide range of MOCVD growth parameter sets[J]. Physical Status Solidi (c), 2006, 3(6)：1811 - 1814.

[268]　FALTA J, SCHMIDT T, GANGOPADHYAY S, et al. Cleaning and growth morphology of GaN and InGaN surfaces[J]. Physical Status Solidi(b), 2011, 248(8)：1800 - 1809.

[269]　KADIR A, MEISSNER C, SCHWANER T, et al. Growth mechanism of InGaN quantum dots during metalorganic vapor phase epitaxy[J]. Journal of Crystal Growth, 2011, 334(1)：40 - 45.

[270]　PRISTOVSEK M, KADIR A, MEISSNER C, et al. Growth mode transition and relaxation of thin InGaN layers on GaN (0001)[J]. Journal of Crystal Growth, 2013, 372：65 - 72.

[271]　MASSABUAU F C P, DAVIES M J, OEHLER F, et al. The impact of trench defects in InGaN/GaN light emitting diodes and implications for the "green gap" problem[J]. Applied Physics Letters, 2014, 105(11)：112110.

[272]　MASSABUAU F C P, SAHONTA S L, TRINH X L, et al. Morphological, structural, and emission characterization of trench defects in InGaN/GaN quantum well structures[J]. Applied Physics Letters, 2012, 101(21)：212107.

[273]　MASSABUAU C P, TRINH X L, LODIE D, et al. Correlations between the morphology and emission properties of trench defects in InGaN/GaN quantum wells [J]. Journal of Applied Physics, 2013, 113(7)：3675.

[274]　田爱琴. GaN 基绿光激光器的 MOCVD 生长与表征[D]. 合肥：中国科学技术大学, 2017.

[275]　POHL U W. Epitaxy of semiconductors：introduction to physical principles[J]. Graduate Texts in Physics, 2013, 31(1)：45 - 50.

[276]　GRAHAM W R, EHRLICH G. Surface self-diffusion of atoms and atom pairs[J].

Physical Review Letters，1973，31(23)：1407 - 1408.

[277] WANG S C，EHRLICH G. Adatom motion to lattice steps：a direct view[J]. Physical Review Letters，1993，70(1)：41 - 44.

[278] LIU S J，WANG E G，WOO C H，et al. Three-dimensional schwoebel-ehrlich barrier[J]. Journal of Computer-Aided Materials Design，2000，7(3)：195 - 201.

[279] LIU S J，HUANG H，WOO C H. Schwoebel- ehrlich barrier：from two to three dimensions[J]. Applied Physics Letters，2002，80(18)：3295 - 3297.

[280] SUIHKONEN S，SVENSK O，LANG T，et al. The effect of InGaN/GaN MQW hydrogen treatment and threading dislocation optimization on GaN LED efficiency [J]. Journal of Crystal Growth，2007，298：740 - 743.

[281] SUIHKONEN S，LANG T，SVENSK O，et al. Control of the morphology of InGaN/GaN quantum wells grown by metalorganic chemical vapor deposition[J]. Journal of Crystal Growth，2007，300：324 - 329.

[282] TAYLOR E，FANG F，OEHLER F，et al. Composition and luminescence studies of InGaN epilayers grown at different hydrogen flow rates[J]. Semiconductor Science and Technology，2013，28(6)：065011.

[283] SCHOLZ F，OFF J，FEHRENBACHER E，et al. Investigations on structural properties of GaInN/GaN multi quantum well structures[J]. Physica Status Solidi（a），2000，180 (1)：315 - 320.

[284] LIU J P，WANG Y T，YANG H，et al. Investigations on V-defects in quaternary AlInGaN epilayers[J]. Applied Physics Letters，2004，84(26)：5449 - 5451.

[285] SHIOJIRI M，CHUO C C，HSU J T，et al. Structure and formation mechanism of V defects in multiple InGaN/GaN quantum well layers[J]. Journal of Applied Physics，2006，99(7)：073505.

[286] FLORESCU D I，TING S M，RAMER J C，et al. Investigation of V-defects and embedded inclusions in InGaN/GaN multiple quantum wells grown by metalorganic chemical vapor deposition on（0001) sapphire[J]. Applied Physics Letters，2003，83(1)：33 - 35.

[287] TIAN A，LIU J，ZHOU R，et al. Green laser diodes with constant temperature growth of InGaN/GaN multiple quantum well active region[J]. Applied Physics Express，2019，12(6)：064007.

[288] HU L，REN X，LIU J，et al. High-power hybrid GaN-based green laser diodes with ITO cladding layer[J]. Photonics Research，2020，8(3)：279 - 285.

[289] TIAN A，HU L，ZHANG L，et al. Design and growth of GaN-based blue and green laser diodes[J]. Science China Materials，2020，63(8)：1348 - 1363.

[290] MURAYAMA M，NAKAYAMA Y，YAMAZAKI K，et al. Watt-class green（530

nm) and blue (465 nm) laser diodes[J]. Physica Status Solidi (a), 2017, 215 (10): 1700513.

[291] TATUM J A. Evolution of VCSELs[J]. Proceedings of SPIE, 2014, 9001: 90010C.

[292] FEEZELL D F. Status and future of GaN-based vertical-cavity surface-emitting lasers [J]. Proceedings of SPIE, 2015, 9363: 93631G.

[293] 任国强, 王建峰, 刘宗亮, 等. 氮化镓单晶生长研究进展[J]. 人工晶体学报, 2019, 48(9): 1588 – 1598.

[294] 杨天瑞, 徐欢, 梅洋, 等. GaN 垂直腔面发射激光器研究进展[J]. 中国激光, 47 (7): 2020.

[295] KIOUPAKIS E, RINKE P, DELANCY K T, et al. Indirect Auger recombination as a cause of efficiency droop in nitride light-emitting diodes [J]. Applied Physics Letters, 2011, 98(16): 161107.

[296] JRWIERER J J, TSAO J Y, SIZOV D S. Comparison between blue lasers and light-emitting diodes for future solid-state lighting[J]. Laser Photonics Reviews, 2013, 7(6): 963 – 993.

[297] HAGLUND A, HASHEMI E, BENGTSSON J, et al. Progress and challenges in electrically pumped GaN-based VCSELs [J]. Semicondutor Lasers and Laser Dynamics Ⅶ, 2016, 9892: 161 – 180.

[298] MCKENDRY J J D, MASSOUBRE D, ZHANG S L, et al. Visible-light communications using a CMOS-controlled micro-ligh-emitting-diode array [J]. Journal of Lightwave Technology, 2012, 30(1): 61 – 67.

[299] 房芳, 张爱敏, 李天初. 时间: 从天文时到原子秒[J]. 计量技术, 2019(5): 7 – 10.

[300] KITCHING J, KNAPPE S, VUKICEVIC M, et al. A microwave frequency reference based on VCSEL-driven dark line line resonances in Cs vapor [J]. IEEE Transactions on Instrumentation and Measurement, 2000, 49(6): 1313 – 1317.

[301] MIAH M J, ALSAMANCH A, KERN A, et al. Fabrication and characterization of low-threshold polarization-stable VCSELs for CS-based miniaturized atomic clocks [J]. IEEE Journal of Selected Topics in Quantum Electronics, 2013, 19 (4): 17011410.

[302] WARREN M E, PODVA D, DACHA P, et al. Low-divergence high-power VCSEL arrays for lidar application[J]. Proceedings of SPIE, 2018, 10552: 72 – 81.

[303] AMANO H, KITO M, HIRAMATSU K, et al. P-type conduction in Mg-doped GaN treated with low-energy electron beam irradiation (LEEBI)[J]. Japanese Journal of Applied Physics, 1989, 28(12): 2112 – 2114.

[304] NAKAMURA S. GaN growth using GaN buffer layer[J]. Japanese Journal of Applied

Physics，1991，30(10A)：L1705 - L1707.

[305] KRESTNIKOV I L，LUNDIN W V，SAKHAROV A V，et al. Room-temperature photopumped lnGaN/GaN/AlGaN vertical-cavity surface-emitting laser[J]. Applied Physics Letters，1999，75(9)：1192 - 1194.

[306] SOMEYA T，WERNER R，FORCHEL A，et al. Room temperature lasing at blue wavelengths in gallium nitride microcavities [J]. Science，1999，285 (5435)：1905 - 1906.

[307] LU T C，KAO C C，KUO H C，et al. CW lasing of current injection blue GaN-based vertical cavity surface emitting laser [J]. Applied Physics Letters，2008，92 (14)：141102.

[308] HIGUCHI Y，OMAE K，MATSUMURA H，et al. Room-temperature CW lasing of a GaN-based vertical-cavity surface-emitting laser by current injection[J]. Applied Physics Express，2008，1(12)：121102.

[309] OMAE K，HIGUCHI Y，NAKAGAWA K，et al. Improvement in lasing characteristics of GaN-based vertical-cavity surface-emitting lasers fabricated using a GaN substrate[J]. Applied Physics Express，2009，2(5)：052101.

[310] KASAHARA D，MORITA D，KOSUGI T，et al. Demonstration of blue and green GaN-based vertical-cavity surface-emitting lasers by current injection at room temperature[J]. Applied Physics Express，2011，4(7)：072103.

[311] HOLDER C，SPECK J S，DENBAARS S P，et al. Demonstration of nonpolar GaN-based vertical-cavity surface emitting lasers[J]. Applied Physics Express，2012，5 (9)：092104.

[312] HOLDER C O，LEONARD J T，FARRELL R M，et al. Nonpolar III-nitride vertical-cavity surface emitting lasers with a polarization ratio of 100% fabricated using photoclectrochemical etching[J]. Applied Physics Letters，2014，105(3)：031111.

[313] LIU W J，HU X L，YING L Y，et al. Room temperature continuous wave lasing of electrically injected GaN-based vertical cavity surface emitting lasers[J]. Applied Physics Letters，2014，104(25)：251116.

[314] IZUMI S，FUUTAGAWA N，HAMAGUCHI T，et al. Room-temperature continuous-wave operation of GaN-based vertical-cavity surface-emitting lasers fabricated using epitaxial lateral overgrowth[J]. Applied Physics Express，2015，8(6)：062702.

[315] KURAMOTO M，KOBAYASHI S，AKAGI T，et al. Watt-class blue vertical-cavity surface-emitting laser arrays[J]. Applied Physics Express，2019，12(9)：091004.

[316] HAMAGUCHI T，NAKAJIMA H，TANAKA M，et al. Sub-milliampere-threshold continuous wave operation of GaN-based vertical-cavity surface-emitting laser with

lateral optical confinement by curved mirror[J]. Applied Physics Express, 2019, 12(4): 0440.

[317] LANGER T, KRUSE A, KETZER F A, et al. Origin of the "green gap": increasing nonradiative recombination in indium-rich GaInN/GaN quantum well structures[J]. Physica Status Solidi (c), 2011, 8(7/8): 2170 - 2172.

[318] WALTEREIT P, BRANDT O, TRAMPERT A, et al. Nitride semiconductors free of electrostatic fields for efficient white light emitting diodes[J]. Nature, 2000, 406 (6798): 865 - 868.

[319] MENEY A T, O'REILLY E P, ADAMS A R. Optical gain in wide bandgap GaN quantum well lasers[J]. Semiconductor Science and Technology, 1996, 11 (6): 897 - 903.

[320] TAO R C, ARAKAWA Y. Impact of quantum dots on III-nitride lasers: a theoretical calculation of threshold current densities[J]. Japanese Journal of Applied Physics, 2019, 58(SC): SCCC31.

[321] ARAKAWA Y. Progress in GaN-based quantum dots for optoelectronics applications [J]. IEEE Journal of Selected Topics in Quantum Electronics, 2002, 8 (4): 823 - 832.

[322] CAI L E, ZHANG J Y, ZHANG B P, et al. Blue-green optically pumped GaN-based vertical cavity surface emitting laser[J]. Electronics Letters, 2008, 44 (16): 972 - 974.

[323] WENG G E, MEI Y, LIU J P, et al. Low threshold continuous-wave lasing of yellow-green InGaN-QD vertical-cavity surface-emitting lasers[J]. Optics Express, 2016, 24(14): 15546 - 15553.

[324] MEI Y, WENG G E, ZHANG B P, et al. Quantum dot vertical-cavity surface-emitting lasers covering the "green gap"[J]. Light: Science & Applications, 2017, 6 (1): e16199.

[325] XU R B, MEI Y, ZHANG B P, et al. Simultaneous blue and green lasing of GaN-based vertical-cavity surface-emitting lasers[J]. Semiconductor Science and Technology, 2017, 32(10): 105012.

[326] XU R B, MEI Y, XU H, et al. Green vertical-cavity surface-emitting lasers based on combination of blue-emitting quantum wells and cavity-enhanced recombination[J]. IEEE Transactions on Electron Devices, 2018, 65(10): 4401 - 4406.

[327] MEI Y, XU R B, YING L Y, et al. Room temperature continuous wave lasing of GaN-based green vertical-cavity surface-emitting lasers[J]. Proceedings of SPIE, 2019, 10918: 10918H.

[328] REDWING J M，LOEBER D A S，ANDERSON N G，et al. An optically pumped GaN-AlGaN vertical cavity surface emitting laser[J]. Applied Physics Letters，1996，69(1)：1 − 3.

[329] DETCHPROHM T，LI X，SHEN S C，et al. III-N wide bandgap deep-ultraviolet lasers and photodetectors [J]. Semiconductors and Semimetals，2017，96 (4)：121 − 166.

[330] CHEN R，SUN H D，WANG T，et al. Optically pumped ultraviolet lasing from nitride nanopillars at room temperature[J]. Applied Physics Letters，2010，96 (2)：241101.

[331] LIU Y S，HAQ A F M S，KAO T T，et al. Development for ultraviolet vertical cavity surface emitting lasers[C]. The European Conference on Lasers and Electro-Optics，2015：PD_A_2.

[332] LIU Y S，SANIUL H A F M，MCHTA K，et al. Optically pumped vertical-cavity surface-emitting laser at 374. 9 nm with an electrically conducting n-type distributed Bragg reflector[J]. Applied Physics Express，2016，9(11)：111002.

[333] CHANG T C，KUO S Y，HASHEMI E，et al. GaN vertical-cavity surface-emitting laser with a high-contrast grating reflector [J]. Proceedings of SPIE，2018，10542：105420T.

[334] PARK Y J，DETCHPROHM T，MEHTA K，et al. Optically pumped vertical-cavity surface-emitting lasers at 375 nm with air-gap/$Al_{0.05}Ga_{0.95}$ N distributed Bragg reflectors[J]. Proceedings of SPIE，2019，10938：109380A.

[335] ZHENG Z M，LI Y Q，PAUL O. Loss analysis in nitride deep ultraviolet planar cavity[J]. Journal of Nanophotonics，2018，12(4)：043504.

第 8 章

氮化镓单晶材料的应用——
电力电子和微波射频器件

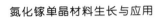

电力电子技术是实现电能传输、处理、存储以及控制的技术，其主要功能是通过电力电子器件实现的。对电力电子器件的主要要求是高击穿电压、低导通电阻、低开关损耗、高开关速度和高可靠性。Si 基电力电子技术是目前的主流技术，但由于材料本身性质的局限，Si 基电力电子器件在击穿电压、导通电阻、开关损耗、开关速度以及可靠性等方面面临着较大的瓶颈限制。

微波射频技术是实现微波和射频信号的产生、调制、混频、驱动放大、功率放大、发射、空间传输、接收、低噪声放大、中频放大、解调、检测、滤波、衰减、移相、开关的技术，其核心是实现功率放大。对微波射频器件的主要要求是高效率、高功率以及大带宽。Si 基 LDMOS 以及 GaAs 基器件是目前的主流技术，但 Si 基 LDMOS 的工作频率低（低于 3 GHz），GaAs 基器件的输出功率低（低于 50 W），难以满足微波射频器件下一步发展的需求。

GaN 材料具有禁带宽度大、电子迁移率高、热导率高、击穿电场强、抗辐射能力强等特点[1]，适合工作在高温、高频、高压、大功率和强辐射等恶劣条件下。GaN 基电力电子器件具有通态电阻小、开关速度快、开关损耗低等优势，GaN 基微波射频器件具有效率高、功率高、带宽大等优势，可以满足实际应用中对高速度、高能效、高功率、高频率、高温以及抗辐射等性能参数的要求，是电力电子、微波射频器件的"核芯"，在新一代移动通信、智能电网、电动汽车、消费类电子等领域有广阔的应用前景，是全球半导体产业新的战略高地。

目前 GaN 电子器件的研究主要分为两大类，第一类是在 Si、SiC 等半绝缘类型的异质衬底上制备 GaN 平面结构器件，第二类是在 GaN 单晶衬底上制备垂直结构器件。平面结构器件具有位错密度高、常关型器件制备难度大、电流崩塌效应严重、击穿电压低、漏电大、电场分布不均匀、表面态对器件性能影响大等缺点。Si 衬底上制造垂直 GaN 器件虽然可行，但由于在 Si 异质衬底上外延生长的 GaN 具有 $10^8 \sim 10^{10}$ cm^{-2} 的高位错密度，导致 GaN-on-Si 垂直结构器件的耐压能力较差。

为了从根本上提高器件的击穿电压并解决电流崩塌效应，基于 GaN 单晶衬底的垂直结构器件是一个重要发展方向。垂直结构器件相较于平面结构器件有很多优势[2]：① 垂直结构器件采用单晶衬底生长同质外延层，因此外延层界面处缺陷密度较平面器件低，器件的泄漏电流更小；② 垂直结构采用单晶衬底进行同质外延，不需要生长缓冲层，并可以生长较厚的同质外延层以承受更大的击穿电压，同时将峰值电场从表面转移到器件内部从而提高器件的可靠性；③ 垂直结构器件发生雪崩击穿后仍可恢复，为软击穿，这使得垂直结构器件的可靠性更高；④ 垂直结构器件中高电场区域被转移到器件内部，可有效缓解水平结构器件中电流崩塌的问题；⑤ 垂直结构器件有利于实现器件的小型化和集成化。

随着 Si 基器件的性能达到材料极限，寻求新的替代材料成为当务之急，于是产生了第三代半导体 SiC 和 GaN 材料体系。图 8-1 概括了不同类型器件的性能对比，主要包含垂直型 GaN 器件与平面型 GaN 器件、SiC 器件和 Si 功率器件。从图中可以看出垂直型 GaN 器件的性能已经超越了平面型 GaN 器件，且逼近 GaN 材料的理论极限。

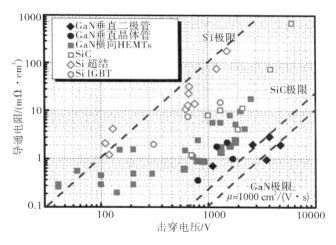

图 8-1　不同类型器件的性能对比

随着 GaN 单晶衬底制备技术的发展，GaN 单晶衬底的晶体质量、电学性能、翘曲情况、晶圆尺寸等参数得到了明显的提升，价格大幅度下降，推动了 GaN 基垂直结构器件的发展，其巨大潜力正被一步步挖掘出来。

8.1　应用市场分析

8.1.1　电力电子器件应用市场分析

与传统的 Si 基电力电子器件相比，GaN 基电力电子器件具有如下优势。

首先,转换效率高。GaN 的禁带宽度是 Si 的 3 倍,临界击穿电场是 Si 的 10 倍,因此,同样额定电压下 GaN 功率器件的导通电阻比 Si 器件低 1000 倍左右,这大大降低了开关的导通损耗。其次,工作频率高。GaN 的电子渡越时间比 Si 低 10 倍,电子速度比在 Si 中高 2 倍以上,反向恢复时间基本可以忽略,因此 GaN 开关功率器件的工作频率可以比 Si 器件提升至少 20 倍,这大大减小了电路中储能元件如电容、电感的体积,从而可成倍地减小设备体积,减少铜等贵重原材料消耗,开关频率高还能减少开关损耗,进一步降低电源总的能耗。第三,工作温度高。GaN 的禁带宽度高达 3.4 eV,本征电子浓度极低,电子很难被激发,因此理论上 GaN 器件可以工作在 800℃ 以上的高温。

GaN 与 SiC、Si 材料各有其优势领域,但是也有重叠的地方。GaN 材料的电子饱和漂移速率最高,适合高频率应用场景,但是在高压高功率场景下不如 SiC。随着成本的下降,GaN 有望在中低功率领域替代二极管、IGBT、MOSFET 等 Si 基功率器件。以电压来分,0～300 V 是 Si 材料占据优势,600 V 以上是 SiC 占据优势,300～600 V 则是 GaN 材料的优势领域。根据 Yole 估计,在 0～900 V 的低压市场,GaN 有较大的应用潜力,这一块占据整个功率市场约 68% 的比重。

GaN 基电力电子器件市场成长空间广阔,在智能电网、电动汽车、电力和光伏逆变器、电源等方面的需求增长迅速。目前 GaN 基电力电子器件在电源设备领域取得了较大进展。由于结构中包含可以实现高速性能的异质结二维电子气,GaN 器件相比于 SiC 器件拥有更高的工作频率,加之可承受电压要低于 SiC 器件,所以 GaN 电力电子器件更适合高频率、小体积、对成本敏感、功率要求低的电源领域,如轻量化的消费电子电源适配器、无人机用超轻电源、无线充电设备等。

8.1.2 微波射频器件应用市场分析

与传统的 Si 基 LDMOS、GaAs 基器件相比,GaN 基微波射频器件具有如下优势。首先,效率高。更高的效率可以降低功耗,节省电能,降低散热成本,降低总运行成本。其次,带宽大。更大的带宽可以提高信息携带量,用更少的器件实现多频率覆盖,降低客户产品成本,也适用于扩频通信、电子对抗等领域。第三,功率高。在 4 GHz 以上频段,GaN 基器件可以输出比 GaAs 高得多的功率,特别适合雷达、卫星通信、中继通信等领域。

在低频段范围,Si 基 LDMOS 是目前市场的主流。但 LDMOS 带宽会随着频率的增加而大幅减少(仅在不超过约 3.5 GHz 的频率范围内有效)。而采用 0.25 μm 工艺的 GaN 器件的频率可以高达其 4 倍,带宽可增加 20%,功率密度可达 6~8 W/mm(LDMOS 为 1~2 W/mm),且无故障工作时间可达 100 万小时,更耐用,综合性能优势明显。

在更高的频段以及低功率范围,GaAs 是目前市场的主流,出货占比约九成以上。与 GaAs 射频器件相比,GaN 的优势主要在于带隙宽度与热导率。在带隙宽度方面,GaN 的带隙宽度为 3.4 eV,远高于 GaAs 的 1.42 eV,因此 GaN 器件具有更高的击穿电压,能满足更高的功率需求。在热导率方面,GaN 单晶衬底的热导率比 GaAs 高 2 倍以上,这意味着器件中的功耗可以更容易地转移到周围环境中,散热性更好。相对于在异质衬底(如 Si、SiC)上制备的器件,基于 GaN 单晶衬底制备的器件中位错缺陷密度低,并且不需要生长成核层、缓冲层,因此界面热阻低,外延层热导率高,这对提高器件的热耗散性能有重要帮助。

在大规模天线应用中,基站收发信机上使用大量的阵列天线来实现更大的无线数据流量和连接可靠性,这种架构需要相应的射频收发单元阵列来配套,因此射频器件的数量将大为增加,故器件的尺寸大小很关键。利用 GaN 的尺寸小、效率高和功率密度大等特点可实现高集成化的解决方案,如模块化射频前端器件。除了基站射频收发单元中所需的射频器件数量大为增加,基站密度和基站数量也会大为增加,因此相比 3G、4G 时代,5G 时代的射频器件将会以几十倍甚至上百倍的数量增加。在 5G 毫米波应用上,GaN 的高功率密度特性在实现相同覆盖条件及用户追踪功能下,可有效减少收发通道数及整体方案的尺寸。

作为射频元件材料,GaN 在电信基础设施和国防军工方面的应用也已经逐步铺展开来。国防是 GaN 射频器件最主要的应用领域。由于对高性能的需求和对价格的不敏感,国防市场为 GaN 射频器件提供了广阔的发展空间。据 Yole 统计,2018 年国防领域 GaN 射频器件市场规模为 2.01 亿美元,占 GaN 射频器件市场的份额达到 44%,超过基站成为最大的应用市场。近年来全球国防产业没有减缓的迹象,GaN 射频器件在国防领域的市场规模将随着渗透率的提高而继续增长,预计到 2023 年,市场规模将达到 4.54 亿美元,2018—2023 年年均复合增速为 18%。基站是 GaN 射频器件第二大应用市场。在全球 5G 通信发展迅速的背景下,移动通信功率放大器的需求量将呈现爆发式增长,其中,终端侧功率放大器将延续 GaAs 工艺,而在基站侧,传统的 Si 基

LDMOS 工艺将被有着更高承载功率、效率更具优势的 GaN 工艺所取代，以满足基站小型化的需求。据 Yole 统计，2018 年基站领域 GaN 射频器件规模为 1.5 亿美元，占 GaN 射频器件市场的 33％的份额。随着 5G 通信的实施，2019 年之后市场规模出现了明显增长。预计到 2023 年，基站领域 GaN 射频器件的市场规模将达到 5.21 亿美元，2018—2023 年年均复合增长率达到 28％。

8.2 pn 结二极管

图 8 - 2 是 pn 结二极管的工作原理和器件结构示意图。如图 8 - 2(a)所示，pn 结是由一个 n 型掺杂区和一个 p 型掺杂区紧密接触所构成的，两种半导体的交界面附近的区域为 pn 结。由于正负电荷之间的相互作用，在空间电荷区形成了内建电场，其方向是从带正电的 n 区指向带负电的 p 区。这个电场的方向与载流子扩散运动的方向相反，会阻止载流子的扩散。

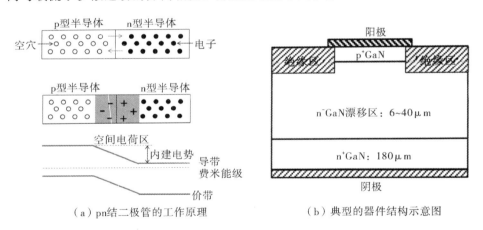

（a）pn 结二极管的工作原理　　　　　（b）典型的器件结构示意图

图 8 - 2 pn 结二极管的工作原理和器件结构

pn 结有以下两种工作状态：

（1）pn 结正向偏置。将 pn 结的 p 区接电源正极，n 区接电源负极，此时外加电压对 pn 结产生的电场与 pn 结内建电场方向相反，削弱了 pn 结内建电场，使得多数载流子能顺利通过 pn 结形成正向电流，并随着外加电压的升高而迅速增大，即 pn 结加正向电压时处于导通状态。

（2）pn 结反向偏置。将 pn 结的 p 区接电源负极，n 区接电源正极，此时外加电压对 pn 结产生的电场与 pn 结内建电场方向相同，加强了 pn 结内建电场，使得多数载流子在电场力的作用下难以通过 pn 结，因此反向电流非常微小，即 pn 结加反向电压时处于截止状态。

典型的垂直结构 pn 结二极管结构示意图如图 8 - 2(b)所示，垂直结构 pn 结二极管在实现高击穿电压和低导通电阻方面有着比平面结构器件更优异的性能。pn 结二极管常工作在高压大功率的条件下，因此提高器件的击穿电压至关重要。击穿电压主要受如下两种因素影响：

（1）外延层材料的缺陷密度和掺杂浓度。高质量的 GaN 单晶衬底可以有效降低外延层中的位错密度，提高器件的击穿电压[3]。此外，掺杂浓度对器件的击穿电压也有重要影响，其关系曲线如图 8 - 3 所示。随着 GaN 材料内部载流子浓度的降低，器件漂移区的厚度逐渐上升，器件的击穿电压也随之大幅度提升[4]。因此，高耐压 GaN 电力电子器件的进一步发展需要低杂质浓度的高纯 GaN 单晶衬底。

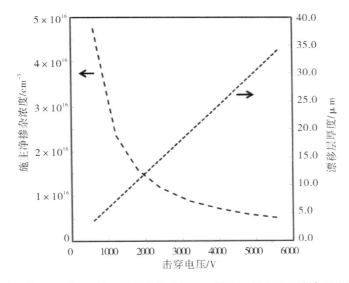

图 8 - 3　垂直结构 GaN 基 pn 结二极管的掺杂浓度、漂移区厚度和击穿电压之间的关系曲线

（2）器件的结构。pn 结二极管在阳极边缘会存在电场峰值，这会导致器件击穿电压降低，无法发挥 GaN 材料的优势。理想的平行平面结耗尽区边缘平整，而实际的 pn 结通常都是在一定尺寸的掩膜窗口内形成的，因此耗尽区边缘有着较大的曲率，这导致实际 pn 结边缘处电场强度出现峰值，器件发生提前击穿。

目前可以通过场板结构、结终端结构等边缘终端技术以及漂移区渐变掺杂技术来优化体内电场分布，提高器件击穿电压。

（1）场板结构。当器件工作在阻断状态时，pn结耗尽区边缘曲率较大，电场强度较高。增加场板将整个p区及其边缘覆盖，当反偏电压增大时，p区和场板同时对n区进行耗尽。整个耗尽区沿着结面扩展到场板边缘，电场峰由1个变为2个，多出来的1个峰位于场板边缘处，这可以有效降低原pn结耗尽区边缘处电场峰值，提高器件击穿电压。

（2）结终端结构。除了利用场板结构提升垂直结构二极管的耐压水平之外，还可以通过离子注入在器件边缘形成结终端结构。通过优化控制离子注入的能量和剂量，可以在半导体内部形成均匀的空位以补偿半导体内部的自由载流子，最终在离子注入的区域形成高阻区，以抑制边缘电场集中效应。

（3）漂移区渐变掺杂。器件耐压水平也与其内部电场分布有关。电场分布不均匀会导致器件耐压难以得到有效提升。器件处于反向工作状态时，电场在pn结结面处达到峰值，而器件内部相对较低。采用漂移区渐变掺杂技术可使掺杂浓度沿着pn结结面到器件内部逐渐降低，能够增大耗尽区宽度，削弱结面处电场峰值。因此通过漂移区渐变掺杂技术来优化体内电场分布可以有效提高器件耐压水平。

康奈尔大学K. Nomoto等人[5]在GaN单晶衬底上设计并制造了具有场板结构的漂移区厚度为10 μm的GaN基垂直结构pn结二极管。通过在场板上施加偏置电压，可以有效增大pn结耗尽区曲率半径，缓解边缘处电场集中效应。无场板结构器件中击穿电压为806 V，而增加场板结构后器件击穿电压显著上升，达到1700 V，这说明场板结构能够有效抑制结边缘处的电场集中效应。有场板的器件中平均击穿电场强度为1.7 MV·cm^{-1}，FOM为5.30 GW·cm^{-2}。H. Ohta等人[6]在GaN单晶衬底上制得了含有三漂移层的、场板结构的GaN基垂直pn结二极管。通过将多个轻掺杂的n-GaN漂移层应用于pn结二极管，有效抑制了器件表面处峰值电场，使内部电场分布更加均匀。同时，使用场板结构降低了反向漏电流并提高了击穿电压，得到的器件具有4.7 kV击穿电压以及1.7 mΩ·cm^{2}的比导通电阻。2015年，美国Avogy公司的I. C. Kizilyalli等人[7]利用自支撑GaN衬底，成功获得了低泄漏电流（小于10 nA）的垂直型GaN pn结二极管，其击穿电压超过4 kV，比导通电阻为2.8 mΩ·cm^2，计算得到的U_{BR}^2/R_{on}高达5714 MW·cm^{-2}。2016年，康奈尔大学的K. Nomoto等人[8]在GaN单晶衬底上通过场板结构实现了击穿电压为

1.7 kV、比导通电阻为 0.55 mΩ·cm² 的 pn 结二极管。

8.3　肖特基势垒二极管

　　肖特基势垒二极管(Schottky Barrier Diode，SBD)是由金属与半导体接触产生肖特基势垒从而达到整流效果的功率半导体器件，其基本结构如图 8-4 所示。该结构的肖特基接触与欧姆接触是通过材料的掺杂浓度来实现的，与欧姆电极接触的 GaN 为重掺杂。正向偏压时，势垒高度变低，电子容易从半导体流向金属，形成从金属到半导体的电流；反向偏压时，势垒高度增大，电子很难通过高势垒，从而达到反向截止的目的，由此实现了器件的单向导电。

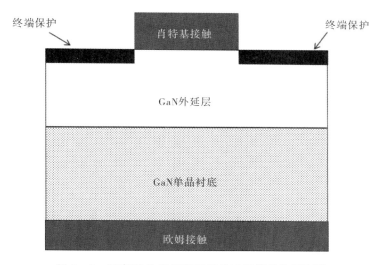

图 8-4　垂直型 GaN 肖特基势垒二极管结构示意图

　　肖特基势垒二极管是一种多数载流子导电器件，相比于 pn 结二极管，它具有开关速率高、开启电压低、反向恢复时间短、开关损耗低等优势，能够实现高正向电流特性和高反向阻断电压特性的结合，适合在高频、高速的电路中使用。同等耐压情况下，GaN 功率器件的导通电阻比 Si 基功率器件低两个量级，比 SiC 功率器件低一个量级，可见 GaN 器件在开关过程中产生的导通损耗将显著减小。

　　理想的肖特基垫垒二极管应具备以下特性：高的击穿电压、低的泄漏电流、低的正向电压降、低的导通电阻和快速恢复的特性。目前垂直型 GaN 基肖特基势垒二极管的各性能参数距离理论值仍存在较大差距，无论是材料生长方面还是器件工艺方面仍然面临着诸多挑战。由结构从上往下看，制备高性能的垂直型 GaN 基肖特基二极管的关键技术主要包括如下五点：① 制备高品质肖特基接触；② 设计终端保护结构；③ 生长高质量低掺同质外延厚膜；④ 生长高质量 GaN 体单晶衬底；⑤ 制备高可靠性低电阻率欧姆接触。

（1）对于肖特基接触，常用电极金属为 Ti 和 Pt，但由于界面问题和表面态的问题，不同的工艺条件，例如表面处理、退火条件，使得肖特基势垒大小、理想因子等器件性能指标存在很大的差异。并且，不同用途的肖特基二极管对肖特基势垒的要求不同，若作为快速开关，则要求肖特基势垒尽量低；若作为高压整流器，则需肖特基势垒高，这样才有利于降低反向漏电流。因此，对表面态和界面态的研究是提升肖特基接触品质的关键。

（2）对于终端保护结构设计，由于器件的尺寸是有限的，在肖特基电极边缘会产生电流拥挤和电场集中效应，这将导致器件在反向偏置下发生提前击穿，因此合理设计边缘终端从而有效地减小边缘电场集中是十分必要的。图 8－5 所示是三种典型的终端保护结构示意图，即离子注入结构、沟道型结构和场板结构。

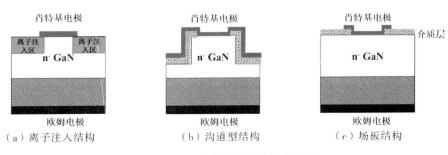

图 8－5　三种典型的终端保护结构

① 离子注入结构。离子注入所选用的离子主要有 Ar^+、Mg^+、F^+ 等，结构如图 8－5(a)所示。这些离子注入后会给 GaN 带入大量缺陷或引入大量固定的负电荷，以此来提高 GaN 的电阻率，从而起到抑制边缘漏电流的作用。

② 沟道型结构。由于离子注入是高能离子加速后射到样品上，因此有些离子在注入后需要进行退火以达到消除损伤的效果。2016 年，K. Nomoto 等人[8]热制备了有保护环和无保护环的两种准垂直结构 GaN SBD。测试结果表

明，保护环可以减小器件的反向泄漏电流，器件的反向击穿电压由 300 V 以下上升到 400 V 左右。他们采用深能级瞬态谱对 GaN SBD 中高电阻边缘终端保护环引入的缺陷进行了分析。在离子注入形成终端结构的同时，已有的缺陷能级被加强并利用干法刻蚀和湿法腐蚀相结合的技术。这种技术保留了干法刻蚀的各向异性，并利用湿法腐蚀进行辅助性修复，从而消除干法刻蚀产生的损伤层。目前一般是利用电感耦合等离子刻蚀技术与四甲基氢氧化铵（TMAH）相结合的方法来实现的，利用刻蚀形成沟道的方法抑制边界的电场、抑制反向漏电流，从而提高垂直结构 GaN 基肖特基二极管的反向特性，这种技术目前也用于制作周期性的沟道结构，沟道的宽度一般在几微米的尺寸并结合沉积介质层来钝化 GaN 的表面，其结构如图 8-5(b) 所示。这种结构对工艺的精度要求高，它通过周期性结构来分担和削弱边界的电场，实现提高反向击穿电压、抑制漏电流的效果。

③ 场板结构。场板结构是利用电极和介质层来设计不同的场板结构和长度以解决边界电场问题，结构如图 8-5(c) 所示。这种结构是利用介质层的高耐压和钝化界面悬挂键的特性，将边界电场压在介质层，并同时用介质层钝化 GaN 的悬挂键，由此来实现抑制反向漏电流、提高击穿电压的效果。

（3）对于 GaN 外延层，外延层的载流子浓度和厚度是决定正向导通电阻和反向击穿电压理论值的关键。随着 GaN 材料内部载流子浓度的降低，器件漂移区的厚度逐渐上升，器件的击穿电压也随之大幅度提升[4]。因此，为了提高器件的击穿电压，精准控制外延生长的载流子浓度和厚度至关重要。但目前通过 HVPE、MOCVD 和 MBE 方法外延获得极低载流子浓度（低于 $10^{15}\,cm^{-3}$）的漂移层有较大难度。

（4）对于 GaN 衬底，生长出大尺寸、高质量体单晶是其面临的主要挑战。衬底的缺陷密度直接影响同质外延层的质量。目前 GaN 基器件大部分是在异质衬底上生长的，所以 GaN 材料与衬底存在较大的晶格失配，GaN 外延层的缺陷密度远高于 Si 和 GaAs。实验表明，GaN 中的螺位错是重要的漏电通道。所以，高密度缺陷的存在使得外延片的质量变低，器件的泄漏电流增大，器件的性能下降。目前用 HVPE 方法生长高质量的 GaN 体单晶已逐渐成熟并实现了规模化生产，其他方法如氨热法和助溶剂法也取得了较大进展。

（5）对于 GaN 背面电极的欧姆接触，其低电阻率和高可靠性是面临的主要挑战。由于 Ga 面通常是外延面，因此对于垂直型器件需在背面即 N 面制作欧姆接触电极。但 GaN 是极性化合物，Ga 面和 N 面的物理化学性质存在着很大的不同，因此 Ga 面欧姆接触工艺不能直接套用。N 面欧姆接触一般选用 Ti/Pt/Au(50/100/50n) 材料作为电极。N 面欧姆接触面临的主要问题有两个：① 接触电阻率较大；② 热稳定性差，尤其是在 300℃ 退火后显著恶化。N 面欧姆接触性能差的原因主要有两点：① GaN 的 N 面表面容易形成氧化层；② GaN 表面 Ga 的扩散（而仅有少量的 N 扩散），而 Ga 空位为受主型缺陷。

虽然 SBD 器件开启电压较小，但是在高压下会产生肖特基势垒降低效应，导致泄漏电流较大，器件提前击穿，这将严重限制器件的耐压能力。而 pn 结二极管具有较大的击穿电压和较小的泄漏电流，但是 pn 结二极管的开启电压约为 3 V，较大的开启电压会影响器件的开关速度，增加器件的开关功耗。这两种结构都存在不足之处，pn 结较大的开启电压会增加器件正向导通损耗，SBD 势垒降低效应限制了器件的击穿电压，因此开发一种既具有 SBD 的低正向开启电压性能，又具有 pn 结的大击穿电压优势的 GaN 基整流器意义重大。结控制势垒[9]（Junction Barrier Schottky，JBS）二极管通过将 pn 结和 SBD 两种结构集成在一起，在 SBD 的外延层上集成多个 pn 结，并呈现出梳状结构，使 JBS 二极管既存在 pn 结又存在肖特基结。在正向导通时，肖特基接触部分优先导通，因此 JBS 的正向导通特性类似于 SBD 二极管；反偏时，pn 结耗尽区展宽夹断电流通道，屏蔽肖特基势垒降低效应，其击穿电压要高于 SBD 结构，略低于 pn 结击穿电压。因此 JBS 兼具 SBD 和 pn 结二极管的优点，即正向导通电压低，反偏泄漏电流小，击穿电压高。具有电流大、击穿电压高、开关速度快等高性能特点的结势垒二极管适用于汽车电子、航空航天、医疗电子等领域。国外各大公司及研究机构对 Si 基和 SiC 基 JBS 的结构、工作原理的研究已经相当成熟，并且已经成功地推出产品；但对于 GaN 基 JBS 的研究相对较少，主要处于理论研究和模拟仿真阶段。

2007 年，日本住友电气工业公司的 S. Hashimoto 等人[10]利用自支撑 GaN 衬底获得了击穿电压为 580 V 的 GaN SBD 器件，通过进一步降低 GaN 材料中的位错密度和杂质浓度，使得器件的比导通电阻仅为 1.3 mΩ·cm^2。随着高温氢化物气相外延自立式 GaN 衬底的推出，600 V～1.2 kV 的 GaN SBD 生产制造状况将大大改观，有望和目前的 SiC SBD 竞争。另一方面，GaN JBS 也正在研究中，它可以进一步提高 600 V～3.3 kV 范围内 GaN 功率整流器的性能，不过还需要改进注入 p 型 GaN 的接触电阻[11]。

8.4　GaN 基 MOSFET 器件

图 8-6 所示是两种典型的 GaN 基 MOSFET 器件结构示意图。2008 年，H. Otake 等人[12]首次提出了垂直凹槽式 MOSFET 器件结构并实现了增强型的工作模式，其结构示意图如图 8-6(a)所示。与 HEMT 器件结构相比，垂直凹槽式 MOSFET 没有 AlGaN/GaN 异质结构，材料生长相对简单。它采用绝缘介质栅结构，使得栅极的泄漏电流大幅度减小，因此更适用于高压功率转换应用。增强型 GaN 基 MOSFET 具有常关状态和大导带能带偏移的优势，不易受热电子注入和其他与表面态和电流崩塌有关问题的影响，因此可靠性更高，可以很好地弥补 SiC 基 MOSFET 在该方面的劣势。

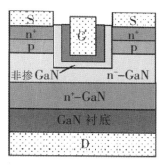
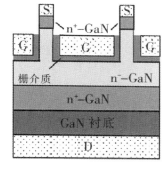

(a)垂直凹槽式MOSFET　　　　(b)垂直鳍式MOSFET

图 8-6　两种典型的 GaN 基 MOSFET 器件结构示意图

对于增强型 MOSFET 器件，当栅极电压的绝对值大于阈值电压的绝对值时，栅极下面的半导体材料形成反型层，源、漏极之间有沟道存在，源、漏极导通，在源、漏极之间加上电压，载流子就会从源端向漏端漂移，由漏极收集形成源-漏电流。此时，源、漏极之间的沟道呈现出电阻特性。当源-漏电流通过沟道电阻时，将在其上产生电压降。对应不同的源-漏电压情况，MOSFET 器件分为线性区和饱和区两个工作区域。当源-漏电压较小时，沿沟道方向的电位变化较小，漏电流随着源-漏电压线性变化，称为线性区。当源-漏电压比较大时，沟道在漏极附近产生夹断，在夹断点和漏极之间的载流子非常少，产生一个高阻区，源-漏电压主要降落在高阻区上，所以夹断点和漏极之间的电场很强。导电沟道中的载流子在源-漏电压的作用下，源源不断地由源端向漏端漂移，当这些载流子通过漂移到达夹断点时，立即被夹断区的强电场扫入漏区，形成漏极电流。随着源-漏电压的增大，增加的电压主要降落在高阻区，漏电流基本不随源-漏电压的增加而变化，称为饱和区。

垂直凹槽式 MOSFET 的一个缺点是 p-GaN 区的电子迁移率比较低，并且源电极难以与掩埋的 p-GaN 层形成良好的欧姆接触，这会造成较高漏极偏压下阈值电压发生负向偏移。而鳍式 MOSFET 无需 p-GaN 层，从根本上避免了上述问题，并且也可实现常关型工作，但是工艺复杂，实现难度较大。M. Sun 等人[13]报道了一种 GaN 垂直鳍式 MOSFET 结构，如图 8-6(b) 所示。该器件沟道被栅金属完全包裹，能够实现常关工作。在 $U_{GS}=0$ 时，由于栅极金属和 GaN 之间的功函数差异，沟道中的电子被耗尽。随着 U_{GS} 增加，耗尽区宽度减小并形成了导电通道。制造的晶体管无需 p-GaN 层，阈值电压为 1 V，比导通电阻为 0.36 m$\Omega \cdot$ cm^2。通过改善栅极电介质质量和增加边缘终端结构可以进一步提高击穿电压，目前已实现 0 V 的栅极偏压下 800 V 的击穿电压。

2014 年，日本丰田合成公司的 T. Oka 等人[14]通过在自支撑 GaN 衬底上的台面隔离位置采用场板技术，减少了电场的聚集，提高了器件的性能，使击穿电压从无场板结构的 775 V 增加到 1605 V，比导通电阻为 12.1 m$\Omega \cdot$ cm^2。同时该结构还实现了器件的常关工作，阈值电压为 7 V，但是由于器件面积较大，导致其导通电阻较大。2020 年，日本富士电机公司在 GaN 单晶衬底上通过离子注入的方式实现了击穿电压为 1200 V、比导通电阻为 2.78 m$\Omega \cdot$ cm^2 的 MOSFET 器件，该方法不需要生长 p 型 GaN 外延层。

GaN 基 HEMT 器件的栅极泄漏电流偏大，功耗较高。而 GaN 基 MOSFET 器件由于界面态、粗糙度以及散射现象等因素的影响，沟道电子迁移率偏低，比导通电阻较大。为了进一步提升 GaN 基器件的性能，研究人员将 HEMT 与 MOSFET 结构相结合，成功制备出 GaN 基 MOS-HEMT 器件，结构如图 8-7 所示。

GaN 基 MOS-HEMT 器件同时具备 MOS 器件栅极泄漏电流小和 HEMT 器件电子迁移率高两大优点，具有非常好的应用前景。2012 年，美国麻省理工学院的 H. S. Lee 等人[15]利用 AlGaN 背势垒结构降低了缓冲层漏电流，利用 SiO$_2$ 介质降低了栅极泄漏电流，从而提高了器件的击穿电压，得到的 InAlN/GaN MOS-HEMT 器件的击穿电压高达 3000 V，比导通电阻为 4.25 m$\Omega \cdot$ cm^2，计算得到的 U_{BR}^2/R_{on} 为 2117 MW$\cdot$ cm^{-2}。

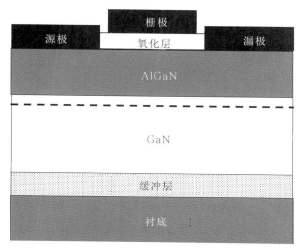

图 8-7 GaN 基 MOS-HEMT 器件的结构示意图

8.5 GaN 基 HEMT 器件

在 GaN 和禁带更宽的 AlGaN(或 AlInN)所形成的异质结中，极化电场能够显著调制能带和电荷的分布，即使整个异质结构没有掺杂，也能够在 AlGaN/GaN 界面形成密度高达 $1\times10^{13}\sim2\times10^{13}$ cm^{-2} 的具有高迁移率特性的二维电子气，因此该器件结构被称为高电子迁移率晶体管(HEMT)，其器件结构和能带结构如图 8-8 所示。其中，源、漏极与 2DEG 沟道形成欧姆接触，栅极与 AlGaN 层形成肖特基接触。通过调控栅极电压(U_{g})与阈值电压(U_{TH})之间的大小关系，可以实现栅极下方 2DEG 沟道的开启和关断。值得注意的是，栅极边缘处的电场较为集中，有可能导致器件发生提前击穿。AlGaN/GaN HEMT 工作机理如下：

(1) 当 $U_{\mathrm{g}}>U_{\mathrm{TH}}$ 时，漏极加正偏置且源极接地，此时栅极下方 AlGaN/GaN 异质结的导带位于费米能级之下，这意味着栅极下方存在高浓度的 2DEG，源极与漏极可以通过 2DEG 沟道实现电气连接，器件处于导通状态。

(2) 当 $U_{\mathrm{g}}<U_{\mathrm{TH}}$ 时，漏极加正偏置电压且源极接地，栅极下方 AlGaN/GaN 异质结的导带位于费米能级之上，这说明栅极下方的 AlGaN/GaN 异质界面处的 2DEG 被耗尽，器件处于阻断状态。

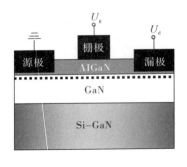

（a）GaN基HEMT器件结构示意图

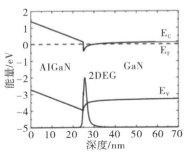

（b）AlGaN/GaN的能带及电荷分布图

图 8−8　GaN 基 HEMT 器件的器件结构和能带结构示意图

目前，氮化物电子器件在基础理论、材料缺陷、器件性能、可靠性、器件结构等方面仍然存在不少难题有待解决。

（1）在基础理论问题方面，材料缺陷形成机制和控制方法、二维电子气输运性质、器件表面态/界面态和漏电机制、器件物理特性等都需要进一步深入研究。一个重要的问题是，扩展 GaN 基 HEMT 功率输出频段到亚毫米波的研究受到短沟道器件非线性的限制，即截止频率（f_T）或跨导在高漏压（高栅压）下随偏压升高迅速下降，从而限制了器件在高压下的高速工作特性，并使最大电流密度显著低于理论预测值。产生漏压非线性的主要原因是，在高漏压下栅极下耗尽区向漏极方向横向扩展，增大了有效栅长和栅电容，造成所谓漏延迟，而栅控能力（跨导）随漏压的退化在深亚微米短沟道器件中更为显著。解决这一问题要从优化耗尽区电场分布和纵向等比例缩小等方面来入手。GaN 基 HEMT 的 f_T 或跨导的栅压非线性机理目前尚有争议，通常认为这种非线性源于高栅压下电子的有效速度降低，包括纵向电场增强了界面粗糙度散射、大电流下自热令电子输运退化、大电流下发射光学声子、大电流下栅源通道电阻增加等。

（2）氮化物材料的缺陷密度还需要大幅降低。氮化物异质外延材料目前的穿透位错密度仍处于 $10^8 \sim 10^9$ cm^{-2} 量级，远高于 Si（小于 100 cm^{-2}）和 GaAs（$10^4 \sim 10^5$ cm^{-2}）半导体材料。缺陷限制了氮化物材料的热导率、电子饱和速度等，也严重限制了 GaN 基电子器件性能、可靠性和成品率。一个突出的问题是穿透螺位错（通常占总位错密度的 10% 左右）能够导电，因此在器件中成为漏电路径。尤其是在栅极靠近漏端的高场区中的螺位错，会使器件在初始状态下也具有较大的栅泄漏电流，而微波功率器件的性能退化与初始栅漏电的大小密切相关。电力电子器件更是要严格控制器件中的漏电问题。近年来通过氨热法和氢化物气相外延（HVPE）法制备 GaN 衬底的技术发展迅速，已分别实现 2 英寸 4 mm 厚和 3 英寸 1 mm 厚的 GaN 衬底，位错密度分别为 5×10^4 cm^{-2} 和 1×10^5 cm^{-2}。在此基础上发展同质外延技术来制备位错密度极低的 GaN 材料已成为新的潮流。

（3）热耗散目前仍然是制约 GaN 微波功率器件性能的一个重要问题。GaN 的高功率密度优势在大功率器件中很难发挥，具体表现为随着栅宽的增加，器件的输出功率密度迅速下降。这是因为大功率器件的栅为多指栅结构，密集的沟道在工作状态下会出现显著的自热效应，令结温迅速上升，即使是 SiC 衬底也难以满足散热需求，这严重限制了器件的输出功率密度。特别是，随着器件的工作频率升高，器件尺寸等比例缩小，击穿电压和效率下降，同时高结温引起载流子输运特性明显退化，GaN 的高功率密度优势也不断丧失。改善散热问题可以从提高衬底的热导率入手，目前一个重要的技术潮流是采用金刚石衬底来代替 SiC 衬底。单晶金刚石的热导率高达 2200 W/(m·K)，CVD 法生长的多晶金刚石的热导率也能达到 1200～1500 W/(m·K)，可大大提高衬底的散热能力（4H-SiC 热导率为 490 W/(m·K)）。主流的技术是采用芯片黏合技术，将 GaN 异质结外延片黏合在 CVD 金刚石衬底上。该技术制备的器件已实现 4 英寸的圆片尺寸和大于 7 W/mm@10 GHz 的 RF 功率特性，与 SiC 衬底器件相比单位面积功率可提高 3 倍以上。改善散热问题的另一个措施是增强器件的表面散热，实际措施是将 SiN 钝化层改为热导率更高的 AlN 钝化层。

（4）GaN 器件的可靠性目前仍不够高，其中有多方面制约因素。GaN 异质结中的二维电子气对材料的压电极化强度（由应变状态决定）和表面状态（如洁净度、氧化程度、陷阱和表面态等）非常敏感，因此应变和表面状态的不稳定是制约 GaN 器件可靠性的内在因素。其次，GaN 微波功率器件在工作状态下的退化主要是由于电场和结温两个重要的外在因素。强电场下氮化物材料出现逆压电效应，表现为电场引起 AlGaN 额外的张应变，与 AlGaN 自身原有的张应变相互叠加。这样当电压增加到某一临界电压时，栅极靠近漏端的高场区会产生裂纹等缺陷。强电场下大量的热电子能够发生实空间转移使沟道电子密度降低，导致器件饱和电流和跨导下降；热电子还能与晶格碰撞产生新的缺陷，使器件退化加剧。大功率工作条件下，GaN 基 HEMT 器件（尤其大栅宽器件）中结温上升，严重限制了器件的输出功率密度和可靠性。这一问题的严重性在

于高结温会令被加热衬底的热导率降低，从而令结温进一步上升，严重恶化器件的可靠性。再者，材料中高密度的位错缺陷和较大的残余应力是影响 GaN 器件可靠性的寄生因素。改善 GaN 器件的可靠性任务艰巨，要从降低材料缺陷密度、提高器件工艺稳定性和可重复性、优化器件电场分布、改善散热等多方面综合考虑。

（5）在氮化物电子器件结构研究方面，目前无论是微波功率器件还是电力电子器件都以横向 HEMT 结构为主，比较单一，其他结构研究较少。这是由于氮化物材料以异质外延手段制备为主，一方面较容易制备多层异质结以实现场效应原理，另一方面材料的穿透位错密度较高，制备竖式器件会显著影响器件的击穿等特性。在同质外延技术迅速发展的今天，垂直结构器件将成为新的研究方向。

（6）材料外延和降温导致圆片翘曲，严重制约了大直径圆片加工时的成品率。为了较好地抑制 4 英寸 Si 衬底氮化物外延片的翘曲从而获得较高的成品率，通常需要增加衬底厚度到 1 mm 以上，这显著提高了材料制备的成本。美国 IBMT. J. Watson 研究中心在石墨烯二维材料上外延生长高质量 GaN 单晶，可以将 GaN 薄膜方便地转移到任何衬底上，这有可能成为一种降低氮化物器件成本的重要技术[18]。

8.6　GaN 基 CAVET 器件

通过将横向结构 AlGaN/GaN HEMT 中的高浓度的 2DEG 与垂直 GaN 基 SBD 和 pn 结构优势结合起来，可得到一种新的电流垂直结构器件，即 CAVET，典型的器件结构如图 8-9 所示。CAVET 最早被美国 Y. I. Ben 等人提出[19]。他们采用 Mg 掺杂 p-GaN 作为电流阻挡层制作了垂直结构 AlGaN/GaN CAVET，将表面高电场转移到器件内部来避免电流崩塌。

常规 CAVET 器件结构主要包括低掺杂 n-GaN 缓冲层、电流孔径和电流阻挡层（Current Blocking Layer，CBL），如图 8-9(a)所示。器件处于工作状态时，电子从器件顶部的源极沿着二维电子气沟道到达电流通孔流入缓冲层内，CBL 起到阻止电子通过的作用。关断状态下和水平结构 AlGaN/GaN HEMT 一样，在栅电极施加电压使 2DEG 耗尽，n-GaN 缓冲层起到耐压作用。与横向结构器件相比，垂直结构的漏极在衬底上，电场不是沿着水平方向而是沿着垂直方向。这一方面可以减弱表面态束缚电子从而抑制电流崩塌，另一方面可以增加漂移区低掺杂 GaN 厚度从而实现耐高压特性。而横向器件中一般通过增大横向尺寸来达到耐高压的目的，这会大大增加芯片尺寸，与芯片小型化需求相悖。

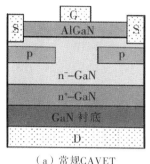
（a）常规CAVET

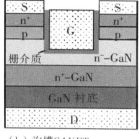
（b）沟槽CAVET

图 8-9　两种典型的 GaN 基 CAVET 器件结构示意图

GaN 基 CAVET 器件的关键问题有三个：

（1）高质量 CBL 的制备。CAVET 中的 CBL 对实现高阻断电压至关重要，因此如何制作高质量 CBL 一直是器件研制的重点。CBL 可以采用 SiN_x、SiO_2 等绝缘性能比较好的材料制作，但是需要进行二次外延生长，工艺步骤比较麻烦，并且有可能导致器件关断特性不好，使漏电较大。通常采用由外延生长或隔离注入掺杂获得 p 型 GaN 层作为 CBL。常用 Mg 来实现 GaN 的 p 型掺杂，但是 Mg 较低的激活效率以及存在记忆效应同样也是比较难以解决的问题。而且，在这种情况下，孔区域需要利用干法刻蚀去除 p-GaN 层并生长 n-GaN 沟道层。研究表明[19]，孔区域的刻蚀暴露了非 c 面 GaN，在这些小平面上进行外延生长可导致非平面表面，导致严重的栅极漏电流。而且，高浓度的 n 型杂质倾向于掺入孔区域，这会导致沟道中峰值电场的增加和器件击穿电压的降低。

（2）负阈值电压。D. Shibata 等人[20]提出了一种基于沟槽 CAVET 结构的新型垂直 GaN 晶体管，该器件的特点是 V 型槽上的 p 型栅极/AlGaN/GaN 三层再生长，器件结构如图 8-9(b)所示。结果表明，AlGaN/GaN 异质结处的极化电荷随着与 c 面夹角的增加而减小，通过实施沟槽 CAVET 结构，可以实现正的高阈值电压。

（3）电流泄漏。在常规 CAVET 和沟槽 CAVET 结构中，CBL 中的电流泄漏导致的穿通电流限制了器件的高压操作，这主要是由 p 型层中的 Mg 掺杂的激活效率很低导致的。在 p‑GaN 上方插入薄的 C 掺杂 GaN 层可以降低 p‑GaN 层中的泄漏电流[20]。C‑GaN/p‑GaN 层作为混合阻挡层（Hybrid Blocking Layer，HBL），可以抑制穿通效应并将器件击穿电压从 580 V 提高到 1.7 kV。

2015 年，R. Yeluri 等人[21]在 GaN 衬底上制造了垂直 GaN 电流孔径晶体管。与传统 Mg 注入形成的 p‑GaN 电流阻挡层相比，他们采用 MOCVD 生长 Mg 掺杂的 p‑GaN 作为 CBL，再使用 ICP 法刻蚀得到窄沟槽。通过将源极与 p‑GaN 电流阻挡层相接触，可以使源极与 p‑GaN 层同时进行退火，既激活了 Mg 杂质，又减少了退火次数，避免了离子注入工序中 Mg 离子的高温再分布问题。通过设计漂移层净掺杂的浓度（1×10^{16} cm^{-3}）和漂移层厚度（15 μm），可提高器件的击穿电压。调节栅极下方 p‑GaN 层的厚度和掺杂浓度可实现器件常关工作。结终端结构可以有效抑制边缘电场集中效应，其制造方法与功率二极管中类似。基于这种结构，得到了击穿电压为 1.5 kV、比导通电阻为 2.2 mΩ·cm^2 的器件。

8.7 发展趋势

近 20 年来，氮化物电子器件在性能指标上取得了很大进展。国际上，GaN 微波功率器件和电力电子器件已经开始进入应用领域；我国 GaN 微波功率器件也开始进入应用阶段，近年来步伐明显加快。但该领域存在的问题仍然很突出，材料缺陷、可靠性和成品率不高等问题仍然很严重，GaN 电子器件与材料相关机理仍需深入研究。

（1）提高击穿电压。理论上在相同击穿电压下，GaN 功率器件比 Si 和 SiC 功率器件的导通电阻更低，但是目前其性能远未达到理论值。研究发现主要原因是器件源漏间通过纵向贯通 GaN 缓冲层，沿 Si 衬底与 GaN 缓冲层界面形成了漏电。因此当前提高器件击穿电压的方案主要集中在以下三个方向：① 改进衬底结构；② 改进缓冲层结构；③ 改进器件结构。

（2）实现增强型（常关型）器件。基于 AlGaN/GaN 结构的器件是耗尽型（常开型）器件，而具有正阈值电压的增强型（常关型）功率器件能够确保系统的安全性，降低系统成本和复杂性，是功率系统中的首选器件。因此，对于 GaN

功率器件而言，增强型器件如何实现也是研究者们极其关注的问题。目前国际上多采用凹槽栅、p-GaN 栅和氟离子注入等方法直接实现增强型，另外，还可使用共源共栅技术间接实现常关型。

（3）抑制电流崩塌效应。抑制电流崩塌的方法主要有以下几种：① 表面钝化。表面钝化的问题是钝化工艺比较复杂，重复性较低，并不能完全消除电流崩塌效应，对器件的栅极漏电流和截止频率有影响，增加了器件的散热问题。② 场板。2011 年，美国 HRL 实验室采用三场板结构（1 个栅极场板和 2 个源极场板）结合 SiN 钝化，实现了高耐压、低动态电阻的 Si 基 GaN 晶体管，在 350 V 时器件动态与静态导通电阻之比为 1.2，600 V 时两者之比为 1.6[22]。③ 生长帽层。如使用 p 型 GaN 帽层，离化的受主杂质可以形成负空间电荷层，进而屏蔽表面势的波动对沟道电子的影响，该方法材料生长过程相对简单，易控制，但是增加了工艺难度，如栅极制作过程比较复杂。④ 势垒层掺杂。该方法增加了沟道电子浓度，或者减少了势垒层表面态密度，一般此种器件都生长了一薄层未掺杂的 GaN 或 AlGaN 帽层。

（4）制造工艺。GaN 功率器件制造工艺与现有 Si 制造工艺兼容，是促进 GaN 功率器件产业化和广泛应用的一个重要因素。开发与现有 Si 制造工艺兼容的 GaN 功率器件制造工艺的关键在于开发无金工艺。2012 年，在 ISPSD 年会上，IMEC 报道了在 8 英寸 GaN-on-Si 晶圆上通过 CMOS 兼容无金工艺结合凹栅工艺制造出了增强型 GaN 功率晶体管；IMB-CNM-CSIC 报道了在 4 英寸 Si 上使用 CMOS 兼容无金工艺制作了 MIS-HEMT 和 i-HEMT。最近几年开发无金工艺受到了学术界和工业界的极大关注，是降低成本以实现大批量生产和大规模商业化应用的重要途径。

（5）功率集成技术。形成独立且完整的包括 GaN 功率核心器件、器件驱动、保护电路和周边无源器件在内的直接面对终端应用的功能性模块，是目前 GaN 功率器件的发展方向。高度集成化的 GaN 智能功率集成技术将实现传统 Si 功率芯片技术所达不到的高性能、高工作安全性、高速和高温承受能力。在发展 GaN 功率器件技术的基础上，开发功率集成技术正逐渐成为近年来 GaN 研究领域的另一个热点。2021 年，韩国能源技术研究院报道了应用于水下光通信的 32×32 像素的高功率蓝光 Micro-LED-on-HEMT 器件[23]。同年，上海交通大学毛军发教授课题组报道了低损耗异质异构集成 W 波段毫米波雷达系统研究成果[24]，该系统三维集成了硅基锁相环芯片、SiGe 收发芯片、GaN 功率放大芯片、封装天线和电容等无源元件，雷达探测距离大于 800 m，最高分辨

率优于 0.08 m，重量仅为 78 g。此外，香港科技大学陈敬教授课题组通过集成增强型 n-channel 和 p-channel GaN 场效应晶体管，制备了 GaN 基互补逻辑集成电路[25]。

（6）可靠性。随着各项器件技术的不断进步，GaN 器件已逐渐从实验室向工业界转移，可靠性已成为人们普遍关心的问题。相对于 Si 功率器件技术，GaN 功率器件的可靠性和稳定性研究还相对滞后，器件退化规律、失效机制与模式、增强可靠性方法等虽有一些研究报道，但远不能满足器件走向大规模实际应用阶段的需要。影响 GaN 功率器件可靠性的原因比较复杂，包括材料质量、器件结构和器件工艺等多个方面，根据功率器件的工作模式特点和工作环境，未来 GaN 功率器件的可靠性研究重点主要包括以下几点：① 栅泄漏电流与表面状态；② 栅金属退化；③ 高电场和高温下热电子/热声子效应；（4）材料质量。

（7）系列成熟产品相继推出。随着 GaN 功率器件的成本降低、电气特性提高和周边技术的扩充，利用 GaN 功率器件的环境目前正在迅速形成，从 2011 年下半年开始已有很多企业相继推出了产品，并系列化发展，利用该器件的周边技术也越来越完善。

虽然 GaN 功率器件的实际性能与理论上的性能还存在差距，但就目前器件及其功能电路的测试结果来看，相比传统 Si 技术已具备十分明显的性能优势。随着 GaN 功率器件的材料质量、器件技术、功率集成技术和可靠性的逐渐成熟，GaN 功率器件很有可能取代 Si 功率器件，成为功率电子应用中的首选技术方案。

参考文献

[1] XU K，WANG J F，REN G Q. Progress in bulk GaN growth[J]. Chinese Physics B，2015，24(6)：066105.

[2] 彭韬玮，王霄，敖金平. GaN 基电力电子器件关键技术的进展[J]. 电源学报，2019，17(3)：4 - 15.

[3] FU H Q，HUANG X Q，CHEN H，et al. Effect of buffer layer design on vertical GaN-on-GaN p-n and schottky power diodes[J]. IEEE Electron Device Letters，2017，38(6)：763 - 766.

[4] KIZILYALLI I C，EDWARDS A P，AKTAS O，et al. Vertical power p-n diodes based

on bulk GaN[J]. IEEE Transactions on Electron Devices，2015，62(2)：414 – 422.

［5］ NOMOTO K，SONG B，HU Z Y，et al. 1. 7-kV and 0. 55 mΩ – cm² GaN p-n diodes on bulk GaN substrates with avalanche capability[J]. IEEE Electron Device Letters，2016，37(2)：161 – 164.

［6］ OHTA H，NAKAMURA T，MISHIMA T. High quality free-standing GaN substrates and their application to high breakdown voltage GaN p-n Diodes [C]. IEEE International Meeting for Future of Electron Devices，2016：90 – 91.

［7］ KIZILYALLI I C，PRUNTY T，AKTAS O. 4 kV and 2. 8 mΩ – cm² vertical GaN p-n diodes with low leakage currents[J]. IEEE Electron Device Letters，2015，36(10)：1073 – 1075.

［8］ NOMOTO K，SONG B，HU Z，et al. 1. 7-kV and 0. 55 mΩ – cm² GaN p-n diodes on bulk GaN substrates with avalanche capability[J]. IEEE Electron Device Letters，2016，37(2)：161 – 164.

［9］ RADHAKRISHNAN R，ZHAO J H. A 2-dimensional fully analytical model for design of high voltage junction barrier Schottky (JBS) diodes[J]. Solid-State Electronics，2011，63(1)：167 – 176.

［10］ HASHIMOTO S，YOSHIZUMI Y，TANABE T，et al. High-purity GaN epitaxial layers for power devices on low-dislocation-density GaN substrates[J]. Journal of Crystal Growth，2007，298：871 – 874.

［11］ PLACIDI M，PEREZ-TOMAS A，Constant A，et al. Effects of cap layer on ohmic Ti/Al contacts to Si＋ implanted GaN[J]. Applied Surface Science，2009，255(12)：6057 – 6060.

［12］ OTAKE H，CHIKAMATSU K，YAMAGUCHI A，et al. Vertical GaN-based trench gate metal oxide semiconductor field-effect transistors on GaN bulk substrates [J]. Applied Physics Express，2008，1(1)：011105.

［13］ SUN M，ZHANG Y，GAO X，et al. High-performance GaN vertical fin power transistors on bulk GaN substrates[J]. IEEE Electron Device Letters，2017，38(4)：509 – 512.

［14］ OKA T，UENO Y，INA T，et al. Vertical GaN-based trench metal oxide semiconductor field-effect transistors on a free-standing GaN substrate with blocking voltage of 1. 6 kV[J]. Applied Physics Express，2014，7(2)：021002.

［15］ LEE H S，PIEDRA D，SUN M，et al. 3000-V 4. 3 mΩ – cm² InAlN/GaN MOSHEMTs with AlGaN back Barrier[J]. IEEE Electron Device Letters，2012，33 (7)：982 – 984.

［16］ BEN Y I，SECK Y K，MISHRA U K，et al. AlGaN/GaN current aperture vertical

electron transistors with regrown channels[J]. Journal of Applied Physics，2004，95 (4)：2073 – 2078.

[17] CHOWDHURY S，SWENSON B L，MISHRA U K. Enhancement and depletion mode AlGaN/GaN CAVET with Mg-ion-implanted GaN as current blocking layer[J]. IEEE Electron Device Letters，2008，29(6)：543 – 545.

[18] KIM J，BAYRAM C，PARK H，et al. Principle of direct van der Waals epitaxy of single – crystalline films on epitaxial graphene [J]. Nature Communications，2014，5：4836.

[19] BEN Y I，SECK Y K，MISHRA U K，et al. AlGaN/GaN current aperture vertical electron transistors with regrown channels [J]. Journal of Applied Physics，2004，95 (4)：2073 – 2078.

[20] SHIBATA D，KAJITANI R，OGAWA M，et al. 1. 7 kV/1. 0 mΩ – cm^2 normally – off vertical GaN transistor on GaN substrate with regrown p – GaN/AlGaN/GaN semipolar gate structure [C]. 62nd Annual IEEE International Electron Devices Meeting (IEDM)，2016：248 – 251.

[21] YELURI R，LU J，HURNI CA，et al. Design，fabrication，and performance analysis of GaN vertical electron transistors with a buried p/n junction [J]. Applied Physics Letters，2015，106(18)：183502.

[22] CHU RM，CORRION A，CHEN M，et al. 1200 – V normally off GaN – on – Si field – effect transistors with low dynamic on – resistance [J]. IEEE Electron Device Letters，2011，32(5)：632 – 634.

[23] KIM T K，ISLAM A M H，CHA Y J，et al. 32×32 pixelated high – Power flip – chip blue micro – LED – on – HFET Arrays for submarine optical communication [J]. Nanomaterials，2021，11(11)：3045.

[24] YANG X，HUANG Y S，ZHOU L，et al. Low – loss heterogeneous integrations with high output power radar applications at W – band [J]. IEEE Journal of Solid – State Circuits，2021，57(6)：1 – 15.

[25] ZHENG Z Y，ZHANG L，SONG W J，et al. Gallium nitride – based complementary logic integrated circuits [J]. Nature Electronics，2021，4(8)：595 – 603.

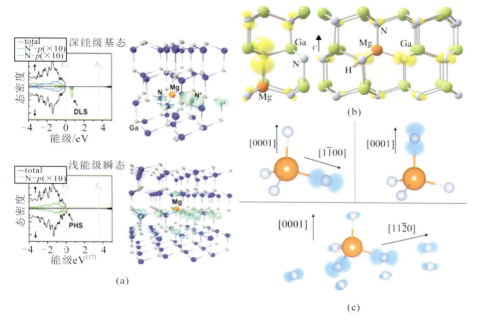

图 1-7 Mg 杂质缺陷结构及缺陷态

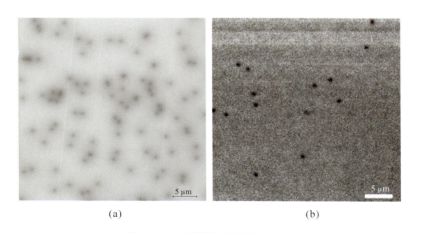

图 1-17 位错的 EBIC 和 CL 像

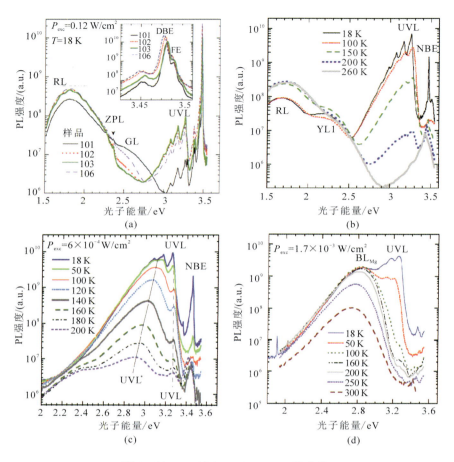

图 1 - 23　Mg 掺杂 HVPE - GaN 发光峰

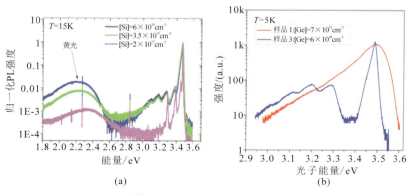

图 1 - 24　N 型 HVPE - GaN

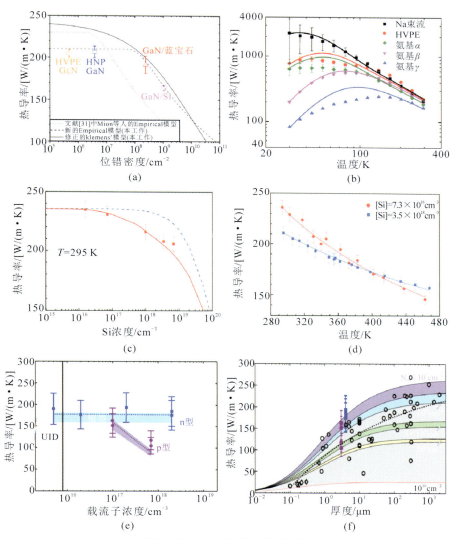

图 1 - 29　GaN 热导率影响因素

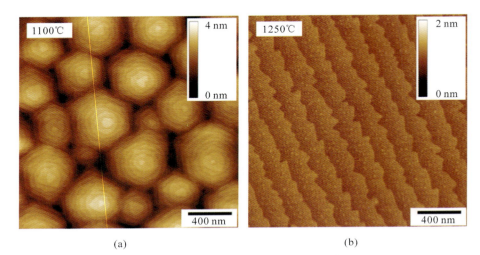

图 2 - 4　AlN 外延膜的 AFM 形貌图[5]

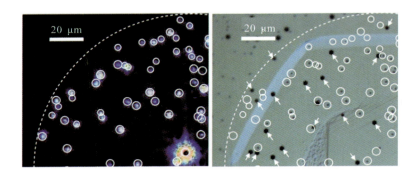

图 3 - 38　漏电位置(圆圈)与腐蚀坑的对应关系[97]